大学生怎样戒网瘾

智库·原创·权威·卓越

提 供 有 价 值 的 阅 读

大学生怎样戒网瘾

How College Students Quit Internet Addiction

张赛男　刘新庚　　著

中国发展出版社
CHINA DEVELOPMENT PRESS

图书在版编目（CIP）数据

大学生怎样戒网瘾/张赛男，刘新庚著. —北京：中国发展出版社，2023.3

ISBN 978 – 7 – 5177 – 1346 – 3

Ⅰ.①大… Ⅱ.①张… ②刘… Ⅲ.①大学生—网络文化—管理—研究 Ⅳ.①TP393 – 05

中国版本图书馆 CIP 数据核字（2022）第 254387 号

书　　　　名：	大学生怎样戒网瘾
著作责任者：	张赛男　刘新庚
责 任 编 辑：	钟紫君
出 版 发 行：	中国发展出版社
联 系 地 址：	北京经济技术开发区荣华中路 22 号亦城财富中心 1 号楼 8 层（100176）
标 准 书 号：	ISBN 978 – 7 – 5177 – 1346 – 3
经 销 者：	各地新华书店
印 刷 者：	北京盛通印刷股份有限公司
开　　　　本：	710mm×1000mm　1/16
印　　　　张：	21
字　　　　数：	310 千字
版　　　　次：	2023 年 3 月第 1 版
印　　　　次：	2023 年 3 月第 1 次印刷
定　　　　价：	88.00 元

联 系 电 话：（010）68990535　82097226

购 书 热 线：（010）68990682　68990686

网 络 订 购：http://zgfzcbs.tmall.com

网 购 电 话：（010）68990639　88333349

本 社 网 址：http://www.develpress.com

电 子 邮 件：10561295@qq.com

内容提要

大学生网络文化失范是高校学生思想政治教育工作中的重大现实问题。发挥思想政治教育的导向、管理和育人功能，解决好这一问题，具有重大的理论意义和实践价值。

大学生网络文化失范是指大学生在网络平台上所表现出来的文化规范意识缺失、与大学生应有素质相悖的现象。网络文化应该具有无害、公正、先进、合法、科学等规范性特征。规范与失范的辩证关系在于：失范破坏规范，规范矫治失范，两者统一于文化的发展。

大学生网络文化失范从性质上可分为四类，即大学生网络精神文化的失范、网络物质文化的失范、网络制度文化的失范和网络行为文化的失范。最深层是大学生网络精神文化失范，中间层是大学生网络制度文化失范，最外层是大学生网络物质文化和网络行为文化失范。大学生网络文化失范不仅亵渎文化文明要义，搅乱正常文化秩序；还直接诋毁先进文化理念，离散社会主义核心价值观；并且扰乱经济社会秩序，妨碍大学生自身成长。

大学生网络文化失范的内因主要包括：大学生思想上盲目崇尚西方、道德上责任意识淡薄、文化上人文辨别力弱、心理上从众趋新求异。大学生网络文化失范的外因主要包括：国外反动文化的侵蚀、社会低俗文化的污染、学校教育管理的疏漏以及家庭教育思想的滞后。

大学生网络文化失范形成的过程机理主要包括：网络精神文化从思想异化到价值涣散的萌芽阶段，网络物质文化从"载体"观看到"景观"创建的形成阶段，网络制度文化从法纪漠视到自律废弃的发展阶段，网络行为文化从行为偏差到行为悖逆的深化阶段。

　　大学生网络文化失范的规制策略如下：一是加强思想引领，以马克思主义理论统领大学生文化精神，以中国特色社会主义理想凝聚大学生网络文化意志，以民族精神和时代精神持续激励大学生网络文化创新，以社会主义荣辱观引导大学生网络文化行为正能量；二是注重制度规范，加强法纪教育防止自由主义泛滥，提高规制水平防止文化管理弱化，做好制度阐释增进制度文化自信，创设考核机制促进行为规范强化；三是强化实践养成，优化网络文化学习，提升网络文化底蕴，激活网络文化交流，增强网络文化效应，参与网络文化管理，体验网络文化风纪，创造网络文化精品，养成网络文化自觉。

　　大学生网络文化失范的规制方法可以分为网下和网上两大类，前者主要包括制度规训、价值澄清、说理劝诫和究责促改，后者主要包括网上沟通、角色互换、寓教于乐、模拟训练。

Abstract

Along with the raising of the network popularization rate, college students become the main force in the network use. The college students' network culture anomie phenomenon becomes a problem for the management of the college students. Using of the guiding function, management function and education function of the subject ideological and political education, is of great theoretical significance and practical value.

The anomie of college students' network culture refers to the phenomenon that college students lack the awareness of cultural norms on the network platform, which is contrary to the quality of college students. Network culture should be harmless, fair, legal, scientific and advanced. The dialectical relationship between norms and anomie is following: anomie damages norms, norms correct anomie, both of them united each other in development of culture.

According to the level of the hierarchy, the phenomenon of college students' network culture anomie can be divided into four categories: the anomie of spiritual culture, the anomie of material culture, the anomie of system culture, the anomie of behavior culture. The deepest is the anomie of spiritual culture, the middle layer is the the anomie of system culture, the outer layer is the anomie of material culture and the anomie of behavior culture. College students' network culture anomie not only confuses the fundamental concepts of the culture, disturb the normal order of culture, but also directly to denigrate advanced culture idea, discrete socialist core values, and it is extremely unfavorable to the development of the scientific development of economic society and the growth of college students.

There are mainly four causes for the anomie phenomenon: blindly worship to western culture, unconsciousness to moral responsibility, weak discriminability on humanistic spirit, conformity to popular culture, etc. The others are from the environment: the erosion of international reactionary culture, the pollution of social vulgar culture, the oversight from school education and management, the lag of family education.

The process of its forming mechanism can be divided into four stages: In the embryonic stage, the network spiritual culture changes from ideological alienation to value laxity; in the formation stage, the network material culture changes from the carrier to the "landscape" creation; in the development stage, the network system culture changes from the disregard of laws and disciplines to the abandonment of self-discipline; in the deepening stage, the network behavior culture changes from behavior deviation to behavior disobedience.

The countermeasure to prevent college students' culture deviance on internet includes: Using ideological politics to educate the students, using laws and rules systems to regulate the students, using practice system to cultivate the students. Using ideological politics to educate the students could be expanded into four strategies. They are using Marx's theory to guide the spirit of college students network culture, using the ideal of socialism with Chinese character to agglomerate the college students internet culture, using national spirit and the spirit of the age to encourage college students' internet culture, using the concept of honor and disgrace for socialist to guide college students internet cultural behavior. Using laws and rules systems to regulate the students could be expanded into four strategies. They are strengthening the law education to prevent liberalism, improving the level of regulation to prevent the weakening of cultural management, doing the interpretation of the system to increase the cultural confidence on socialism system, creating evaluation mechanism to promote reinforcement of the norms for behavior. Using practice system to cultivate the students could be expanded into four strategies. They are optimizing the learning of the internet culture to promote internet culture, activating the exchanges of internet culture to enhance internet culture effect, participating in the management of internet culture to feel the spirit of the discipline of internet culture, producing high-quality internet culture works to develop internet culture consciousness.

Correction methods of solving anomie problem could be divided into two categories, the off-line approach and the on-line approach. The off-line approach includes four aspects. The first is standardizing the behaviors. The second is the clarification of the value. The third is exhortation command and executive action. The fourth is accountability reform. The on-line approach includes four aspects. The first is online communication. The second is role reversal. The third is teaching through lively activities. The fourth is simulated training.

目　录

第一章

绪 论

进入 21 世纪以来，网络的应用越来越普及，网络文化走向繁荣，网络逐步成为大学生学习、生活、求职不可缺少的助手。相应地，大学生在网络平台上出现的文化失范问题，是大学生思想政治教育的热点和难点问题。

第一节 选题背景和研究意义

所谓大学生网络文化失范，是指大学生在互联网平台上存在的文化规范的缺失或背反现象。也就是说，大学生网络文化失范是指大学生在网络平台上所表现出来的文化规范意识缺失、与大学生应有素质相背的现象。失范是对规范的悖离，规范是对规律的遵循。研究当代大学生网络文化失范现象及其规制对策，具有深刻的社会背景和重要的现实意义。

一、选题背景

研究大学生网络文化失范及其规制是时代之需。党的十九届四中全会提出："坚持和完善繁荣发展社会主义先进文化的制度，巩固全体人民团结奋斗的共同思想基础。"[①] 刘新庚教授等指出：当前的思想环境具有"协调性与效益性日益啮合""中国化与国际化日益融通""导向性与涵育性有机统一"的特点[②]。本选题有着崭新的政治、经济、文化、科技、教育背景。

1. 政治背景

本选题的学科立足点是思想政治教育，研究对象是大学生网络文化失范现象，研究目的是要找出规制大学生网络不良言行的方法途径。因此，研究现有政治背景很有必要。本选题研究具有如下政治背景。

---

① 《中共十九届四中全会在京举行》，人民网，2019 年 11 月 1 日，http：//politics. people. com. cn/GB/n1/2019/1101/c1001 – 31431736. html。

② 刘新庚、徐钰婷：《论新时代思想环境演进发展新趋势》，《人民论坛·学术前沿》2019 年第 6 期，第 104～106 页。

（1）政治格局多极化。当今世界，一定时期内对国际关系有重要影响的国家和国家之间相互制衡，有效地阻止了世界单极政治的形成，使世界政治经济文化总体上保持协调平衡发展的态势。美国、日本、西欧、中国、俄罗斯五大主要政治力量鼎立，使军事霸权主义和强权政治难以得逞，公正合理的国际政治经济秩序正在建立之中。作为综合国力位居世界前列的大国，中国坚持"冷静观察、稳住阵脚、沉着应付、决不当头"的战略方针，坚持在世界政治格局的大变动中要有所作为的战略思想，国际地位和影响日益提高，为促进亚太地区的和平、稳定、发展作出了重要贡献，也为国内改革开放和现代化建设争取到了一个有利的国际环境，对世界的和平与发展事业作出了巨大贡献。

（2）思想意识多元化。随着改革开放进一步深入，中国呈现出各种思想意识林立、体系多样的态势，马克思主义的指导地位受到冲击。在经济成分多样化、经济体制转轨的条件下，代表了社会各阶层利益的各种思想意识相继出台，指导着个体的具体行动。在这些思想意识中，有的是与社会主义核心价值观相符合的，有的是不相符合的，从而有的有益于人民群众的身心健康发展，有的危害人民群众的根本利益。以自媒体为工具的"民主动员""普世价值观"挤压着马克思主义意识形态的话语空间。一些对我国主流意识形态心存不满的国内外敌对势力，利用网络这一便利途径，大肆发泄他们的敌视情绪，制造各种政治谣言，捏造并散布诋毁、污蔑国家政权和社会主义制度的各种虚假事实，并发表和传播其他有害信息，妄图颠覆我国国家政权、推翻我国社会主义制度，破坏我国国家统一。苏联解体、东欧剧变以及前些年发生"颜色革命"国家的际遇从反面证明：在思想意识多元的状态下如果缺乏正确的一元化的指导思想，就会给国家和人民带来灭顶之灾。

（3）社会矛盾尖锐化。安全维稳工作难度大是我国党和政府面临的时代课题。在建设中国特色社会主义的历史进程中，随着由计划经济向市场经济的转型，贫富差距加大、工人失业、征地拆迁等矛盾和问题像导火索一样随时可能引发社会的矛盾和危机。社会整体利益与个体既得利益博弈明显，有的个体为了维护既得利益而产生放火、绑架、自杀、杀人等严重失范行为，妨害着社会公共秩序安全和人民生命财产安全。网络传播速度快，任何一个小的矛盾经网络宣传放大之后都可能演变成一个大的矛盾，阻碍国家民族文明富强之梦的实现。

与此同时，党中央对国际国内政治环境把握得非常准确。中国共产党提出了"发展健康向上网络文化"的要求，制定了"积极利用、科学发展、依法管理、确保安全"的网络文化管理方针（《中共中央关于深化文化体制改革推动社会主义文化大发展大繁荣若干问题的决定》）。在党的十九届四中全会上，中国共产党通过了《中共中央关于坚持和完善中国特色社会主义制度推进国家治理体系和治理能力现代化若干重大问题的决定》，其核心问题就是要彻底解决党领导下的"中国之治"问题。

2. 经济背景

经济是一国的命脉，经济基础决定上层建筑。研究经济背景，有助于查找大学生网络文化失范这种意识形态领域内问题产生的经济根源。大学生网络文化失范现象出现的背景有如下特点。

（1）体制改革深化进行，利益调整引发矛盾。从1978年12月党的十一届三中全会召开以来，我国经济体制改革大力推进，焕发出新的生机与活力。我们党和国家不断地建立新制度、出台新举措、进行新探索，整个中国呈现出活跃、振奋、发展的态势。我国经济体制的深刻变革带来了利益格局的深刻调整，也带来了思想观念的深刻变化，更带来了大量新矛盾新问题。如何全面协调可持续发展，如何处理好改革发展稳定的关系，如何高效地满足人民对公平正义的需求，如何筑牢社会主义核心价值体系，提升全民族的思想道德素质成为重大的时代课题。未来一段时间，宏观调控需要加强，经济结构需要调整，收入分配关系需要理顺，社会保障体系需要健全。体制机制创新可以为我国经济建设赢得空间、获得动力，为全面建成小康社会打下基础。中国特色社会主义事业"五位一体"总体布局已经形成，中国已经进入决胜全面建成小康社会的关键时期。科学发展是未来经济生活的主题，转变经济发展方式是未来经济生活的主线，全局眼光和战略思维是未来经济思维的关键，顶层设计和总体规划是未来经济设计的重点，优先顺序和重点任务是未来经济规划的主要内容，提高决策的科学性、增强措施的协调性，让人民群众共享改革发展成果是未来经济改革的立足点。

（2）生产力水平不够发达，社会矛盾仍然多发。进入 21 世纪以来，特别是"十三五"以来，我国认真贯彻落实科学发展观，大力推进产业结构调整与升级，积极转变经济发展方式，出台推进创新型经济建设、加快产业调整和发展低碳经济等重大政策规定，采取了一系列战略举措，取得显著的成效。产业结构由"三二一"演变为"二三一"，在 GDP 中，第一产业占的比重呈现缓慢下降的趋势，第二产业所占的比重呈稳步上升的趋势，第三产业所占比重总体保持平稳，但较第二产业发展滞后。同时，第二、第三产业吸纳就业、缓解就业压力的能力十分有限，第一产业的人均劳动生产率相对较低，城乡收入分配差距大，城镇化滞后工业化发展的局面开始显现。我国原来的产业结构失衡的状况已经得到明显改变，但仍存在一些矛盾，第三产业仍须进一步调整和优化，第二产业高技术、高附加值和高关联度的产品偏少，产品深加工程度低，经济增长仍然主要依靠物质资源投入消耗，生产过程中能源、原材料消耗高的产业低度化现象比较普遍，创新水平与科技实力不够协调，工业企业技术层次偏低、自主创新能力不强，在较大程度上制约了产业结构升级的步伐。雄厚的科技资源没有被完全激活，科技优势发挥不够、产学研结合不紧、创新效率不高等问题长期未得到有效解决，许多具有自主知识产权、产业化前景良好的高新技术成果难以转化为生产力。城乡和区域产业发展不够协调。区域经济发展极不平衡，严重影响各类生产要素的配置和流动，而且影响整体产业结构水平的提升。

（3）社会阶层两极分化，贫富悬殊引发不良心理。改革开放 40 多年来成就辉煌，但同时我国居民收入差距明显扩大，并且有进一步拉大的趋势，东、西部居民之间，城乡居民之间，不同阶层、行业、职业居民之间收入差距大。著名影星、歌星、时装模特、作家和运动员，部分个体和私营企业主，外企中的中高级雇员，金融机构管理人员，房地产开发商，部分技术入股者，知名经济学家、律师等收入比较高，个人与家庭年收入高达 20 万元以上，但这些人不到总人群的 1%。贪污受贿、偷税漏税、走私贩私、制售假冒伪劣商

品、侵吞国有资产、化公为私、以权谋私等产生的不合理收入差距导致两极
分化，由此使普通民众产生了一种"相对被剥夺感"，引发仇富心理。如果差
距悬殊，而且任其扩大，就会造成各方面的严重后果。经济收入差距大的现
实显示出政府加强宏观调控的重要性和迫切性，也对失范行为敲起了警钟。

　　总之，大学生网络文化失范现象及其规制研究的经济背景是我国经济的
飞速发展，但还需加强调控管理，以确保稳定持续发展。大学生网络文化具
有两面刃的作用。网络文化本应具有无害、公正、先进、合法、科学性等特
征，但在市场经济负面作用影响下，大学生网络文化失范现象有了蔓延、膨
胀之势。

　　3. 文化背景

　　社会大文化背景是大学生网络文化失范的直接根源，大学生网络文化失
范是社会网络文化失范的一个组成部分。研究社会大文化背景，有利于厘清
大学生网络文化与社会网络文化的区别和联系，从而更好地把握大学生网络
文化的特征。大学生网络文化失范的文化背景有如下特点。

　　（1）文化思想多元碰撞。当代中国，各种类型的文化思想呈现出多元并
存、交融碰撞的格局。自1840年鸦片战争打开了中国的国门以来，救亡图存
成为中华民族文化生活的主题。自1915年新文化运动以来，一大批文化思想
学者开始了对国民文化劣根性的反思，担当起了文化启蒙的时代重任。[1] 我国
文化在反对封建旧文化，提倡民主新文化的氛围中发展。我国文化事业在文
艺战线上自1930年中国左翼作家联盟成立以来就在反帝反封建的战线上取得
了辉煌的成就。毛泽东同志在延安文艺座谈会上的讲话给中国知识分子指明
了文化发展的方向。新中国成立以后，毛泽东同志提出了"古为今用，洋为
中用，百家争鸣，百花齐放"的方针，是至今仍有坚持价值的文化方针。伤
痕文学、反思文学、改革文学作品在20世纪80年代自觉担当了文化精神烛
照的角色。自20世纪80年代实行改革开放政策以来，西方的各种文化思潮
又给中国文坛带来了新的视角，激发了新的活力。21世纪以来，信息全球化

---

　　[1]　钱理群、温儒敏、吴福辉：《中国现代文学三十年》，北京大学出版社2002年版，第5页。

步伐加快，各种文化思想的碰撞交融更加激烈。传统文化思想的价值得到重新开掘，西方文化也日益得到批判地借鉴吸收，社会主义核心价值体系得到确立，成为中国当代先进文化的主流。同时，借助微博、论坛、贴吧、微信公众号、微信朋友圈、QQ群、微信群等各种自媒体、公众舆论平台和社交平台，各个阶层都发出自己的声音，各个阶层的文化思想都得到表达，各个阶层的文化生活都得以展现，中国真正呈现出各种文化思想大发展大繁荣的格局。但是我们不容忽视的是，文化思想界的论争依然存在而且必将长期存在，先进文化总是在与腐朽文化作斗争中得到成长、丰富和壮大的。

（2）文化产业异军突起。随着我国经济社会的发展，人民生活水平提高，消费刺激生产，中国的网络文化产业成为当代中国最有效益的产业。中国的文化产品不仅在国内畅销，而且由于其文化底蕴深厚，在国际市场上也大受欢迎。中国文化作品不断被译介出去。学术方面，中国学者在国外学术论坛占据了一席之地，发出了自己的声音。文学方面，莫言以《檀香刑》之类作品获得诺贝尔文学奖。音乐方面，宋祖英的《好一朵美丽的茉莉花》唱响在维也纳歌剧院之类的国际顶尖级艺术殿堂，谭盾、郎朗、女子十二乐坊的音乐作品风行海外。汉学方面，孔子学院在多个国家成立。网络文化方面，艾瑞咨询最新研究报告显示，中国网游出口额早已超过1亿美元，国际业务的增长速度超过国内业务，平均增幅达100%。优质的中国网络游戏企业已经成为中国文化出口的新势力。中国最大的网络游戏出口企业完美时空（PWRD. US）一年三个季度的海外销售额就达到1900万美元以上。完美时空旗下《热舞派对》《赤壁》《诛仙》《完美世界国际版》和《武林外传》五款网游，销售到日本、越南、韩国、马来西亚、菲律宾、巴西、俄罗斯等国家和中国台湾地区。金山、游戏蜗牛等10余家内地网络游戏企业同时进军海外市场。2003年，首届中国国际网络文化博览节成功举办，"网络文化产业"作为一个新名词被广泛认同。据有关资料显示：自2007年以来，中国的网络游戏企业已成为市场化程度最高、出口速度增长最快的文化企业，已经在利用市场机制、发展文化产业、加大文化出口等方面作出了成功的尝试。传媒、动漫、影视、音乐、游戏、IT产品，产值丰厚。早在2009年，中国绿色网络游戏年产值早已高达 900 亿元；电子杂志也产值丰厚。在 Xplus、Magbox 等电子杂志发行平台上，已有超过 100 种杂志发行，范围涉及影音娱乐、运动休闲、消费时尚、男人女人、外语学习、科技财经、视觉艺术等多方面。ZOOM、Magbox、Xplus、VIKA 等平台月发行量在 200 万以上。《男人志》《个人电脑 e 生活》《Muzine》音乐杂志、瑞丽系列电子杂志、《开啦》等数字杂志每期点击量上百万。其中，"影视才女"徐静蕾创立的电子杂志《开啦》，下载量早已超过 7000 万次，阅读量超过 1 亿次，获得了可观的广告收入。10年过去了，新媒体网络文化品牌得到了更长足的发展。今后，随着人们物质生活水平的进一步提高，文化需求将更多，网络文化产业发展前景诱人。

（3）文化管理相对落后。我国文化建设迈上了新台阶，文化改革发展得到推进，突出表现在社会主义核心价值体系建设深入开展，文化体制改革全面推进，公共文化服务体系建设取得重大进展，文化产业快速发展，文化创作生产更加繁荣，人民精神文化生活更加丰富多彩，可以说，我国当代文化已发展到了一个全民认同的高度，各种形态的文化作品的创作和消费已成为长久不衰的时尚。但是，在市场经济的背景下，文化市场泥沙俱下，鱼龙混杂，给大学生文化教育、管理和引导留下了比较多的难题。① 整个文化管理相对落后表现在以下方面。

一是统得过多，管得过死。目前我国尚未完全实现由高度统一的计划经济体制向市场经济体制转型，因此，高度统一的文化管理仍然存在。政府文化部门对文化艺术工作的领导还没有完全由直接管理为主转向间接管理为主，没有完全由具体地办文化转为间接地管文化。文化的发展受到严重阻碍，广大文艺工作者的创作积极性受到压制。政府还没有完全从基层文化单位的人事、财务、业务等具体管理中解脱出来，运用文化政策、文化法规和文化经费调控文化艺术和对外文化交流事业的能力还不够强，政府的导向作用发挥不够。基层文化单位与政府主管部门还是下级与上级的隶属关系，还没有真正转化为被指导与指导的关系，从而基层单位自主权受到限制，自身活力得

---

① 龙其林：《大众狂欢：新媒体时代网络文化透析》，浙江古籍出版社 2014 年版，第 1~179 页。

不到增强。

二是中介组织发展过慢。中介组织应担负起投资的分配、规划的实施等具体工作，政府只需提出文化发展的目标和规模，确定文化投资的总体数量，监督和检查文化发展计划落实的情况和投资效益。目前已有的文化中介组织如文化策划公司，业务范围还不够广，职能还不够健全，还没有能力承担以往政府提供的公共产品。

三是法律监管手段不强。我国的文化立法还只有《中华人民共和国著作权法》《中华人民共和国文物保护法》《中共中央、国务院关于收回文化革命期间散失的珍贵文物和图书的规定》《文化事业建设费征收管理暂行办法》《公共文化体育设施条例》《历史文化名城名镇名村保护条例》等法规，其余多是部门规章、条例。文化领域无法可依现象严重。我国对税收、信贷、价格等经济手段运用机制还很不完善。财务上的大包大揽、旱涝保收、平均分配的政策使得文艺创作者和经营者的积极性发挥不够。项目评估、自主经营、自负盈亏、优胜劣汰等市场机制作用发挥还不够明显。

文化管理的相对落后严重制约了包括网络文化在内的我国文化事业的健康发展。提高文化管理水平是今后一段时间内我国要解决的一个重大课题。

4. 科技背景

大学生网络文化是一种科技文化，研究科技背景对于理解大学生网络文化传播效应有重要意义，对于总结大学生网络文化失范的过程机理也有重要作用。本选题研究的科技背景有如下特征。

（1）网络集成化进一步提高。自 2000 年以来，科技的集成化运用在我国明显增强。CSM 媒介研究是央视索福瑞收视率调查公司的缩写，致力于专业的电视收视和广播收听市场研究，为中国内地和香港传媒行业提供可靠的、不间断的视听调查服务。该机构对北京、上海、广州三大城市受众做了网络集成效果调查，调查结果显示：2008 年奥运会，由于互联网的集成功能，在赛事转播方面得到了 28.8% 的市场份额，21% 的受众通过央视网、PPS、悠视网、PPLive、酷 6 等收看奥运会，人均每天收视时间达到 140 分钟。2012 年，中国的 3G 时代正式来临，越来越多的手机用户直接转化为互联网用户，手机超越电脑成了主要的网络用户终端。广播、电影、电视、书籍、报纸、杂志等被电子化、发行网络化。微博、博客、SNS 社交网站、即时通信、网络论坛、飞信等自媒体飞速发展。大学生轻易就能通过数字技术与全球知识体系相联，提供并分享其自身新闻和对世界的真实看法。

（2）网络普及面进一步扩大。我国网络自 1994 年全功能联入国际互联网以来，网络用户几乎以每一年半即可翻一番的速度增长。据中国互联网络信息中心在京发布的第 44 次《中国互联网络发展状况统计报告》（2019 年 8 月），"截至 2018 年 12 月，我国网民规模达 8.29 亿，普及率达 59.6%，较 2018 年底提升 3.8 个百分点，全年新增网民 5653 万。我国手机网民规模达 8.17 亿，网民通过手机接入互联网的比例高达 98.6%"①，"其中 20～29 岁年龄段的网民占比最高，达 26.8%"。② 大部分大学生处在这个年龄段。根据我们的调查观察，在校大学生 100% "触网"。

（3）网络负面性进一步凸显。科技给人民带来便利的同时也带来了风险。科技的发展使得网络被国外敌对势力用来造谣、煽动、颠覆社会主义国家，要比现实中传统手法的"颜色革命"容易得多、隐蔽得多。一些国外敌对势力以我国重要基础社会的信息网络为目标，利用黑客和计算机病毒技术实施网络攻击，破坏国民经济和社会生活秩序，并以互联网为媒体进行网上宣传战，破坏政治稳定，制造社会恐慌。同时，还利用信息网络进行组织策划、联络和收集、窃取与国家安全相关的情报信息。据《环球时报》报道，境外有数万个木马控制端紧盯着中国被控制的电脑，数十个僵尸网络控制服务器针对着中国大陆地区，甚至有境外间谍机构设立数十个网络情报据点，疯狂采用"群狼战术""蛙跳攻击"等对我国进行网络窃密和情报渗透。科技的发展一方面加速了我国信息化建设步伐，推动了经济社会发展；另一方面也使我国政治文化安全受到严重威胁。

---

① 中国互联网络信息中心：第 44 次《中国互联网络发展状况统计报告》（2019 年 8 月），2019 年 8 月 30 日，http：//www.cnnic.net.cn/hlwfzyj/hlwxzbg/：15。

② 中国互联网络信息中心：第 44 次《中国互联网络发展状况统计报告》（2019 年 8 月），2019 年 8 月 30 日，http：//www.cnnic.net.cn/hlwfzyj/hlwxzbg/：18。

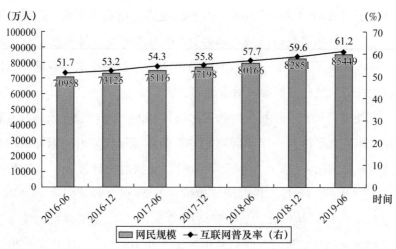

图 1－1　截至 2019 年 6 月底，中国网民规模及普及率

资料来源：中国互联网络信息中心：第 44 次《中国互联网络发展状况统计报告》（2019 年 8 月），2019 年 8 月 30 日，http：//www. cnnic. net. cn/hlwfzyj/hlwxzbg/：15。

总之，进入 21 世纪以来，科学技术的快速发展极大地增强了我国人民认识自然和改造自然的能力，增进了社会各阶层各群体的文化交流与合作，但科技应用的法律规制和伦理规范还不够完善，文化安全风险较大。

5. 教育背景

大学生网络文化失范现象与大学生所受的学校教育直接相关。研究教育背景，对于查找大学生网络文化失范现象也有着特别重要的意义。

（1）应试教育弊端犹存。自"文化大革命"结束以来，我国的科教兴国战略得到落实，高等学校教育事业经历了市场经济体制改革和加入世贸组织两大飞跃，得到了蓬勃发展。我国高等教育基本形成了比较成熟的省级政府管理为主、中央和地方两级管理的体制。同时，随着政治、科技和经济的发展，教育资源得到优化配置，高等教育为经济社会发展服务的能力显著增强，"中国教育科研网示范工程"自 1994 年开始实施。1998 年教育部批准清华大学等 6 所高校开展网络大学试点工作之后，之后又有多所高校被获准开展网上远程教育，进行专科、本科学位学历教育和开设研究生课程，包括网上学习、师生交流、辅导答疑、网上作业和网上测试等。进入 21 世纪以来，高校网络虚拟教育与面授教育并行为教育的主渠道，受惠人群更广，教育成本进一步降低，教育质量得到进一步提高。但是，在高考中还存在着"一考定终身"的现象，入职门槛也向本科就读学校倾斜，出国接受高等教育成时尚，很多达到二本线的考生宁愿到国外上学也不愿在国内上二本。进入高等职业学院的学生，在课堂学习的过程中，有比较严重的"教"和"学"分离的现象，往往教师在台上讲课，学生在台下玩手机，师生没有任何交互，课堂高耗低效现象比较严重，学生没有为适应明天的职场竞争和国际竞争而发奋学习的拼劲。

（2）网络教育亟须规范。在正规的高等教育网站之外，还存在着非正规的高等教育网站。这些成人网站充斥着大量的灰色信息和黄色信息，消解着正规教育所起的立德树人作用。一是英文信息淹没非英语国家和民族的语言文化。二是西方国家的民族文化挤压、排斥发展中国家的民族文化，离散其价值观念、思想观念和生活方式等，弱化人们对国家的认同感，并在一定程度上造成对国家内部主权的侵蚀。三是国内外一些网上违法犯罪团伙和一些别有用心的个人或组织，利用网络制作和传播内容不健康的文化信息，大学生一打开网页，就被强迫接受很多负面文化信息，身心健康遭到损害。

（3）思政教育还需加强。2001 年 9 月，中共中央印发了《公民道德建设实施纲要》，对网络道德建设提出了具体要求："要加大网上正面宣传和管理工作的力度，鼓励发布进步、健康、有益的信息，防止反动、迷信、淫秽、庸俗等不良内容通过网络传播。要引导网络机构和广大网民增强网络道德意识，共同建设网络文明。"2004 年中共中央、国务院颁布的《关于进一步加强和改进大学生思想政治教育的意见》指出："要主动占领网络思想政治教育新阵地。……要高度重视和加强网络虚拟群体等新型大学生群体的思想政治教育工作，要密切关注网上动态，了解大学生思想状况，加强同大学生的沟通与交流，及时回答和解决大学生提出的问题。要运用技术、行政和法律手段，加强校园网的管理，严防各种有害信息在网上传播。加强网络思想政治教育队伍建设，形成网络思想政治教育工作体系，牢牢把握网络思想政治教育主动权。"① 大学生网络思想政治教育还存在着大量空白。大学生网络思想政治教育发展到今天，威胁大学生上网安全的因素依然存在，大学生网络文化失范的现象依然存在，网络思想政治教育还需加强。总之，我国的高等教育成就与失误并存。面对教育特别是非正规网络教育中存在的问题，不可等闲视之。

综上所述，大学生网络文化失范及其规制研究的选题背景为：政治稳定中有危机，经济提高中有矛盾，文化繁荣中有风险，科技发展中有错用，教育扩大中有失误。大学生网络文化失范现象也属"中国之治"范畴，需要以好的"规制"加以解决。就是说，解决大学生网络文化失范问题，行之有效的路径是建立起科学的管控"规制"。

二、研究意义

本选题是大学生网络思想政治教育方面的应用性研究课题。贯彻党中央关于网络文化建设与管理的文件精神，加强和改进大学生网络思想政治教育工作，是本课题研究的价值取向。研究大学生网络文化失范现象的成因及规制对策，具有十分重大的理论意义和实践意义。

1. 理论意义

顺应加强网络思想政治教育的时代之需，探索和健全高校网络文化的规制策略和方法，是积极繁荣和科学利用网络文化的基本前提和重要保障。大学生网络文化失范问题业已成为我国思想政治教育学科建设的重大前沿问题，其理论意义如下。

（1）为思想政治教育范畴研究增添新内容。本书首次给思想政治教育学科增加了"失范"与"规范"这一对概念范畴。综合创新，增加学科范畴，是增强和拓展现代思想政治教育功能的一个重要方法途径。"失范"与"规

---

① 中共中央、国务院：《关于进一步加强和改进大学生思想政治教育的意见》，《人民日报》2004年10月15日，要闻版。

范"这一对概念范畴是继"内化"与"外化"、"思想"与"行为"、"疏导""灌输"与"渗透"、"个人"与"社会"、"教育主体"与"教育客体"、"教育"与"管理"等思想政治教育范畴之后出现的新范畴。这一新范畴的提出，有助于正确认识网络思想政治教育的逻辑起点和历史起点，完整理解网络思想政治教育的发展进程，有益于以科学的眼光看待和解决思想政治教育的实际问题，从而有助于加强网络思想政治教育的管理与应用。

（2）为深化思想政治教育过程原理研究增添新素材。本书首次进行了大学生网络文化失范的过程机理剖析，有助于深化网络思想政治教育过程研究。深刻理解大学生网络思想政治教育建设、管理和革新的理论需要，探索网络思想政治教育法治化道路，充分论证实现网络文化有序化、无害化、公正化、规范化、审美化的基点——规制不良网络文化行为，引导人们用科学的态度对待马克思主义中国化，把重大理论研究贯彻于大学生网络文化实践研究当中，有助于推动思想政治教育学科过程理论持续创新。

（3）为网络思想政治教育方法论提供新体系。本书提供了大学生网络思想政治教育的新策略、新方法。本书首次从网络思想政治教育与文化学、社会学融合的学科交叉视角出发，提出了"网络文化失范"这一概念，以宏大的文化视野囊括大学生在网络虚拟空间的各种失范现象，将其归为精神文化失范现象、制度文化失范现象、行为文化失范现象、物质文化失范现象四大类，并针对这四大类失范现象，制定了相应的规制策略和方法。其策略和方法突出了哲理性、文化性，在思想政治教育领域是一大创新。其策略和方法的制定和实施，有助于提升大学生网络思想政治教育的科学性和实效性。

总之，思想政治教育是党的一切工作的生命线，大学生网络文化失范现象的规制研究对于加强思想政治教育学科建设，增强先进文化在网络空间的说服力、吸引力和影响力，抢占网络文化阵地，巩固马克思主义在我国意识形态领域的指导地位，繁荣我国哲学社会科学，具有十分重大的理论意义。

2. 实践意义

正确认识大学生网络文化失范现象，深刻剖析和揭示大学生网络文化失范问题的成因，科学制定针对大学生网络文化失范问题的教育对策，能够为高校思想政治教育工作者提供解决类似问题的理论依据和方法借鉴。本书的实践意义如下。

（1）有助于加强和改善人才培养工作，促进大学生的全面发展。马克思发现："'精神'从一开始就很倒霉，要受到'物质'的纠缠，'物质'在这里表现为振动着的空气层、声音。简言之，即语言。"① 网络平台上大学生的语言是无声的语言，但抓住了大学生在网络平台上的语言，就是把握了大学生的精神命脉，就可诊断出其"病症"，给予及时有效的治疗，进而促进其全面健康发展。新时代的大学生，正每日受到网络文化的影响。网络文化潜移默化地影响着大学生们的精神生活。在网络文化的影响下，大学生们的服饰、身体语言、谈吐、消费、休闲娱乐，都不知不觉地适应着已经变化了的时代。因而，认识和阐释网络文化，成为认识和阐释大学生自身的一个重要方面。研究大学生网络文化失范问题及其教育规制对策，对于巩固网络文化阵地，加快完善文化管理体制和公共文化服务体系建设，扎实推进社会主义核心价值体系和文化强国建设，培育和践行社会主义核心价值观，形成有利于创新创造的文化发展环境，进而繁荣先进的、民族的、高雅的社会主义文化，丰富大学生精神文化生活，实现文化育人目标，具有长远的战略意义。

（2）有助于加强学校校园文化建设，提高学校校园文化品位。研究大学生网络文化失范现象及其规制有助于加强学校校园文化建设，提高学校校园文化品位。第一，大学生网络文化是学校校园文化的重要组成部分。当大学生网络文化失范的时候，可以通过学校校园文化中的其他部分，如制度文化，进行规制。当大学生网络文化规范的时候，学校校园文化品位可以得到进一步提升，学校师生有更多的时间和精力从事教学科研活动，教学科研氛围将更加浓厚、和谐。第二，大学生网络文化是学校校园文化的一个侧影。一个学校的校风、学风首先就体现在学校培养的学生身上。当大学生网络文化失范的时候，也是学校校园文化失范之时。当大学生网络文化规范的时候，也

---

① 马克思、恩格斯：《德意志意识形态》，载《马克思恩格斯选集》第 1 卷，中共中央马克思恩格斯列宁斯大林著作编译局编译，人民出版社 2012 年版，第 161 页。

是学校校园文化规范功能彰显的时候。规制大学生网络文化失范，使大学生网络文化从失范走向规范，是提高学校校园文化品位的异形同构路径。第三，大学生网络文化是学校校园文化中的一个亚文化。亚文化的失范必然影响到主流文化，而亚文化的规范能使主流文化发展更顺畅。所以，大学生网络文化失范现象的规制研究有助于加强学校校园文化建设，提高学校校园文化品位。

（3）有助于保护我国网络文化安全，发展中国特色社会主义文化。正如党的十九大报告指出的，我国仍处于并将长期处于社会主义初级阶段的基本国情没有变，我国是世界最大发展中国家的国际地位没有变。我们要在未来的一段时间里，让我们国家的文化软实力显著增强，社会主义核心价值观深入人心，公民文明素质和社会文明程度明显提高，文化产品更加丰富，公共文化服务体系基本建成，文化产业成为国民经济支柱性产业，中华文化"走出去"迈出更大步伐，社会主义文化强国建设基础更加坚实。加快完善文化管理体制和文化生产经营机制，基本建立现代文化市场体系，健全国有文化资产管理体制，形成有利于创新创造的文化发展环境。在党的十九大报告精神的指引下，进行大学生网络文化失范及其规制研究，有助于解决我国马克思主义意识形态安全问题，进而对推进中国特色社会主义文化发展和繁荣，实现中华民族复兴之梦具有重要意义和重大价值。同时，深入研究大学生网络文化失范及其规制，有助于实现中国传统文化的现代化、大众化、国际化转型。总之，研究大学生网络文化失范及其规制，有助于保护我国网络文化安全，发展中国特色社会主义文化。

（4）有助于加强和创新虚拟社会管理，促进社会主义和谐社会建设。从20世纪90年代网络文化的崛起，发展到今天，网络文化已经成为当代社会的一个主要文化形态，对网络文化的研究、分析和批判也就越来越具有深刻的现实意义和重大的理论价值。正如姜华博士在《大众文化理论的后现代转向》一书中所言："文化批判是人文知识分子介入当代大众文化的一种思想武器。依据文化的规范对当代大众文化作出价值判断，激浊扬清、去芜存菁，通过对人们的文化观念和文化实践的规范和导向，推动大众文化向更加合理、健全、优美的形态转化，从而探讨建立新型文化样态的可能性。这种大众文化批判的必要性和重要意义在于它代表着人类精神的觉醒和反省，显示了大众文化批判理论的现实意义和人文知识分子的存在价值。"① 让大学生深刻认识网络文化的利与弊，学会辨识香花和毒草，择网络之善而用之，避网络之害而制之，是我国大学生网络文化教育的当务之急。因此，研究大学生网络文化失范及其规制，有助于加强和创新虚拟社会管理，促进社会主义和谐社会建设。

（5）有助于应对国际外部环境发展，确保人民生活幸福安康。美国哈佛大学约瑟夫·奈尔教授认为，一个国家的软实力主要存在于三种资源中："文化（在能对他国产生吸引力的地方起作用）、政治价值观（当这个国家在国内外努力实践这些价值观时）及外交政策（当政策需被认为合法且具有道德威信时）"②。近年来，以美国为首的西方国家对我国进行网络入侵，对我国文化安全形成了严重威胁。给国家安全造成了严重威胁，与网络文化的失范密不可分。多年来，美国等为首的西方国家把西化、分化社会主义国家和发展中国家作为其网络战略的主要目标。所谓"网络自由"的理念，其实质是美国等西方国家将霸权主义和强权政治网络化作为自己的指导思想，旨在打破"网络主权"的概念，鼓吹网络空间无边无际，不受限制，利用网络信息流动速度快、不易受到监管等特点，将自己的所谓"正确"主张灌输到世界各国，借所谓"网络自由"来为本国的政治利益服务，以巩固美国在全球的"霸主"地位。其实质是借"网络自由"来强化美国对网络空间的全球控制，用"网络自由"来遏制中国等社会主义国家、发展中国家的崛起和发展。纠偏大学生网络文化失范，用事实粉碎美国"网络自由"的骗局，是当代高校思想政治教育工作者的重要责任。此外，以美国为首的西方国家利用互联网放大和炒作我国国内的社会矛盾，肆意干预我国民族、宗教和领土主权完整，需

---

① 姜华：《大众文化理论的后现代转向》，人民出版社 2006 年版，第 9 页。
② 中共中央组织部党员教育中心：《兴国之魂：社会主义核心价值观五讲》，人民出版社 2013 年版，第 11 页。

要高校思想政治工作者引领大学生认清形势，防止美帝国主义阴谋得逞。美国在《十条诫令》中的第四条就十分露骨地指出，要"时常制造一些无风三尺浪的无事之事，让他们的人民公开讨论。这样就在他们的潜意识中种下了分裂的种子，特别要在他们的少数民族里找好机会，分裂他们的地区，分裂他们的民族，分裂他们的感情，在他们之间制造新仇旧恨，这是完全不能忽视的策略"。① 美国等西方国家和境外反华反共势力通过把在我国国内发生的一些敏感、热点事件，诸如征地拆迁问题、一些地方发生的重大事故、一些大型工程项目上马的争论等，大肆通过网络进行炒作，并将这些问题上升到体制缺陷，煽动民众的不满情绪，激化人民内部矛盾，进而攻击党的领导和社会主义制度。正如学者刘建华所说："在互联网时代，意识形态话语权的争夺已成为中美两个大国'软实力'较量的关键因素。美国凭借自身的技术、资本、信息和话语等优势，在互联网空间对中国正在进行一场前所未有的意识形态战略攻势。这种攻势具体表现为：以核心技术为支撑实行网络渗透，以资本优势为主导进行网络策反，以信息强权为利器开展网络舆论围攻，以话语霸权为载体强化网络宗教传播。警惕美国对华意识形态输出的新发展，重视网络核心技术攻关，加强法律规制，注重教育引导以及牢牢掌握意识形态话语权，不仅是维护我国意识形态安全的应有举措，而且也是建设网络强国，实现国家长治久安的题中之义。"② 研究大学生网络文化失范及其规制中的规律性，有助于思想政治教育工作者提醒大学生认清帝国主义的本质和险恶用心。研究大学生网络文化失范及其规制，有利于大学生在网络文化接受方面建立起自己的"防火墙"，不接受反动信息，不接受教唆犯罪的信息，进而不让国际上某些唯恐中国不乱的犯罪分子阴谋得逞，确保人民生活幸福安康。国际反动势力在和高等教育工作者争夺青年，网络是没有硝烟的战场，网络文化失范的端倪需早日矫治，要研究出规制网络文化失范的对策，以应

① 李刚：《美国对付中国的〈十条诫令〉》，《领导文萃》2002 年第 1 期，第 32~34 页。
② 刘建华：《美国对华意识形态输出的新变化及我们的应对》，《马克思主义研究》2019 年第 1 期，第 140 页。

对国际外部环境发展，确保国家文化安全。

　　总而言之，如何发挥好思想政治教育工作者的主导作用、大学生的主体作用，在网络空间倡导文明风尚，弘扬社会主义先进文化，彰显真善美，鞭挞假恶丑，展示当代中国大学生的文明风貌，将网络空间建设成为大学生崇德向善、文明有礼、温暖人心的精神家园，已经成为我国精神文明建设的重要课题。本课题研究对思想政治教育学科建设具有重大的理论意义，对大学生健康成长、高校学生管理、我国社会主义文化强国建设、文化安全以及应对国际外部环境发展，确保人民生活幸福安康具有重大实践意义。

第二节 国内外研究现状述评

国内外对本选题已有比较深入的研究，现综述如下。

一、国内研究现状述评

经中国期刊网和中国国家图书馆联机目录检索发现，国内还没有著作或论文直接言明"这就是大学生网络文化失范现象"，或者说"要规制大学生网络文化失范"，但对于"失范""文化失范""网络文化""大学生文化""大学生网络文化""网络文化失范""大学生文化失范""大学生网络文化失范""大学生网络文化失范现象""大学生网络文化失范的危害""大学生网络文化失范的过程机理""大学生网络文化失范的规制策略""大学生网络文化失范的规制方法"，研究还是比较多的。资料检索方法及其结果如表 1 - 1、表 1 - 2 所示。

表 1 - 1　　　　　　　　中文文献检索及结果

著作（或期刊）篇名检索主题词	时间（年份）	著作部数	论文篇数	代表性著作或论文
大学生	2000—2019	44000	338496	《当代大学生人文素质教育探究》《我国大学生学情状态与影响机制的实证分析》
网络文化	2000—2019	570	11125	《网络与网络公民文化》《网络文化对高校思想政治教育的影响和对策》
失范	2000—2019	33	11574	《新媒体失范与规制论》《微博的伦理失范与对策》

著作（或期刊）篇名检索主题词	时间（年份）	著作部数	论文篇数	代表性著作或论文
规制	2000—2019	850	118123	《网络空间的规制与平衡》《中国互联网表达自由的法律规制与保护》
文化规制	2000—2019	20	210	《文化规制论》《文化规制：第三种规制》
大学生文化	2000—2019	370	10791	《大学生安全文化》《解读校园文化发展的关键——大学生文化与校园文化的互动》
大学生文化失范	2000—2019	0	32	《转型期大学生文化失范现象探析》
大学生网络文化失范	2000—2019	0	0	
网络文化（在检索结果中二次检索）	2000—2019	210	888	《网络文化安全与大学生网络行为》《论大学生思想政治教育的网络文化话语权》
规制（在检索结果中二次检索）	2000—2019	0	0	

注：a. 著作检索基于中国国家图书馆联机公共目录查询系统；b. 期刊文献检索基于 CNKI（中国知网）；c. 检索日期：2019 年 11 月 1 日。

表 1－2　　　基于 CNKI（中国知网）的其他中文文献检索及结果

篇名检索主题词	检索对象	时间	篇数	代表性文件、学校、会议或报刊
大学生	党和国家的文件	不限	494	《中共中央宣传部、教育部关于印发〈全国大学生思想政治教育工作测评体系（试行）〉的通知（2012）》
网络文化	党和国家的文件	不限	19	《网吧内网络文化内容产品经营资质申报及产品备案指南（2009）》
大学生网络文化	博士学位论文	不限	0	
失范	博士学位论文	不限	11	《大学学术道德失范的制度分析》
文化失范	博士学位论文	不限	0	

续表

篇名检索主题词	检索对象	时间	篇数	代表性文件、学校、会议或报刊
大学生文化失范	博士学位论文	不限	0	
网络文化失范	博士学位论文	不限	0	
大学生网络文化失范	博士学位论文	不限	0	
大学生网络文化	优秀硕士学位论文	不限	0	
失范	优秀硕士学位论文	不限	274	《网络道德失范现象研究》
文化失范	优秀硕士学位论文	不限	1	《社会转型时期文化失范的意涵及效应》
大学生文化失范	优秀硕士学位论文	不限	0	
网络文化失范	优秀硕士学位论文	不限	0	
大学生网络文化失范	优秀硕士学位论文	不限	0	
大学生网络文化失范	重要报刊文章	不限	0	
大学生网络文化失范	高层学术会议文献	不限	0	

注：检索日期：2019 年 11 月 1 日。

1. "失范"的研究现状：旧有的规范失去了约束力，新的规范尚未建立起来的状态

我国学者最初是从社会学的角度研究"失范"的。在社会学里，失范行为亦称越轨行为、离轨行为或偏离行为，是指社会成员（包括社会个体、社会群体和社会组织）偏离或违反现存社会规范的行为①。社会规范的功能是制

---

① 郑杭生：《社会学概论新修》，中国人民大学出版社 2003 年版，第 12 页。

约社会行为、调节社会关系和规定社会活动空间，它本身具有历史性和阶级性。田佑中从社会哲学的角度把"失范"看作因特网时代传统的社会控制面临的挑战①。郑杭生认为：由于人们社会行为的复杂性、社会成员自身素质及阶级地位的差异性，在实际的社会生活中，偏离或违反社会规范的越轨行为在任何社会都是不可避免的社会现象。社会越轨可以分为违法行为、违警行为和违规行为三类②。大学生网络文化失范有时也包括严重的违警行为和违法行为，一般指违规行为，不很严重但违反有关规定，给大学生自身和家庭、学校、社会造成一定不良影响的行为。朱力给"失范"下出的定义是："失范是指社会的价值与规范产生紊乱，人们的行为失去了标准或不遵守规范，整个社会秩序呈现无序化的状态。"③ 李一给网络行为失范下的定义是："网络行为失范是一种特殊类型的人的行为失范，它同时也是人的网络行为中走向偏差的一种类型。它指的是网络行为主体违背了一定的社会规范和所应遵循的特定行为准则要求，在虚拟的电子网络空间里出现行为偏差，以及因为不适当地使用互联网络而导致行为偏差的情况。"④ 李巨澜从"国家—社会"关系角度对民国以来的苏北"地方政权与社会"这一主题进行研究，出版了地方政府行政管理专著《失范与重构——一九二七年至一九三七年苏北地方政权秩序化研究》，他把 1911 年辛亥鼎革之后出现的封建王权轰然倒塌，国家权力衰微，旧的政治合法性已经丧失，而新的民主政治合法性未及建立，原有的各种社会政治力量因失去约束而开始扩张，进而出现的匪化、劣化和秘密会社称为苏北社会失范现象⑤。宫承波、刘姝、李文贤《新媒体失范与规制论》把新媒体失范定义为："网络社会价值与规范体系的缺失与不健全所导致

---

① 田佑中：《失范：因特网时代传统的社会控制面临的挑战——一种社会哲学的探讨》，《国际论坛》2001 年第 4 期，第 29～35 页。

② 郑杭生：《社会学概论新修》，中国人民大学出版社 2003 年版，第 413～414 页。

③ 朱力：《失范的三维分析模型》，《江苏社会科学》2006 年第 4 期，第 120 页，人大复印资料全文转载。

④ 李一：《网络行为失范的生成机制与应对策略》，《浙江社会科学》2007 年第 3 期，第 97 页。

⑤ 李巨澜：《失范与重构——一九二七年至一九三七年苏北地方政权秩序化研究》，中国社会科学出版社 2009 年版，第 2、64～142 页。

的调节作用的弱化以及失灵，并由此产生整个网络社会的混乱无序以及网络社会成员在虚拟情境下违背主导社会规范的行为，即社会失范在网络等新媒体中的具体化"①。

在人大复印资料数据库检索到以"失范"为题名的 72 篇期刊论文中，"行为失范"或"失范行为"作为标题词的代表作有 5 篇。关于"行为失范"或"失范行为"的描述主要有："在对青少年网上道德行为和网下道德行为进行考察时，我们可以发现，部分青少年在现实生活中是好学生、好职员，讲道德、恪守道德规范，在虚拟的网络上却不同程度地出现欺骗、损人利己、侵占等失德行为，更有极端者进行网上欺诈、网上行窃、数据故意破坏等网络犯罪。"② "所谓失范行为就是指所有那些违反或偏离某个社会现行的社会规范的活动与行为。"③ "行为失范是指行为失去法律的规范或处于法律规范调整范围之外的情况（事实上这种行为应由法律进行规范）。"④ 以"道德失范"作为标题词的代表作有 6 篇，比较科学的定义有高兆明的"'道德失范'（disordered moral，anomie in moral）指在社会生活中，作为存在意义、生活规范的道德价值及其规范要求或者缺失，或者缺少有效性，不能对社会生活发挥正常的调节作用，从而表现为社会行为的混乱"⑤。

谈论"青少年失范"的代表作 3 篇，比较有创见的观点有："在新旧体制的转轨过程中，传统伦理道德、马克思主义思想以及西方资本主义思潮交互作用，并且新旧思想、道德水准交错复杂，摩擦激烈，所以表现在青少年身

---

① 宫承波、刘姝、李文贤：《新媒体失范与规制论》，中国广播电视出版社 2010 年版，第 8 页。

② 张娅菲：《论网际不对称关系与青少年网络道德失范行为及对策》，《青年探索》2005 年第 5 期，第 45 页，人大复印资料全文转载。

③ 杨振福：《失范行为社会学的基本框架》，《社会科学辑刊》1995 年第 4 期，第 29 页，人大复印资料全文转载。

④ 章若龙、刘少荣：《行为失范及其法律调控》，《法商研究》（中南政法学院学报）1995 年第 4 期，第 1 页，人大复印资料全文转载。

⑤ 高兆明：《简论"道德失范"范畴》，《道德与文明》1999 年第 6 期，第 8 页，人大复印资料全文转载。

上的失范现象千奇百怪、形形色色。"① "网络的普及与青少年道德问题的爆发存在着必然关联，但所谓青少年网络'道德失范'问题，其实是无'范'可循，其症结不在网络普及，不在教育，也不在网络的监控和管理的不完善等方面，而是属于整个现代社会的一个基本问题，需要对其提出具有针对性的应对措施。"②

谈论"网络失范"的代表作有4篇，比较科学的定义有："网络信息活动的失范是指旧有的价值观念和行为模式被普遍否定或遭到严重破坏，逐渐失去对网络信息活动主体的约束力；新的价值观念和行为模式未被普遍接受或尚未形成，不具有对网络信息活动主体的有效约束力，使得网络信息活动主体的行为缺乏明确的社会规范约束，形成社会规范'真空'这样一种社会状态。"③

谈论"文化失范"的代表作2篇，其中有1篇是谈论学校管理文化失范的，较有见地："学校管理文化的消极失范，是建立在对原有学校管理活动规范化基础上的一种特殊现象。它是新的管理文化未曾确立，旧的管理文化现象尚未消除，新旧文化转换过程中的特有现象。不批评旧的消极的管理文化，就无法建立起新的文化规范；不研究管理文化消极失范现象，就不能使学校管理文化真正进入到一个崭新的境界，学校管理改革与发展就只能在一种较低的层次徘徊。"④

谈论"制度失范"的代表作1篇，虽然没有给制度失范下出定义，但指出了当前虚拟社会的制度存在着方向性、系统性、规范性、创新性等方面的

---

① 张鹏：《试论当代青少年的失范现象》，《中国青年政治学院学报》1994年第4期，第79页，人大复印资料全文转载。

② 邓辉：《青少年网络"道德失范"问题略论》，《伦理学研究》2010年第4期，第89～91页，人大复印资料全文转载。

③ 付立宏：《试析网络信息活动失范的根源》，《情报资料工作》2001年第6期，第12页，人大复印资料全文转载。

④ 吉兆麟：《学校管理文化的消极失范及其对策》，《江苏教育学院学报》（社会科学版）1999年第1期，第22页，人大复印资料全文转载。

失范现象。①

　　谈论"角色失范"的代表作有 1 篇，"所谓'角色失范'，主要是指角色偏离了正常的轨道，引发角色错乱，进而带来一系列社会问题"。②

　　谈论"大学生网络失范行为"的代表作有 1 篇，比较标准的定义是："大学生网络失范行为，指网络失范行为的主体是大学生，大学生自身在网络应用的过程中为达到某种目的或者谋求自身利益侵犯他人，表现出来的所有违背道德和违法犯罪的法律行为，从行为的性质和程度上看，遵循着从网络违背道德到网络违法直至网络犯罪行为的发展轨迹。大学生网络失范行为是利用电脑病毒入侵、破坏网络系统；用信息技术制作传播网络信息垃圾；恶意诽谤，传播谣言，发布不健康言论；借助网络平台进行诈骗；侵犯他人网络隐私；浏览、下载、肆意传播不良信息，窃取他人商业秘密、人肉搜索，沉迷网络游戏或公开兜售文章、侵犯知识产权等。"③ 此外，还有谈论"理性失范"代表作 1 篇："大学理性失范是理性失范在大学这一特定系统的特殊表现，它根源于大学片面追求学术知识外在的经济与政治功用，而逐渐遗忘大学理性的本质功能与内在要求。"④ "社会失范"代表作 1 篇："社会失范是指由于社会规范缺乏完整、明确和自治的特征而导致社会的不正常状况或曰社会病态。"⑤

　　从上述与"失范"相关的定义可以看出：从历时的角度看，失范是旧有的规范失去了约束力新的规范尚未建立起来的状态；从共时的角度看，失范是一种社会主流文化对行为主体失去了约束力的表现。行为失范是指一种在

① 陈联俊：《虚拟社会中的制度失范与治理路径——基于社会管理的视角》，《首都师范大学学报》（社会科学版）2013 年第 1 期，第 134～139 页，人大复印资料全文转载。

② 张军、吴宗友：《大型网络事件中的政府角色失范与重构——以温州动车事件为例》，《人文杂志》2013 年第 3 期，第 106 页，人大复印资料全文转载。

③ 吴学政：《浅析大学生网络行为法律规范及安全教育对策》，《法制与经济》2014 年第 1 期，第 120 页。

④ 张学文：《大学理性失范：概念、表现及其根源》，《北京师范大学学报》（社会科学版）2010 年第 6 期，第 21～30 页，人大复印资料全文转载。

⑤ 陈程：《当前我国社会失范的类型分析》，《社会》2002 年第 12 期，第 12 页，人大复印资料全文转载。

道德上越界，严重时甚至触犯法律底线的状态。

2. "文化失范"的研究现状：实质上是一种社会失范，是社会文化规范约束力的下降或消失

关于文化失范的概念，见于专著中的有杨春时教授的《中国文化转型》。杨教授认为，文化失范是由于传统文化权威丧失合法性，新的文化权威尚未形成，从而造成文化权威性的失落，人们思想迷失方向，行为丧失准则，文化规范难以具有合法性[①]。也就是文化规范的缺失。

在中国期刊网中检索到的最早的以"文化失范"为题名的论文是萧功秦的《文化失范与现代化的困厄——许纪霖〈知识分子与近代文化〉读后》，发表于《读书》1988 年第 10 期。这篇论文主要介绍了近现代之交的中国因儒学对社会人心的羁制力和魔力日渐衰微而出现的上至知识分子、官绅人士，下至平民百姓的群体性的文化失范现象。这说明我国学者很早就注意到了文化失范问题。

随后，社会文化失范研究集中在反映改革开放以来随着西方文化的入侵，我国文艺界知识分子表现出来的文化失范问题，代表性的作品是傅铿的《从"认同扩散"到"志业危机"——析部分青年知识分子文化失范》。该论文深入浅出地剖析了改革开放新时期，在市场经济浪潮和西方后现代文化思潮涤荡下的中国部分青年知识分子所产生的文化失范现象：从"志于道"到"志于玩"，从"救世"到"混世"，从"志于学"到"志于钱"，从"敬业"到"厌业"，从"反传统"到"巫术崇拜"[②]。该文深刻地批判了当代知识分子在社会转型时期出现的精神文化失范现象，但并未给"文化失范"以明确的定义。

关于"文化失范"的明确的定义，现有资料中引用次数最多的是邹广文、丁荣余的"文化失范是指社会文化变迁过程中，人们的行为及价值观念由于

---

① 杨春时：《中国文化转型》，黑龙江教育出版社 1994 年版，第 106 页。
② 傅铿：《从"认同扩散"到"志业危机"——析部分青年知识分子文化失范》，《当代青年研究》1992 年第 5 期，第 9～11 页。

缺乏明确的准则而导致的混乱无常状态"①。被人大复印资料全文转载的吴小龙、张芝海的论文《文化失范》仅仅提出了文化失范的问题，把它和信仰失落、道德沦丧并列②，但没有给文化失范下定义。陶鹤山、张德琴把"文化失范"定义为："一个社会或一种文化陷入某种全面危机，不仅外在秩序崩溃，而且信仰、认同和象征符号都发生了危机。"③ 周德清根据马克思《不列颠在印度的统治》中提出的"道德的尺度与历史的尺度"，综合传统社会学家迪尔凯姆、默顿的观点，将"文化失范"定义为："在转型时期，社会因主导性文化价值的缺失而造成的文化秩序的紊乱与无序状态。"④ 最新的关于文化失范的定义是："文化失范是指在现实的个人生活和社会生活层面上，实际发生着文化观念自觉或不自觉的冲突和裂变。"⑤

在所有关于"文化失范"的定义中，比较具有代表性的观点有："文化失范就是这样一种现象：在正常情况下，社会一方面以文化方式规定了价值目标，另一方面以结构的方式规定了实现这些目标的手段，当社会可以保证其成员通过合法手段实现所设定的价值目标时，文化目标与合法手段之间存在着一定的平衡，表现为社会的稳定状态；当社会成员因社会文化的断裂和结构的变革使其角色模糊，丧失了取得达到文化目标的合法手段，或社会成员虽然拥有合法手段，但对社会确定的文化目标不感兴趣，甚至对社会文化目标和合法手段都不认同，这就是社会重大变革时期出现的文化失范状态。"⑥ 这是我国学者根据迪尔凯姆社会学"失范"理论给出的定义。李燕菲、刘媛

---

① 邹广文、丁荣余：《当代中国的文化失范现象及其价值建构》，《社会科学辑刊》1993年第6期，第39~43页。
② 吴小龙、张芝海：《文化失范》，《中外管理导报》1998年第3期，第32页，人大复印资料全文转载。
③ 陶鹤山、张德琴：《近代中国文化失范与市民文化关系略论》，《南京社会科学》2000年第10期，第80页。
④ 周德清：《社会转型时期文化失范的效应分析——以马克思的道德尺度和历史尺度相结合的原则为评价标准》，《云南社会科学》2011年第4期，第48页。
⑤ 刘媛媛、丁雪、王晓婷、史光远：《用社会主义核心价值体系引导高职学生文化失范现象》，《青春岁月》2013年第19期，第273页。
⑥ 冯云翔：《文化失范与青年越轨——青年文化的法社会学思考》，《青年研究》1990年第6期，第35页。

媛在周德清 2004 年《社会转型期文化失范之意涵探析》的基础上给文化失范下出了定义："总体来说，文化失范就是在社会转型期，由于新的文化观念的出现，多种价值观念相冲突，以前占主导的文化模式的合法性地位受到威胁，并逐步丧失主导地位，成为社会的外围的文化模式，造成的文化秩序的混乱状态或过程。（大学生文化失范）具体表现为：大学生的信仰失落、道德领域的滑坡、健全人格的缺失、大量越轨行为的出现。"① 丁尔纲认为"文化失范"论是坚持后现代主义文化立场，热衷于推销"全盘西化"论、文化工业论、"文化市场导向"论的人，乘机推销的不良思想观点。② 综观这些概念，研究者从不同角度对文化失范作出各自的界定，有助于我们进一步认识文化失范的内涵。大多数概念的理解几乎都相似，他们认为文化失范是一种社会文化心理造成的个体文化心理病态，存在病理性的心理机制，反映到行为上是对社会原有文化理念和规范的背离以及符合社会利益与个人利益合一的规范的缺失。

笔者综合学者们的观点，将文化失范的定义界定为：文化失范是指主体由于主导性文化道德的缺失而导致的文化认知扭曲、文化思想混乱、文化心理失衡、文化行为失序的现象。文化失范实质上是一种社会失范，是社会文化规范约束力的下降或消失。

3."大学生文化"的研究现状：以大学生为中心，内化到大学生思想中，并由大学生通过行为外化而形成的物质文化、精神文化、制度文化、行为文化的总和

我国学者对"大学生文化"作了比较清晰的界定。曹景文、田秭援对"大学生文化"作出界定："我们把高等学校里与校园文化并存并为大学生群体所独有的文化观念、思维特征、价值取向、行为方式、生活习性等的总称统称为大学生文化。形象地说，就是校园内具有大学生特点的精神环境和文

---

① 李燕菲、刘媛媛：《转型期大学生文化失范现象探析》，《青年文学家》2009 年第 21 期，第 195 页。

② 丁尔纲：《坚持文化消费的社会主义规范 反对"文化失范"论》，《济南大学学报》（社会科学版）2001 年第 5 期，第 33 页。

化氛围。"① 这一定义强调了大学生作为文化的主体性以及由大学生这一主体营造出来带有大学生的印记（特点）的文化的外在性。大学生文化是大学生思想的外化。杜春华的《从文化的开放形态看大学生文化的变迁轨迹》没有给大学生文化下出定义，只是指明了其重要地位："大学生文化是青年文化中最富影响的特殊层面。"② 傅显捷认为："校园文化与大学生文化的关系表现为隶属关系，也是属主流或主体文化和亚文化的关系，这种关系决定了它们互动的内容与性质。互动中，校园文化处于主导地位，引导和培育大学生文化是校园文化的任务；主动学习、接受校园文化，融入、传承校园文化，丰富、创新校园文化，是大学生文化的固有特征。"③ 这一研究成果对于厘清高校校园文化与大学生文化的关系有着重要意义，也为确立"大学生文化失范"这一概念奠定了基础。大学生文化失范是大学生文化中的主流文化已经失去规范作用的一种状态。

值得引起重视的研究文献是郑永廷的《大学生思想政治教育前沿难题探究——兼谈高校德育理论创新》，提到了大学生思想政治教育中精神文化彰显与大学生人文精神缺欠的矛盾，大学生面临外在压力与内在压力的转化。其中，大学生精神欠缺表现在精神懈怠和心理疾病。精神懈怠的突出表现是竞争条件下想急于求成的急躁，学习、工作不愿下功夫的浮躁，对学习、工作效果不满意的烦躁，烦躁积累多了所形成的焦躁。"四躁"即大学生精神文化失范的状态，"是受客观条件影响而又缺乏主观理性控制的内心无序"，是理想信念的缺失导致的"限于眼前的、具体的关系和琐事纠缠难以超越"的状态，"不仅精神生活质量不高，而且困扰聪明才智的发挥"④。郑永廷教授的

---

① 曹景文、田秭援：《论大学生文化的特点、功能及合理构建》，《黑龙江高教研究》1995 年第 4 期，第 26 页，人大复印资料全文转载。

② 杜春华：《从文化的开放形态看大学生文化的变迁轨迹》，《中国青年政治学院学报》1998 年第 1 期，第 4 页，人大复印资料全文转载。

③ 傅显捷：《解读校园文化发展的关键——大学生文化与校园文化的互动》，《河南社会科学》2005 年第 5 期，第 86 页。

④ 郑永廷：《大学生思想政治教育前沿难题探究——兼谈高校德育理论创新》，杨振斌、吴潜涛、艾四林等：《思想政治教育新探索》，载《全国思想政治教育高端论坛会议论文集》，中国社会科学出版社 2013 年版，第 169～180 页。

观点对于界定"大学生文化失范"及对"大学生文化失范"进行分类提供了理论依据和现实根据,为"大学生网络文化失范"的概念界定及对"大学生网络文化失范"进行分类起到了奠基作用。

在中国国家图书馆里没有检索到直接论述大学生文化的著作,只有以"大学生廉洁文化""大学生体育文化""大学生安全文化"等为研究对象的专著,这些专著题名的共同点在于以大学生为中心,让某种文化内化到大学生的思想中,又反过来由大学生外化到自己的行为中,形成一定的带有大学生特色的文化氛围。

综上所述,我们可以给"大学生文化"下定义:大学生文化是指以大学生为中心,内化到大学生思想中,并由大学生通过行为外化而形成的物质文化、精神文化、制度文化、行为文化的总和。

4."大学生网络文化"的研究现状:大学生在网络平台上表现出来的精神文化、物质文化、制度文化和行为文化的总和

关于"大学生网络文化"有三种理解,第一种是"大学生的网络文化",第二种是"大学生与网络文化",第三种是"大学生的网络的文化"。我们取第三种理解:"大学生的网络的文化",文化接受主体和创造主体皆为大学生,大学生网络文化就是指大学生在网络平台上接受、创造和传播文化信息的活动,在这里,网络文化不只是一个游离于大学生主体之外的客观环境,而且是大学生实践的对象。

迄今为止,思想政治教育学科研究大学生网络文化的研究成果主要有四本专著。四本专著主要内容如下:宋元林、陈春萍等著《网络文化与大学生思想政治教育》,系统阐明了大学生思想政治教育之网络文化培育的判据与机理、目标与原则,科学分析了大学生思想政治教育之网络文化的类型、含义、特点、功能,着力探究了大学生思想政治教育之网络政治文化、网络精神文化、网络制度文化培育的内容和方法[1],但该成果还有待拓展和深化,特别是

---

[1] 宋元林、陈春萍:《网络文化与大学生思想政治教育》,湖南人民出版社 2006 年版,第 1~314 页。

对大学生网络行为文化培育和物质文化培育的研究还需补充。高鸣等著《网络文化与大学生思想政治教育新论》，从网络文化载体的开放性、网络文化主体的匿名性、网络文化内容的共享性等多个层面出发，并结合案例剖析，系统阐述了网络文化给大学生思想政治教育工作带来的机遇与挑战[1]。肖地楚的《网络文化背景下的大学生核心价值观教育》以网络文化背景下大学生核心价值观教育长效机制的内涵为切入点，进而探讨网络文化背景下大学生核心价值观教育长效机制的构建必要性、现实依据和构建内容与途径[2]，对本课题研究中规制大学生网络文化失范的思想引领方法有启示意义。周宗奎的《网络文化安全与大学生网络行为》基于文献研究、访谈、专家评估、实验、问卷等多种方法，辨析并界定了网络文化安全的概念，确定了网络文化安全评价的内容指标体系，提出了网络文化安全评估的原则和方法，建构了主要网络文化安全指标的分级标准[3]，其中对大学生网络行为与网络文化安全的关系的论述，对本课题研究有借鉴意义，为本课题研究奠定了坚实的理论基础。

在研究"大学生网络文化"的期刊论文中，比较有代表性的期刊论文是：叶定剑、张逸阳（2016）发表于《思想教育研究》的《大学生网络文化工作室培育建设策略探析》，林东伟（2018）发表于《中国高等教育》的《怎样培育大学生网络文化工作室》。

根据上述期刊和专著的阐释，我们得出"大学生网络文化"的概念界定：大学生网络文化是指大学生在网络平台上表现出来的精神文化、物质文化、制度文化和行为文化的总和。

5. "网络文化失范"的研究现状：在网行为失范和借网行为失范的总和

"网络文化失范"最早是由法律条文进行界定的，《互联网文化管理暂行规定》（文化部 2003 年 5 月 10 日发布）规定互联网文化单位不得提供载有以

---

① 高鸣，等：《网络文化与大学生思想政治教育新论》，江苏大学出版社 2007 年版，第 1～259 页。

② 肖地楚：《网络文化背景下的大学生核心价值观教育》，北京邮电大学出版社 2012 年版，第 1～149 页。

③ 周宗奎：《网络文化安全与大学生网络行为》，世界图书出版广东有限公司 2012 年版，第 1～234 页。

下内容的文化产品：反对宪法确定的基本原则的；危害国家统一、主权和领土完整的；泄露国家秘密、危害国家安全或者损害国家荣誉和利益的；煽动民族仇恨、民族歧视，破坏民族团结，或者侵害民族风俗、习惯的；宣扬邪教、迷信的；散布谣言，扰乱社会秩序，破坏社会稳定的；宣扬淫秽、赌博、暴力或者教唆犯罪的；侮辱或者诽谤他人，侵害他人合法权益的；危害社会公德或者民族优秀文化传统的；有法律、行政法规和国家规定禁止的其他内容的。违反上述法规或其他有关网络文化的规律、法律、规则、纪律、伦理道德规范的现象即为网络文化失范现象。

2019 年 11 月，以"网络文化失范"为关键词，在中国期刊全文数据库检索到 6629 篇相关论文，其中硕士、博士学位论文共 20 篇。这些论文主要论及网络文化行为失范。

论述网络文化失范的专著主要有：钟瑛（2005）《网络传播伦理》，殷晓蓉（2005）《网络传播文化：历史与未来》，杨鹏（2006）《网络文化与青年》，李一（2007）《网络行为失范》，唐守廉（2008）《互联网及其治理》，曾长秋、万雪飞（2009）《青少年上网与网络文明建设》，宫承波、刘姝、李文贤（2010）《新媒体失范与规制论》，曾长秋（2012）《网络德育学》，徐建军（2010）《大学生网络思想政治教育理论与方法》，胡凯（2013）《大学生网络心理健康素质提升研究》，李本智（2015）《大学生网络思想政治教育研究》，朱凤云（2016）《网络效应及大学生的价值取向研究》，兰亦青（2017）《网络时代大学生人际交往问题研究》，汤志华（2018）《大学生网络道德教育读本》。钟瑛教授的专著主要披露了网络上虚假、色情、垃圾、极端情绪等内容的泛滥，网络传播行为的变异，网络传播效果的失衡①。殷晓蓉教授主要论述了早期黑客文化这种网络文化失范现象。早期的黑客文化产生于 20 世纪 50 年代至 70 年代，以一种对有趣事情充满忘我激情的精神为持续动力，将灵活机动、双向关系、复合媒介视为理所当然，偏重的是技术创新，喜欢简洁、完美和漂亮的程序设计，并以发现系统级别的错误为一大乐事，即使是制造

① 钟瑛：《网络传播伦理》，清华大学出版社 2005 年版，第 7～210 页。

信息垃圾，也将人们"逗乐到了百无聊赖的状态"，没有后来的黑客活动那样
猖獗和那么大的危害，但是后来的黑客现象和黑客犯罪日益少年化①。杨鹏教
授认为，青年文化的反文化形态，特别是违法越轨形态在网络空间表现出来，
网络文化机体又缺乏相应的调控机制，因此造成了网络文化系统的失衡，主
要表现为网络色情、网络黑客、网络用语不文明、网络报复、计算机拜物教
（盗用他人账号上网活动，散布反动、敏感、机密内容，偷看他人信件，假冒
合法用户发表文章，抄袭行为，搞恶作剧等网络不道德行为）、违法犯罪形态
的网络越轨文化（网上金融盗窃、网上诈骗、计算机病毒的制作传播、侵犯
版权行为等）②。学者李一认为网络行为失范是一种"特别的社会文化现象"，
认为计算机屏幕不仅仅是一个物理意义的显示终端，更是一个具有社会文化
意义的"网上世界"。他把网络行为失范按照主体性质分为机构主导型和个体
主导型，按照活动界域分为"在网行为失范"和"借网行为失范"，按照行
为后果所波及的对象划分为外在指向的失范和自我指向的失范。按网络行为
失范引发结果的危害和严重程度分为一般行为失范和违规犯罪两种类型。③唐
守廉教授认为，互联网中亟待治理的是文化霸权问题以及互联网不良信息泛
滥问题④。曾长秋教授认为，青少年网络文明失范的主要表现是：模糊的网络
文明意识、淡漠的现实人际情感、滥造粗俗的网络语言、有悖道德的网络行
为、僭越法律的网络犯罪。宫承波、刘姝、李文贤等学者把网络媒体失范分
为网络信息破坏（计算机病毒与黑客）、网络信息污染（网络淫秽色情信息、
网络垃圾信息）、网络信息失实（网络虚假新闻、网络谣言、网络诈骗、网络
传播知识产权侵害），网络传播人格权侵害（名誉权、隐私权、姓名权、肖像
权、人肉搜索）、网络舆论失范、网络文化霸权和数字鸿沟、网络对人格发展
的消极影响（网络成瘾综合征、信息过载与思维简化、自由主义与自我意识、
情感的匮乏与迷失）、门户网站失范、视频网站及网络电视的失范，网络广告

---

① 殷晓蓉：《网络传播文化：历史与未来》，清华大学出版社 2005 年版，第 95～103 页。
② 杨鹏：《网络文化与青年》，清华大学出版社 2006 年版，第 154～160 页。
③ 李一：《网络行为失范》，社会科学文献出版社 2007 年版，第 2、154～156 页。
④ 唐守廉：《互联网及其治理》，北京邮电大学出版社 2008 年版，第 270～281 页。

的失范、网络语言失范。①

汪勇教授认为："网络舆情对思想政治教育实效性的影响也日趋明显，并且呈现出影响主体多元性、影响客体广泛性、影响内容复杂性、影响方式丰富性以及影响效果突出性等特征。积极采取措施努力减少或消除网络舆情的消极影响已经成为现代思想政治教育研究的重要课题。"② 网络舆情对思想政治教育实效性的消解实际上也是一种网络文化失范现象。

综上所述，我们可以知道，网络文化失范主要包括两大类，一是接受和创作的内容失范，二是传播行为的失范，归根结底是主体心理文化的失范。这些失范有的体现为精神层面的失范，有的体现为物质层面的失范，有的体现为制度层面的失范，有的体现为行为层面的失范，我们把这些主观与客观不统一不协调的现象统称为网络文化失范。

至此，我们可以厘清几个重要概念了："网络文化失范""网络道德失范""网络行为失范""网络成瘾"。这四个概念中，网络文化失范的外延最广，包括网络道德失范、网络行为失范和网络成瘾；网络道德失范属于网络精神文化失范范畴；网络行为失范属于网络行为文化失范范畴；网络成瘾既属于网络精神文化失范范畴，又属于网络行为文化失范范畴，还与网络制度文化失范、网络物质文化失范息息相关。网络文化失范是在网行为失范和借网行为失范的总和。

6."大学生文化失范"的研究现状：大学生以往个人经验不足以指导自己现在行为的状态

2019 年 11 月，以"大学生文化失范"为题名，在中国期刊全文数据库检索到 110 篇相关论文，包括硕士与博士学位论文、会议论文和期刊论文。

关于大学生文化失范的概念，散见于各期刊论文中。综合各期刊论文观

---

① 宫承波、刘姝、李文贤：《新媒体失范与规制论》，中国广播电视出版社 2010 年版，第 47 ~ 232 页。

② 汪勇：《网络舆情对思想政治教育实效性的影响及对策》，杨振斌、吴潜涛、艾四林等：《思想政治教育新探索》，载《全国思想政治教育高端论坛会议论文集》，中国社会科学出版社 2013 年版，第 115 ~ 123 页。

点如下：大学生文化失范现象之一是热衷于西方文化，缺乏对民族文化的认同。文化认同是一个民族存在和发展的基础，也是民族文化传承和意识形态强化的重要影响力量，而在多元文化背景下的网络文化造成大学生对主流文化认同弱化，理想信念迷失和价值观偏移，对传统文化的冷落和疏远，道德意识和社会责任感缺失。大学生文化失范现象之二是极端个人主义盛行，精神信仰缺失，价值取向严重失衡。在新媒体视域下，大学生文化价值观的冲突明显表现为生活冷漠，态度消极，政治意识淡薄，缺乏精神信仰，部分大学生价值取向出现了严重失衡现象，其文化价值观发生冲突，有着极强的极端个人主义倾向，形成了价值取向模糊的不良现象。大学生文化失范现象之三是对客观事物的反映模式欠佳，解决问题方式欠妥。例如，校园现实生活中出现的课桌文化、墙壁文化，虚拟网络生活中出现的"黄色""黑色""灰色"话语。大学生文化失范现象之四是大学生对自己原来所属群体的主流文化的背离和对自己现在所属群体主流文化的疏离，个体文化的结构失衡、功能失调。当大学生尤其是外地大学生，进入大学以后，原先熟悉的高中校园文化和自己当地的文化背景一下子在大学里都不复存在了，大学生以往的个人经验都不足以指导自己现在的行为，从而造成挫折和焦虑状态。

7. "大学生网络文化失范"研究现状：大学生网络文化接受、传播和创造中的越轨行为

大学生网络文化失范现象是近年来思想政治教育研究的热点问题。

2019 年 11 月，以"大学生网络文化失范"为主题，在中国期刊全文数据库检索到 142 篇相关论文，其中硕士、博士学位论文共 99 篇。吴迪、鲍荣娟对佳木斯市在校大学生进行了调查，调查结果显示 20.3% 的大学生上网的主要目的是聊天消遣，而且互相欺骗、互相利用的占 1.6% 。[①] 芦艳梅的调查结果显示：大学生在利用信息时，结合实践检验推新的只占 4.8% ，而没有尊

---

① 吴迪、鲍荣娟：《网络视域下的大学生精神文化生活研究》，《黑龙江科学》2013 年第 10 期，第 200 ~ 201 页。

重别人的知识产权意识的学生占51.6%。① 王艳艳通过发放"大学生网络道德现状问卷调查"2000份，对重点本科、一般本科、高职高专的在校学生各为600人、600人和800人调查发现：有相当一部分学生已经迷恋上了网络，不仅空耗光阴，而且影响学习和成长。35.7%的学生经常在上课时通过手机上网；59.2%的学生在上课时若对老师讲授的内容不感兴趣，就会通过手机上网；只有5.1%的学生不会在上课时通过手机上网。上网的目的方面，53.6%的学生选择了上网聊天、玩游戏、在线看视频；8.1%的学生选择购物、看小说；只有38.3%的学生选择了上网查资料，丰富知识。38.3%的学生承认偶尔浏览色情网站，2.6%的学生经常浏览色情网站。在回答"您认为需要对网络行为负责吗"时，2%的学生选择"什么都可以做，没有底线"，8.2%的学生选择"可以有些恶作剧"。② 肖立新等的调查显示，大学生每次上网时间超过5小时的占13.5%；在回答"网上聊天是否经常撒谎"这一问题时，32.5%的学生选择"是"；28.2%的学生认为"在网上可以肆无忌惮地发表个人观点"。③ 宋欢以华南农业大学、广东金融学院等5所广东高校的大学生作为研究对象，发放问卷4000份，了解大学生网络政治参与的具体情况，并抽选了47名不同学校不同年级的大学生进行访谈，发现认为网络政治内容不可靠的占28.5%；认为积极参加网络政治活动对自己的帮助"根本没有作用"的占38.0%；有19.9%的大学生网络政治参与的动机是"纯粹为了发泄情绪"④。

李百玲认为，大学生网络文化失范主要有网络谣言、言语暴力和言语低俗三种⑤。时会永认为，大学生中存在着对私人微博的集体围攻、对个人言论

① 芦艳梅：《论大学生在线信息素养状况与提升》，《中小企业管理与科技》2014年第1期，第238页。

② 王艳艳：《当前大学生网络道德现状调查研究》，《大学教育》2014年第1期，第76~77页。

③ 肖立新、陈新亮、张晓星：《大学生网络素养现状及其培育途径》，《教育与职业》2014年第3期，第178页。

④ 宋欢：《大学生网络政治参与的现状分析与对策研究——基于广东五所高校的调查》，《人民论坛》2013年第5期，第42页。

⑤ 李百玲：《大学生网络言语道德失范与规范》，《学理论》2013年第31期，第209页。

和社会事件的非理性回应、爱国主义的非理性表达、在网络购物中的过度消费、明星事件的过分追踪，缺乏网络虚拟财产安全保护意识，被散布谣言、恶意中伤者利用，入侵政府网站、制造虚假数据库、诈骗牟利等严重的网络文化失范现象。①

沈小风发现：进入网络传播时代之后，成人电影更是和新兴传播媒介"一拍即合"，为当代大学生提供了青春宣泄和文化抵抗的崭新平台。……大学生们面对成人电影，除了"看过就算"，以及"在寝室和室友讨论"之外，还多了用网络进行交流的新行为模式。虽然这个比例并不算太大，但由于大学生亚文化依托网络媒介，因此其所产生的传播效果还是非常惊人的。"恶搞"是大学生亚文化的一个明显的表现形态，通过拼贴、戏拟和模仿等各种后现代的手法，大学生可以巧妙地对经典以及人们广泛关注的各种事件进行反讽和嘲弄，解构其原有的意义。而基于观看成人电影这一事实，大学生们也毫不犹疑地进行了自我调侃。实际上，在网络世界里，可以代入成人电影语境被大学生"恶搞"的对象无人不可、无事不可。通过这些充满自我娱乐和自我嘲讽精神的滑稽戏仿，大学生把因观看成人电影而产生的超越主流社会规定范围时所具有的紧张感和负罪感轻松化解，使其成为一种成功的"青春宣泄"。②

以上展示的是我国学者对大学生网络色情文化现象的揭露，事实上，大学生网络文化失范现象中比较严重的是已经引起了我国学者高度关注的网络谣言。梁茜研究发现：大学生群体尤其擅长使用各种形式的网络载体，但由于心理不够成熟，他们也容易相信谣言、传播谣言。在这种形势下，大学开始成为网络谣言的集散地之一。而且近年来还出现新现象，部分大学生从谣言的接受者向制造者转变。将大学生看作谣言制造者，学界的相关研究还比较少。但在《人民日报》公布的近年来造成严重后果的 10 条谣言中，"山西

① 时会永：《大学生现代性之培育——基于网络文化生态的思考》，《长春理工大学学报》2013年第 4 期，第 91 页。
② 沈小风：《从成人电影到网络热词——一种大学生亚文化现象解析》，《青年探索》2013 年第2 期，第 88～89 页。

地震谣言""重庆针刺谣言"均是由在校大学生制造并传播的。可见大学生制造谣言已经成为官方关注的重点，并且具有相当大的社会影响力。大学生制造谣言的案例近年来频频发生。如 2013 年 4 月 25 日，南京一名女大学生在微博散布"禽流感导致 10 多人死亡而且消息被隐瞒"的谣言；2013 年 7 月 2 日，广西一名刚毕业的女大学生在微博发帖称：广西藤县新庆镇非法开采稀土引发民众抗争，相关部门介入并朝民众开枪，呼吁媒体关注。这其中不少谣言造成重大社会影响。如《人民日报》举例的"山西地震谣言"，实际为太原市的一名大学生在百度贴吧发布谣言信息帖，称"6 点以前太原地区有地震"，由此引发上千万的民众走出家门躲避地震。据搜狐网报道，2013 年福建省福清市网上热传"水库过滤池里面有死人，我们喝了尸体水几个月"的消息，在当地群众中引发强烈的恐慌情绪。福清警方很快查出制造传播网络谣言的是大学生韩某、黄某、谢某。事实上，类似的大学生成为谣言制造者的问题并不是中国大陆独有，在各地区都有发生。据中国新闻网报道，在我国台湾地区，2013 年 4 月新竹市陈姓大学生在脸书（Facebook）上转贴照片，制造散播小孩被绑架的网络谣言。经警方侦查，陈姓学生与另一名张姓网友被函送处罚。①

张玉峰认为，大学生为了追求新奇，在各种语言的基础上，自创出一套语言表达体系，这种文字或者符号是即兴的，给熟知网络知识的网民带来了便利，但是对从未接触过计算机和网络的人来说，理解这些语言符号就显得格外困难。大学生在网络上常见的聊天用语，比如"酱紫"（这样子）、"84"（不是）、"94"（就是）等不符合《中华人民共和国国家通用语言文字法》中对国家通用语言文字的规范和标准，也不符合中国新闻出版总署关于禁止违反语言规范现象的文件精神②，属于大学生网络文化失范现象，应该予以规范。

---

① 梁茜：《基于积极受众理论的大学生网络造谣行为分析》，《学校党建与思想教育》2014 年第 2 期，第 56 页。

② 张玉峰：《大学生网络语言的特点和规范》，《才智》2013 年第 28 期，第 310 页。

所有的关于大学生网络文化的现状调研表明，大学生中的确存在着不容忽视的网络文化失范现象，与大学生的现实精神文化状态相交织，反映着青年一代对社会、人生的心理困惑，亟待引导和规制。

研究大学生网络文化失范的代表性专著主要有：徐建军教授《大学生网络思想政治教育理论与方法》，胡凯教授《大学生网络心理健康素质提升研究》。徐建军教授认为大学生网络越轨行为主要包括网络痴迷症、网络攻击行为、网络盗窃及行骗行为、网络色情等①。胡凯教授从大学生网络心理健康素质提升的角度，论述了大学生亟待提升的网络道德心理，亟待优化的网络学习心理素质，需要调适的网络人际交往心理，需要解决的网恋问题、网络集群行为问题、网络成瘾问题、网络色情问题、网络犯罪问题等网络文化失范现象②。大学生网络文化失范既包括大学生即时在网络平台上接受、创造和传播文化信息的行为失范，又包括大学生既往在网络平台上创造的物质文化环境的失范，还包括大学生将来要在网络平台上进行的接受、传播和创造文化信息的活动。所以，大学生网络文化失范既是一个历时的概念，又是一个共时的概念，是与大学生有关的由大学生参与和创造的一切文化失范的总称，是对过去的错误的总的清算，是对现在的错误的警醒和对未来的错误的预防。

8. 国内大学生网络文化失范现象成因研究现状：网络信息的良莠不齐与大学生理性判断能力不足，网络文化的多元性与大学生的理性选择能力不足，网络法律机制不健全与大学生网络法律意识的缺乏，网络伦理危机与大学生网络伦理价值观缺位

大学生网络文化失范成因复杂多元。67.9%的学生认为高校学生网络道德问题严重，64.3%的学生认为学校对网络道德教育的力度不够，98%的学生对公安机关打击网络犯罪活动的力度都不满意③。对于高校比较重视建设的思想政治教育网站，参与其中的大学生比例反而很低，除了特殊情况需要

---

① 徐建军：《大学生网络思想政治教育理论与方法》，人民出版社2010年版，第231~234页。
② 胡凯：《大学生网络心理健康素质提升研究》，中国古籍出版社2013年版，第149~323页。
③ 王艳艳：《当前大学生网络道德现状调查研究》，《大学教育》2014年第1期，第76~77页。

（例如提交入党学习心得）而浏览之外，受调查者中真正自愿关注此类网站的比例仅有 9.5%，而不感兴趣和甚至不知道有此类网站的比例超过 60%。在实际访谈中，很多大学生认为主要原因是此类网站理论枯燥（56.4%）、内容空洞（41.4%）、缺乏互动（33.9%）等①。李百玲认为，网络谣言产生的原因在于信息发布者和传播者缺乏责任意识和过于关注时效性，言语暴力产生的原因在于现实生活中的各种热点和敏感问题在网上引发的口水大战以及不恰当的"人肉搜索"方式的使用，言语低俗产生的原因在于各大小网站充斥着色情图片、音频、视频、污言秽语②。时会永认为，其原因在于网络信息的良莠不齐与大学生理性判断能力不足，网络文化的多元性与大学生的理性选择能力不足，网络法律机制不健全与大学生网络法律意识的缺乏，网络伦理危机与大学生网络伦理价值观缺位③。张卫良教授、张平博士发现："相对端庄的、精英式的传播形态和青年大学生新媒体接受心理存在矛盾，这是主流意识形态类等类型推文影响力弱的原因。"④ 这一发现启示我们从大学生网络文化接受心理方面寻找大学生网络文化失范的成因。以上成因分析都揭示了大学生网络文化失范的部分原因，但还缺乏系统的总结和归纳，没有全方位多角度查找成因，如果能按照内因、外因分类，细分内因与外因则更好。比较有参考价值的是时会永（2013）的分析。

9. 大学生网络文化失范的过程机理研究现状：生态位获得、扩展、移动、压缩

关于大学生网络文化失范的过程机理研究比较少。

徐建军教授和管秀雪博士 2018 年 9 月发表的《论网络空间舆论生态系统的动力机制与优化策略》对网络文化失范的过程机理探讨作出了杰出贡献。

---

① 宋欢：《大学生网络政治参与的现状分析与对策研究——基于广东五所高校的调查》，《人民论坛》2013 年第 5 期，第 42 页。

② 李百玲：《大学生网络言语道德失范与规范》，《学理论》2013 年第 31 期，第 209 页。

③ 时会永：《大学生现代性之培育——基于网络文化生态的思考》，《长春理工大学学报》2013 年第 4 期，第 91 页。

④ 张卫良、张平：《大学生对学校微信公众号的信息接受、认同差异及成因探讨——基于对 91 个高校共青团微信公众号推文的分析》，《现代传播》2017 年第 12 期，第 143 页。

二人发现，网络空间舆论生态"系统的生成演进得益于生态适应、生态补偿、生态冗余、竞合共生等动力机制的驱动"，网络舆论按其产生直至消亡经历了生态位获得、扩展、移动、压缩四个时期①。这一崭新的理论视角为我们提供了宏观审视大学生网络文化失范的参照。

王智宇、李强、王志伟发现的大学生文化冲突四阶段过程规律对于理解大学生网络文化失范的过程机理有参考作用。大学生文化冲突四阶段包括蜜月期、敌对期、和谐期和适应期。在入学三个月的新奇感过去之后，发现大学和自己所想的不一样，于是进入敌对期。处在这个阶段的大学生们会试图摆脱这种不舒服的环境，例如：迷恋上网，对学习厌倦的大学生会沉迷于活动中，喝酒，甚至选择辍学，极端的可能出现自杀。能够意识到自己在新环境中的选择，并善于改变自己的大学生才会进入和谐期。进入和谐期的学生开始努力学习，开始发现打游戏非常有害，开始认同家长和老师的建议，开始改变室友的偏见，重塑正确的认知。当大学生开始拥抱新的文化时，适应期就到来。焦虑开始消失，开始接受校园里所发生的一切，满怀朝气地开始建立自己的人生的理想。他们开始留恋大学校园，并争分夺秒地度过接下来的时光。他们已经彻底地被新环境同化了。② 但往往已经晚了，剩下的充电时间不多了。这一过程机理说明了大学生专职辅导员对大学生的辅导非常关键，也说明了研究如何帮助大学生尽快度过敌对期，进入和谐期非常重要。

10. 大学生网络文化失范现象危害研究现状：引发政治安全、精神健康、个人隐私以及产权等方面的危机，造成不良影响

国内专家一致认为：大学生网络文化失范危害较大。李百玲认为，危害在于干扰当事人和其他人的正常工作、学习和生活，严重的还会引发现实生活暴力冲突并对大学生的道德意识、婚恋观产生危害③。时会永认为，其危害在于引

---

① 徐建军、管秀雪：《论网络空间舆论生态系统的动力机制与优化策略》，《云南民族大学学报》（哲学社会科学版）2018年第5期，第42页。

② 王志伟、李强、王智宇：《浅析大学生文化冲突的原因、过程及对策》，《青年文学家》2011年第22期，第200页。

③ 李百玲：《大学生网络言语道德失范与规范》，《学理论》2013年第31期，第209页。

发政治安全、精神健康、个人隐私以及产权等方面的危机，造成不良影响①。

大学生对网络文化失范的危害也有所认识。在调查中问到"你认为迷恋虚拟网络最主要的负面影响"时，除了有56.7%的学生选择"成绩下降，学业荒废"外，选择"影响睡眠，体力透支"的有48.2%，选择"人际关系淡化"的有41.2%，选择"产生消极道德和价值观念"的有42.8%，选择"心理健康受影响"的有39.7%②。

国内学者运用文献检索、问卷调查、深度访谈、观察发现、思辨研究等手段，揭示了大学生网络文化失范的危害，最有代表性的是时会永（2013）的观点。

11. 大学生网络文化失范的规制策略研究现状：教育、伦理道德、文化、综合规制

针对网络文化失范的特殊国情，国内对网络文化失范规制的研究，不仅从教育体制或者大学生身心发展等视角来分析，而且综合考虑社会各方面的因素，对网络文化失范规制研究，成果丰硕。我国已有的关于规制策略的研究成果集中体现在以下方面。

一是教育规制。早在2000年，刘新庚教授就针对世界高科技和社会信息化、现代化和实行社会主义市场经济所带来的社会生活方式及人们思想观念的变化，提出了校准科学化目标，努力改进思想政治教育的理论体系和方式的观点，强调运用现代传媒，提高思想政治教育的实效性③，具有很强的理论先导性。邱柏生教授在《高校思想政治教育的生态分析》中，阐述了社会文化生产对高校思想政治教育的影响，针对《一个馒头引发的血案》这样的网络文化"恶搞"事件，提出了具体分析大学生心理，指导大学生以主流文化价值观和精英文化价值观揭露和反衬大众文化的低俗化倾向，进而引领和建

---

① 时会永：《大学生现代性之培育——基于网络文化生态的思考》，《长春理工大学学报》2013年第4期，第91页。

② 吴迪、鲍荣娟：《网络视域下的大学生精神文化生活研究》，《黑龙江科学》2013年第10期，第200～201页。

③ 刘新庚：《思想政治教育新论》，中南大学出版社2000年版，第207～210页。

设大众文化的观点①。胡凯教授站在培养 21 世纪全面发展的高素质人才的战略高度，从理论与实践两方面对大学生网络心理健康素质提升进行了初步的研究，在《大学生网络心理健康素质提升研究》中提出了提升大学生网络道德心理，优化大学生网络学习心理素质，调适大学生网络人际交往心理及网恋心理，引导大学生网络集群心理，防治大学生网络成瘾，矫正大学生网络色情心理，预防大学生网络犯罪等方法途径②，为本课题研究提供了大学生网络文化心理矫治方面的方法指导。2014 年，刘新庚教授针对现代思想政治教育载体的革命，提出了现代思想政治教育的网络方法理论，构建了网上思想政治理论灌输模式、日常思政教育渗透模式、思想素质规范养成模式、思想修养自我教育模式、思想情感感染熏陶模式等五大方法模式，特别是其"战略制导型"方法体系③的提出，为本课题研究奠定了坚实的理论基础。王翔教授等提出的规范我国大学生微博政治参与的对策对本选题研究极具参考价值："政府应增强服务意识并完善网络问政回应能力，高校应利用新媒体提高思想政治教育实效性，大学生应强化道德自律提升政治素养。"④ 这三点发现为解决大学生网络文化失范问题提供了参与主体及其指导。周湘莲教授等提出的"增强全员育人的系统性，加强全程育人的衔接性，优化全方位育人的整体性"⑤ 对规制大学生网络文化失范有很大的启示意义。

二是伦理道德规制。钟瑛教授在《网络传播伦理》中强调了网络伦理道德规范的价值建构、网络传播中的主流文化引导，提出了网络道德全球化的构想⑥。

三是文化规制。殷晓蓉教授在《网络传播文化：历史与未来》中提出了

---

① 邱柏生：《高校思想政治教育的生态分析》，上海人民出版社 2009 年版，第 98～122 页。

② 胡凯：《大学生网络心理健康素质提升研究》，中国古籍出版社 2013 年版，第 1～328 页。

③ 刘新庚：《现代思想政治教育方法论》，人民出版社 2014 年版，第 203～222、312～316 页。

④ 王翔、陈芝娜：《浅析我国大学生微博政治参与的问题及其对策》，《法制与社会》2017 年第 8 期，第 258 页。

⑤ 周湘莲、邹秉虹：《大学新生学习适应性问题与"三全育人"对策研究》，《中国多媒体与网络教学学报》2018 年第 12 期，第 20 页。

⑥ 钟瑛：《网络传播伦理》，清华大学出版社 2005 年版，第 7～210 页。

教育和塑造文化能力，坚持本民族文化传统，坚持能够构成自身特色的东西，在全球媒体新秩序中赢得竞争实力的途径①。孙萍教授在《文化管理学》中介绍了文化市场规范、我国现行文化事业法律制度及文化管理体制改革的现状，认为完善我国文化事业单位管理体制应从六大方面入手：转变政府文化管理职能，理顺关系，实行政企分开、政事分开；完善相关法规，依法建设文化；深化文化投资融资体制改革，建立多元化的投资融资体制；完善文化市场体系；深化文化企事业单位内部改革；逐步实现文化管理体制向大文化管理体制转变。② 田川流教授、何群教授在《文化管理学概论》中阐述了文化管理的过程方法，包括文化管理信息方法、预测方法、决策方法和控制方法③，对本课题研究有一定的启示和借鉴意义。

　　四是综合规制。杨鹏教授在《网络文化与青年》中提到了青年与网络文化失衡的问题，提出了青年网络文化建设的三条举措：积极引导，激励超越，把建设作为基本策略；强化管理，控制越轨，把法规作为必要保障；完善教育，提高素养，把自律作为有效途径。④ 这一成果为本课题研究奠定了良好的研究基础，但还有待向更深处开拓。唐守廉教授在《互联网及其治理》概论中提出了抗击网络文化霸权，保护民族文化的措施：一是坚定不移地推进经济体制改革和发展生产力，加速社会现代化进程；二是大力发展民族文化事业，建设有中国特色的网络文化；三是抓好网络管理，加强网络的法制法规建设，强化网民的遵纪守法和道德观念，规范网络行为。在抵制不良信息方面，他介绍了我国的四大措施：落实网络服务上的责任，提高网络防控能力，强化行政手段和网络立法，加强对青少年的教育⑤。曾长秋教授、万雪飞老师在《青少年上网与网络文明建设》中，对网络文明失范的现象、因缘与规制作了比较深入的探究，提出了"技术防控"和"政府监管"相结合、"立法

① 殷晓蓉：《网络传播文化：历史与未来》，清华大学出版社2005年版，第192~193、228页。
② 孙萍：《文化管理学》，中国人民大学出版社2005年版，第388~394页。
③ 田川流、何群：《文化管理学概论》，云南大学出版社2006年版，第167~193页。
④ 杨鹏：《网络文化与青年》，清华大学出版社2006年版，第154~191页。
⑤ 唐守廉：《互联网及其治理》，北京邮电大学出版社2008年版，第9~33、271页。

保障"和"德育教化"相结合、"全体自律"和"全球共治"相结合的规制
方略①。

　　此外，武汉大学中国传统文化研究中心的傅才武、陈庚从文化产业视角
提出了我国文化遗产保护与开发的实践进展与理论模型，对我们研究大学生
网络文化失范的规制策略和方法有很大参考价值（见图1-2）。

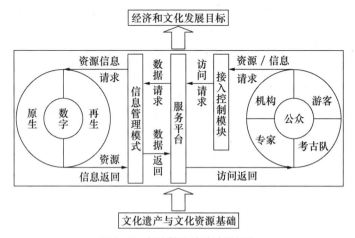

图1-2　数字博物馆的功能结构

资料来源：傅才武、陈庚：《文化产业视角下我国文化遗产保护与开发的实践进展与理论模
型》，《中国文化产业评论》2010年第1期，第113页。

　　上述结构模型可以看到以文化遗产和文化资源为基础的在经济和文化发
展目标导引下的信息资源运营流程，启发正确对待大学生网络文化失范现象：
在建设中规范，在运营中让相关利益群体受益。

　　与上述研究视角相反的是：何威博士的《网众传播：一种关于数字媒体、
网络化用户和中国社会的新范式》从网众传播的角度论述了网众传播"抵抗
规制"的群体行为和文化，包括抵抗性认同，引用权威文本，规制未达目的，
抵抗难说心理，从"文化的抵抗"到"抵抗的文化"②，深入浅出地分析了网

---

　　①　曾长秋、万雪飞：《青少年上网与网络文明建设》，湖南人民出版社2009年版，第138~152
页。
　　②　何威：《网众传播：一种关于数字媒体、网络化用户和中国社会的新范式》，清华大学出版社
2011年版，第197~247页。

众的文化失范心理，对本课题研究有一定的参考价值。

周湘莲教授提出的根据思想政治教育"内容要素的结构，夯实制度基础，加强制度建设"①"健全内容整体实施的组织领导机制，健全内容分层实施的协作机制，健全内容实施效果的评价机制"②，则为综合规制大学生网络文化失范指明了方向和提供了可以参考的操作细则。

12. 大学生网络文化失范的规制方法研究现状：国家法律规制、社会道德规范、自我规制

规制方法是规制策略的具体化。我国大学生网络文化失范规制方法的研究成果主要有：孙萍教授在《文化管理学》里介绍了文化市场规范，包括经营主体（公民、个体工商户、个人独资企业、合伙企业、集体企业、国有企业、有限责任公司、股份有限公司、"准经营性"事业单位、民办非企业单位）规范、从业人员规范（职业资格制度、从业资格、执业资格、执业注册和持证上岗制度、持证上岗）、经营客体规范（财产权规范，产品质量规范）、文化产品内容规范（演出内容规范、娱乐内容规范、旅游项目规范、商标内容规范、广告内容规范）等，还介绍了文化市场的管理手段（行政、经济、法律）以及文化市场管理的主要内容（文化经营许可制度、文化产品审查制度、文化市场稽查制度），再就是文化行政处罚的程序，包括简易程序、一般程序和听证程序③，这些规范、管理手段、制度、处罚程序对网络文化规制研究有很大的参考价值。唐守廉教授在《互联网及其治理》概论中论述了互联网治理的方式以及网络的治理模型，他认为互联网治理的方式包括网络立法、行政监督、行业自律、网民道德自律、技术控制，他认为还可以建构一个互联网的治理四层模型：以网络/结构为底层，功能/业务为第二层，信息/权益为第三层，治理/机制为顶层④。同样适用于大学生网络文化失范的规制，不

---

① 周湘莲：《思想政治教育内容整体实施探讨》，《湖南省社会主义学院学报》2016 年第 2 期，第 75 页。
② 周湘莲：《思想政治教育内容整体实施探讨》，《湖南省社会主义学院学报》2016 年第 2 期，第 77 页。
③ 孙萍：《文化管理学》，中国人民大学出版社 2005 年版，第 130～148 页。
④ 唐守廉：《互联网及其治理》，北京邮电大学出版社 2008 年版，第 20～30、31～33 页。

同的是大学生网络文化失范的规制更侧重于行为规范。

综观国内现有的大学生网络文化失范规制方法，可以发现我国现有三条主要方法、途径。

国家法律规制是我国互联网规制的第一条主要途径。法律是规范人们的互联网行为的不可缺少的工具，和文化有着天然的联系。成文法以文字的形式宣示着最高统治者对治下的人民的要求，具有最高的权威性。网下现实社会法律体系和网络虚拟社会法律体系并行是规制方式方法发展的主要趋势。

社会规范即道德规范是我国互联网规制的第二条主要途径。在我国，网络伦理课、网络道德课还是现行课程体系中的一个盲区。网络伦理方面的著作也比较少，最早涉及网络伦理领域的著作是严耕、陆俊和孙伟平著的《网络伦理》（北京出版社，1998），之后有吕耀怀的《信息伦理学》（中南大学出版社，2002）、李伦的《鼠标下的德性》（江西人民出版社，2002），以及徐云峰的《网络伦理》、朱银端的《网络道德教育》等，从伦理学、心理学、教育学等角度研究了网络和人们之间的伦理问题以及如何就此开展道德教育。

我国网络文化立法状况如下（见表 1-3）。

同时，也有一些专门的网络伦理网站，如赛博风（赛博风中华网络伦理学，http：//www. china ethics. net）、北京大学应用伦理学中心网站（http：//www. cae. pku. edu. cn）等，及时地收集了一些网络伦理方面的研究成果，还有一部分德育实践是在中央倡导的"思想政治教育进网络"活动中开展的，其中涉及一些网络德育内容。另外，召开的一系列关于网络伦理、网络法规建设、网络道德建设的研讨会，制定了一些相关的网络法规和网络公约。

而专门开展网络道德教育的研究则比较常见于各种学术刊物。如果说，我们对于网络道德的研究起步于 1994 年接入互联网时，那么我国对于大学生网络道德教育的研究则开始于 2000 年以后。笔者在中国期刊网上以"大学生网络道德教育"为主题进行搜索，共检索到核心期刊学术论文 31 篇，其中最早的一篇是 2000 年发表在《江苏高教》上的《网络文化与大学生道德教育》。而与本研究相关度较高的论文只有 4 篇。同时，检索到与"网络道德"相关的硕士学位论文 59 篇，与"大学生网络道德教育"相关的有 7 篇；而与"网

表1-3 中国网络文化法律法规、文件一览表

颁布时间	发文机关	发文字号	标题	有关网络文化规制管理的主要举措
2017-12-15	文化部	文化部令第57号	网络游戏管理暂行办法（2017年修订）	对网络游戏实行管理
2017-11-22	最高人民法院、最高人民检察院	法释〔2017〕19号	最高人民法院、最高人民检察院关于利用网络云盘制作、复制、贩卖、传播淫秽电子信息牟利行为定罪量刑问题的批复	对于以牟利为目的，利用网络云盘制作、复制、贩卖、传播淫秽电子信息的行为，是否应当追究刑事责任，适用《刑法》和《最高人民法院、最高人民检察院关于办理利用互联网、移动通讯终端、声讯台制作、复制、出版、贩卖、传播淫秽电子信息刑事案件具体应用法律若干问题的解释》（法释〔2004〕11号）、《最高人民法院、最高人民检察院关于办理利用互联网、移动通讯终端、声讯台制作、复制、出版、贩卖、传播淫秽电子信息刑事案件具体应用法律若干问题的解释（二）》（法释〔2010〕3号）的有关规定。在追究刑事责任时，鉴于网络云盘的特点，不应单纯考虑制作、复制、贩卖、传播淫秽电子信息的数量，还应充分考虑淫秽电子信息的表现以及传播范围、违法所得、行为人一贯表现及传播对象是否涉及未成年人等情节，综合评估社会危害性，恰当裁量刑罚，确保罪责刑相适应
2016-11-07	全国人民代表大会常务委员会	中华人民共和国主席令第53号	中华人民共和国网络安全法	从总则、网络安全支持与促进、网络运行安全、一般规定、关键信息基础设施的运行安全、网络信息安全、监测预警与应急处置，法律责任和附则七个方面详尽地对网络文化失范进行了规制，是目前比较完善的一部立法

续表

颁布时间	发文机关	发文字号	标题	有关网络文化规制管理的主要举措
2015-08-28	国家广播电影电视总局	[2015] 3号	国家广播电影电视总局关于做好《信息网络传播视听节目许可证》申报审核工作有关问题的通知（2015年修订）	做好信息网络传播视听节目许可证申报审核工作
2014-06-23	最高人民法院	法释[2014] 11号	关于审理利用信息网络侵害人身权益民事纠纷案件适用法律若干问题的规定	对利用信息网络侵害他人姓名权、名称权、名誉权、荣誉权、肖像权等人身权益引起的纠纷案件进行了法律规制与阐释
2014-03-14	共青团中央办公厅	中青办发[2014] 19号	共青团中央办公厅关于深入开展"青年好声音"网络文化行动的通知	加强网络宣传引导工作
2013-11-01	教育部办公厅	教思政厅函[2013] 31号	教育部办公厅关于开展高校校园网络文化建设专项试点工作的通知	开展高校校园网络文化建设专项试点工作
2013-09-02	最高人民法院、最高人民检察院	法释[2013] 21号	关于办理利用信息网络实施诽谤等刑事案件适用法律若干问题的解释	通过司法解释、立法禁止了网络诽谤行为
2013-08-12	文化部	文市发[2013] 39号	文化部关于实施《网络文化经营单位内容自审管理办法》的通知	转变政府职能和简政放权，网络文化经营单位内容自审管理

续表

颁布时间	发文机关	发文字号	标题	有关网络文化规制管理的主要举措
2013-01-30	国务院	中华人民共和国国务院令第634号	关于修改《信息网络传播权保护条例》的决定	对于违反《信息网络传播权保护条例》的行为作出了加重处罚的规定，第十八条、第十九条中的"并可处以10万元以下的罚款"修改为"非法经营额5万元以上的，可处非法经营额1倍以上5倍以下的罚款；没有非法经营额或者非法经营额5万元以下的，根据情节轻重，可处25万元以下的罚款"
2011-02-17	文化部	中华人民共和国文化部令第51号	互联网文化管理暂行规定	明确和重申了互联网文化单位提供的文化产品中不得含有的有害内容的细目
2011-01-08	国务院	根据2010年12月29日国务院第138次常务会议通过的《国务院关于废止和修改部分行政法规的决定》修正	计算机信息网络国际联网安全保护管理办法（2011年修订）	明确规定：任何单位和个人不得利用国际联网制作、复制、查阅和传播下列信息：（一）煽动抗拒、破坏宪法和法律、行政法规实施的；（二）煽动颠覆国家政权，推翻社会主义制度的；（三）煽动分裂国家、破坏国家统一的；（四）煽动民族仇恨、民族歧视，破坏民族团结的；（五）捏造或者歪曲事实，散布谣言，扰乱社会秩序的；（六）宣扬封建迷信、淫秽、色情、赌博、暴力、凶杀、恐怖、教唆犯罪的；（七）公然侮辱他人或者捏造事实诽谤他人的；（八）损害国家机关信誉的；（九）其他违反宪法和法律、行政法规的
2010-08-31	最高人民法院、最高人民检察院、公安部	公通字〔2010〕40号	关于办理网络赌博犯罪案件适用法律若干问题的意见	对网络赌博犯罪进行了专项规制和司法解释

续表

颁布时间	发文机关	发文字号	标题	有关网络文化规制管理的主要举措
2002 - 09 - 29	国务院	中华人民共和国国务院令第363号	互联网上网服务营业场所管理条例	设立网络文化经营许可证制度

资料来源：法律法规数据库（http：//search. chinalaw. gov. cn），资料查找日期：2019 - 11 - 06。

络"及"道德教育"相关的博士学位论文 5 篇，与本研究最相近的是蔡丽华的《网络德育研究》。

自我规制是我国互联网规制的第三条主要途径。我国规制互联网有害信息内容的主要职能部门是国务院新闻办、原文化部、公安部。我国最大的互联网行业组织是工业部和信息化部主管的由 70 多家互联网从业者发起的中国互联网协会（Internet Society of China），成立于 2001 年 5 月 25 日，以自我协调规制为主。

正如唐守廉教授所指出的，我国的网络文化失范规制方法概括起来主要有"立""堵""建""疏"。"立"即立法立规，用有强制力的法律规范保障网络文化安全健康发展。"堵"即堵截，用技术手段堵截反动、色情、迷信等不良信息传播。"建"即建设，用建设积极向上的文化网站抢占网络文化阵地。"疏"即疏导，用引导性语言劝服网民自觉远离不健康、不文明的网络文化内容和行为，走向健康、文明的网络文化内容和行为。这四大方法在大学生网络文化失范的规制中，是基本的方法，但大学生有大学生的特点，还需结合大学生的特点创新出更有针对性的方法。

国内文献代表作中主要观点、研究亮点、对本选题的应用价值、不足之处、本选题能够弥补不足之处可以总结概括如下。

（1）关于大学生网络文化失范的现象。主要观点：大学生网络越轨行为主要包括网络痴迷症、网络攻击行为、网络盗窃及行骗行为、网络色情（徐建军，2010）。大学生亟待提升的是网络道德心理，亟待优化的是网络学习心理素质，需要调适的是网络人际交往心理，需要解决的是网恋问题、网络集群行为问题、网络成瘾问题、网络色情问题、网络犯罪问题（胡凯，2013）。研究亮点：指出了大学生网络行为失范的现象并且进行了分类。对本选题的应用价值：为本选题研究提供了理论依据和现实根据。不足之处：没有从文化视角审视大学生网络行为失范现象，没有从大学生文化本身的结构特点去进行失范行为的分类，分类难免带有片面性和杂乱性。本选题能够弥补不足之处：从文化视角审视大学生网络行为失范，从大学生文化本身的结构特点对大学生网络文化失范进行分类，克服分类的片面性和杂乱性。

（2）与"规制"并行的其他方法：建构新时代中国特色的社会主义协同教化育人机制①。研究亮点：发现仅有"规制"是不够的。对本选题的应用价值：为本选题升华"规制"精神提供了理论新视角。不足之处：没看到没有以规制为基础的协同教化育人机制难以推行。本选题能够弥补不足之处：以规制为基础，辅以新时代中国特色社会主义协同育人机制，让大学生网络文化逐步走上正轨。还值得一提的是，张卫良教授、张平博士发现："在新媒体流行文化的产生过程中，存在着两种模式，一是 UGC（User-generated Content）模式，即网络用户既是内容的消费者，也是内容的生产者。但高流行度新媒体文化的产生则基于 PGC（Professionally-generated Content）模式，即在青少年中，拥有专业学识、熟悉媒介技术、获得趣缘群体认可的人更容易生产出较专业、有个性的新媒体产品，这是青少年网络流行文化产生的主要模式，也是高流行度新媒体产品产生的主要模式"②。这一发现为规制大学生网络文化失范提供了有益启示。贺才乐教授等认为："中华优秀传统文化与高校思想政治理论课融合有其可行性与必要性，二者功能契合、内容交叉、情感共通。"③ 这一观点启发我们可以用中华优秀传统文化规制大学生网络文化失范。曹清燕博士等认为：要"引导学生在物质满足的基础上追求精神提升、在个性彰显的基础上注重责任担当、在国家认同的前提下拥有世界情怀"④，这一表述丰富了规制大学生网络文化失范的引导策略。

总体而言，国内研究已经涉及大学生网络文化失范的概念、大学生网络文化失范的现象、大学生网络文化失范的原因、大学生网络文化失范的过程机理、大学生网络文化失范的规范策略和规制方法，但还需进一步提炼与深化。

① 张元：《新时代高校"规训"式网络文化育人困境与协同教化机制研究》，《当代青年研究》2019 年第 4 期，第 45~48 页。
② 张卫良、张平：《大学生对学校微信公众号的信息接受、认同差异及成因探讨——基于对 91 个高校共青团微信公众号推文的分析》，《现代传播》2017 年第 12 期，第 147 页。
③ 贺才乐、张华：《论中华优秀传统文化与高校思想政治理论课的融合》，《广西教育学院学报》2019 年第 1 期，第 107 页。
④ 曹清燕、刘志：《新时代高校价值观教育的着力点》，《湖南工业大学学报》（社会科学版）2019 年第 3 期，第 39 页。

二、国外研究现状述评

国外对大学生网络文化失范及其规制的研究达到了何种程度？如表1-4
所示。

表1-4 英文文献检索结果

著作（或论文）篇名英文检索题词	时间（年份）	著作部数	论文篇数	代表性著作或论文
Anomie	2000—2019	6039	4245	Handbook on Crime and Deviance. Antidote for Anomie
Cultural Anomie	2000—2019	1511	3579	Clinical Handbook of Assessing and Treating Conduct Problems in Youth. Social Institutions and Violence：A Sub-national Test Of Institutional Anomie Theory
College Students' Culture	2000—2019	29161	58391	Study on the Interaction between the Modern Change of the National Traditional Sports Culture and the Reconstruction of Ethnic College Students' Value Consciousness. "Outsiders", Student Subcultures, and the Massification of Higher Education. Higher Education：Handbook of Theory and Research
internet culture of college students	2000—2019	6087	17045	Third-Person Effect and Internet Pornography：The Influence of Collectivism and Internet Self-Efficacy. Exploring the Impact of School Culture on School's Internet Safety Policy Development
the anomie of college students' culture	2000—2019	5	324	Why Do College Students Cheat？. Conduct Problems in Youth：Sociological Perspectives
Deviance Behavior on Internet	2000—2019	468	1673	Virtually Criminal：Crime, Deviance, and Regulation Online. The Social Learning Theory of Crime and Deviance
College Students' Deviance Behavior on Internet	2000—2019	113	763	Multilevel Modeling of Social Problems. Searching for Sexually Explicit Materials on the Internet：An Exploratory Study of College Students' Behavior and Attitudes

著作（或论文） 篇名英文检索题词	时间 （年份）	著作 部数	论文 篇数	代表性著作或论文
the causes of college students' deviance behavior on internet	2000—2019	89	509	The Psyche of Cybercriminals：A Psycho-Social Per-spective. Bullying Victimization and Adolescent Self-Harm：Testing Hypotheses from General Strain Theo-ry
the damages of college students' deviance behavior on internet	2000—2019	45	193	The Psyche of Cyber-criminals：A Psycho-Social Per-spective. Health education's role in framing pornogra-phy as a public health issue：local and national strat-egies with international implications
the Strategy for Restricting the College Students' Internet Deviance Behavior	2000—2019	47	63	Privacy-Enhanced Web Personalization. What Moti-vates Software Crackers?
College Students （一次检索） Cultural Deviance Behavior on Internet （在检索结果中 二次检索）	2000—2019	82	584	Control of Violence. Online Risks Obstructing Safe In-ternet Access for Students?
rules and regulations for college students' internet behavior	2000—2019	1260	5032	Social Support Research in Community Psychology. 27 Talking Points about Internet Safety

注：a. 著作检索基于中国国家图书馆联机公共目录查询系统；b. 期刊文献检索基于 CNKI（中国知网）；c. 英文期刊检索来源于 ProQuest 全文检索；d. 英文专著检索来源于 Springer 电子书全文检索（检索日期：2019 年 11 月 1 日）。

1. "失范" 研究现状：压力与犯罪（言行失范）有一定的关系，但是压力是可防可控可调节的

"失范" 这一概念，最早还是来自国外，在《辞海》《辞源》里没有此词条，在《现代汉语规范词典》和《不列颠简明百科全书》里才有此词条。

"失范"英文名一为"anomie"（社会失范），在金山词霸里有四个义项，分别为 Disorder（失序）、Anomy（失常）、Out of Control（失控）、Paradigm Lost（失去范式）。失范的另一英文译名为"deviance"（行为失范、行为偏差）。经查《牛津高阶英汉双解词典》（*Oxford Advanced Learner's English-Chinese Dictionary*），deviance 由 deviant 演化而来，deviant 的英文解释为"different from what most people consider to be normal and acceptable"，中文解释为"不正常的，异常的，偏离常轨的"，deviance 的意思是"偏常行为"。[①] anomie，在《牛津高阶英汉双解词典》中的英文解释为"a lack of social or moral standards"，中文解释是"失范，无规范状态（社会准则或价值观的崩溃）"[②]，因此，当我们寻找文化失范的外文资料时，以"anomie"为检索词；寻找大学生行为失范的外文资料时，以"deviance"为检索词。

国外的《犯罪学和刑事司法百科全书》（*Encyclopedia of Criminology and Criminal Justice*）是这样注释"失范"的："将近一个多世纪，失范理论已经在社会犯罪学方向产生了丰富的影响。最初，在经典社会思想里，它作为一种广泛研究一定的社会条件影响道德规则和偏差行为产生率的分析工具而出现，引领着社会犯罪率的宏观层次的研究和犯罪中个体差异的微观层次的研究。此词条复习有关失范和犯罪的理论和实证的工作，从经典理论命题移动到当代的拓展和应用。失范作为一种研究偏差行为的社会起因的分析工具是被法国社会学家埃米尔·迪尔凯姆的著作引入的。着重于社会组织结构基础，迪尔凯姆（1893）首次使用失范这一概念。"[③]

以"the concept of anomie"为检索词，以"2000—2019"为检索年度，在 ProQuest 期刊数据库里检索的学术期刊论文 2241 篇，在 Springer 电子图书数据库里检索的专著 32 部。

①② A. S. Hornby. *Oxford Advanced Learner's English-Chinese Dictionary*. seventh edition. Oxford：Oxford University Press, Peking：The Commercial Press, 2009：547.

③ Jón Gunnar Bernburg. Anomie and Crime. Jay S. Albanese. *Encyclopedia of Criminology and Criminal Justice*, MA and Oxford：Wiley-Blackwell. Wiley Series, 2014：76. http：//onlinelibrary. wiley. com/book/10. 1002/9781118517383.

　　关于失范的概念，期刊论文代表作是美国华盛顿州立大学社会学系副教授康迪·马克所撰写的《微型失范：失范和失常行为关系的认知基础》（*Microanomie：The Cognitive Foundations of the Relationship between Anomie and Deviance*），论文上承埃米尔·迪尔凯姆和罗伯特·默顿衍生的一个世纪对有关违规行为方面的失范的影响研究，概括了在此期间，"应变"作为失范影响产生的社会心理机制出现。该研究挑战了情感应变机制的首要性，认为失范产生认知状态———一种称为"微型失范"的认知状态，在这种状态下，自我提升价值优先于自我超越价值。从调查得来的大学生的样本数据支持占主导地位的自我提升价值和偏差行为之间的关系。这些数据还表明"微型失范"条件可以解释冒犯行为的性别差异，此外，论文提出了一种情感应变机制的合成方法。① 近年来，对失范理论的探讨更多的是联系一般紧张学说和控制理论进行，Jaeyong Choi、Nathan E. Kruis 和 Jonggil Kim 发现："基于特质的低自我控制与修正自我控制部分介导了压力与犯罪之间的关系。但是，只有重新定义的自我控制与产生犯罪的压力显著相关。"② 这一最新研究成果表明，压力与犯罪（言行失范）有一定的关系，但是压力是可防可控可调节的。专著的代表作是美国纽约州奥尔巴尼大学的史蒂芬·F. 梅斯纳教授和理查德·罗森菲尔德教授合著的《犯罪和越轨行为手册》，其中论述失范问题的突出篇章是《制度失范理论：关于犯罪的一个宏观的社会学解释》。篇章主要内容是：犯罪学家已经制定了一个可以广泛应用于解释犯罪原因的理论框架，对这些解释有用的手段之一，是根据他们的初级水平的分析来给这些解释分类。微观理论关注的个人特征（例如：生物学的、心理学的、社会心理特征的）或他们当前的社会背景（例如：家庭和同伴的影响）来解释犯罪的个体差异。相反，宏观层面的理论，解释犯罪的变化率是根据人口"聚集"理论。这些聚

---

① Konty，Mark. Microanomie：The Cognitive Foundations of the Relationship between Anomie and Deviance. *Criminology*，2005，43（1）：107 –131.

② Jaeyong Choi，Nathan E. Kruis，Jonggil Kim. Examining the Links Between General Strain and Control Theories：an Investigation of Delinquency in South Korea. *Asian Journal of Criminology*，2019（14）：201 –221.

集体的性质随理论领域的不同而不同。例如，社会解体理论关注的规模相对比较小的团聚体特征——住在同一个社区的人的集合体。这些理论的核心观点是：犯罪率的变化反映了非正式的社会控制程度，居民，包括他们的邻居，可以在这个区域运动。① 国外主要是从社会学的角度来解释失范的，在微观层面注重心理动机分析，在宏观层面注重集群的作用。

国外的失范理论研究来源于大量的实证调查、样本分析、测量量表，得出的结论比较科学，且学科视野比较宏大，研究比较深入，值得学习借鉴。在所有的研究中最有代表性的是 Jaeyong Choi、Nathan E. Kruis 和 Jonggil Kim 的发现。

2. "文化失范"研究现状：主体的文化来自主体的直觉，没有经过理智和反诘，不能发挥规范主体行为作用的状态

在国外，失范本身就是指文化失范，即文化不能约束人们行为的状态或社会提供的条件无法使某部分人采取正当手段实现文化目标的一种状态，有时也特指行为失范，即人的行为背离文化规范的一种状态。

"文化失范"有三种翻译方法，一译作"culture anomie"（文化 + 失范），一译作"cultural anomie"（文化本身的失范），一译作"the anomie of the culture"（文化拥有的失范，从属于文化的失范），到底取哪一种翻译结果呢？我们取"cultural anomie"。

以"cultural anomie"为检索词，在 ProQuest 期刊数据库里检索的学术期刊论文 2661 篇，在 Springer 电子图书数据库里检索的专著 1512 部。学术期刊论文代表作是：美国的威尔明顿的北卡罗来纳大学的 Maume、Michael O. 和密西西比州立大学的 Lee、Matthew R. （2003）撰写的《社会制度和暴力：一个制度失范的亚全国性的测试》(*Social Institutions and Violence：A Sub-National Test of Institutional Anomie*)；伊朗德黑兰的阿拉马·塔巴塔比大学的 Heydari,

---

① Steven F. Messner, Richard Rosenfeld. Institutional Anomie Theory：A Macro-Handbook on Crime and Deviance. *Handbooks of Sociology and Social Research*, DOI10. 1007/978 - 1 - 4419 - 0245 - 0_ 11, Springer Science + Business Media, LLC2009：209 - 224.

Arash，澳大利亚皇后大陆大学的 Teymoori，Ali，伊朗德黑兰大学的 Mohama-di，Behrang（2013）撰写的《社会经济状况的影响和非法行为失范》（The Effect of Socioeconomic Status and Anomie on Illegal Behavior）。在《社会制度和暴力》中，作者阐述了如下观点："梅斯纳尔和罗森菲尔德的制度失范理论是建立在假设美国相对较高的犯罪率是由于社会经济动因和制度的巨大影响和所有其他社会制度对文化经济利益的边缘化（例如美国梦）引起的。我们分析的目的是从几种方法延长实证研究该理论的有限主体。第一，我们试图通过检测美国各州县预测犯罪率方面失范理论的有用性。第二，我们得出工具犯罪的理论重点，并且建议采取非经济的社会、政治、家庭、宗教和教育机构的措施，将特别地和作为反对暴力表达的解释工具相关。第三，和以前的研究相比，我们展开了反对或调和经济驱动压力和工具性暴力的关系的观念上的调研。我们的补充凶杀案的报告和各种人口普查的数据的负二项回归分析表明，非经济机构的措施能很好地解释器具和凶杀案的关系，但这些措施不能很好地调节经济压力对工具暴力的影响（经济压力经常用家庭收入不平等的基尼系数来衡量）。此外，我们发现对于更为流行的温和假说支持非常有限。"[1] 另一代表作的三位亚洲籍专家的研究证明了社会经济制度的影响和非法行为失范之间的关系，再一次验证了预防失范的根本措施是改进社会经济制度，使之适应、引导和促进生产力的发展[2]。

这些研究的亮点是：表明了经济压力在社会失范中的强大驱动力和文化制度的有限规制力。此研究成果对本选题研究的启示意义：我们还是要把解放和发展生产力解决人民群众日益增长的物质文化需要放在首位。该研究的不足之处：对制度文化的自我调节自我完善功能开掘不够。本研究能够弥补的不足：发挥社会主义制度文化的自我调节自我完善功能，进一步解放和发展生产力，物质文明建设和精神文明建设两手同时抓，两手都要硬，从而最

① Maume, Michael O.; Lee, Matthew R. Social Institutions and Violence: A Sub-National Test of Institutional Anomie. Criminology, 2003, 41 (4): 1137-1172.

② Heydari, Arash; Teymoori, Ali; Mohamadi, Behrang. The Effect of Socioeconomic Status and Anomie on Illegal Behavior. Asian Social Science, 2013, 9 (2): 63-69.

大限度地预防严重失范事件的发生。

专著代表作是 Liah Greenfeld、Eric Malczewski 的《作为一种文化现象的政治》（*Politics as a Cultural Phenomenon*），代表观点是："一个最有用的理解文化的理论贡献是迪尔凯姆的'失范'概念。失范指向一种文化的不足状态；它是一种在不同的制度结构中，输送给接收者相互抵触的信息间缺乏统一协调的状态。文化为人类提供目的和满足目的的方式，当文化不能履行它的职能时，个体就被遗留下来寻找一个解决办法。由于这个原因，失范也是一种文化生成的力量：它是象征想象的刺激物并且因此成为文化变迁的先锋因素。如果给予一个人的文化能够解释情况，这个人发现自己在这文化里面，没有问题；但是如果在一个人的文化经验和一个人的文化提供的真实想象之间存在不一致性，那么这个人就会利用自己的想象力去解决这一问题。"① 亮点是：从文化角度解释了什么叫失范。对本选题研究的意义是：文化失范是文化制度不足引起的，为本选题的确立提供了理论依据。不足是：没有结合中国大学生的特点给出中国大学生文化失范的描述和分析，没有给中国大学生的文化制度创新指明出路。本研究能够弥补的不足：结合中国大学生的特点给出中国大学生文化失范的描述和分析，提出合乎中国大学生需要的文化制度。

在国外，研究 Culture and Anomie（文化和失范）比较有名的是美国学者 Christopher Herbert。Christopher Herbert 认为，文化是一个充满了歧义和冲突的概念。他通过对 19 世纪的文学和哲学的研究，发现了文化和哲学的怀疑性、不稳定性紧密相连，文化观念与人的无穷无尽的欲望之间的冲突，在作家约翰·卫斯理那儿叫作"原罪"（Original Sin），在社会学家迪尔凯姆那儿叫作"失范"（Anomie）。这一发现，给"文化失范"（即文化自身的失范）的生成机理研究奠定了坚实的基础。

在关于"文化规范"和"文化失范"的论述中，比较有代表性的是英国

① Liah Greenfeld, Eric Malczewski. Politics as a Cultural Phenomenon. K. T. Leicht and J. C. Jenkins (eds.), *Handbook of Politics: State and Society in Global Perspective*, *Handbooks of Sociology and Social Research*, Springer Science + Business Media, LLC, 2010: 412.

学者阿兰·德波顿的观点。他认为：每个社会都有一套观念，应该相信什么，如何待人接物，否则就会遭到怀疑，不容于众。这些社会规范有的是用法律条文明文规定的；更多的则是在一个庞大的伦理和实践的判断体系中本能地遵循的，这个体系叫作"常识"，它命令我们穿什么衣服，采用什么理财标准，尊重什么样的人，遵守什么礼节，以及过什么样的家庭生活①。在阿兰·德波顿那里，失范表现为一种在思想上和行动上不曲意迎合，对现有文化持怀疑批判的态度，对传统规范不合理的部分的质疑与思考，是一种苏格拉底式的追问的思辨方法，是获致真理的一条途径，是一种积极的失范。苏格拉底把正确但不知如何理性回应反对意见的意见称为"原始意见"，以别于"知识"——那就是知道一种看法之所以为真，而不知道另一种看法之所以为伪的状态。他把"原始意见"比作一尊放在室外的底座上的没有支撑的塑像，没有对大风的抵抗力，一吹就倒，原因在于其仅仅来自直觉。他把"知识"比作用绳索钉牢在地上的塑像，牢固不倒，原因在于其来自理智和反诘。由此，我们可以推出：文化失范是主体的文化来自主体的直觉，没有经过理智和反诘，不能发挥规范主体行为作用的状态。文化规范是指主体的文化经过理智和反诘的锤炼，有充分的理论依据和事实依据，不容易攻破，能发挥规范主体行为作用的状态。

3. "大学生文化"研究现状：大学生创造的一种或多种文化

以"college students' culture"为检索词，在 ProQuest 期刊数据库里检索的学术期刊论文 58391 篇，在 Springer 电子图书数据库里检索的专著 29161 部。

学术期刊论文代表作是：《国家传统体育文化的当代演变和少数民族大学生的价值意识重构互动关系研究》（*Study on the Interaction between the Modern Change of the National Traditional Sports Culture and the Reconstruction of Ethnic College Students' Value Consciousness*）。主要观点是："结果表明，将国家传统体育文化融入少数民族大学生的价值意识之中，有利于国家传统体育文化的传

---

① ［英］阿兰·德波顿：《哲学的慰藉》，资中筠译，上海译文出版社 2012 年版，第 10 页。

承和发展。"① 其亮点在于：从传统体育文化演变视角看少数民族大学生的价值意识重构，研究两者的互动关系，视角新颖独到，注重了传统文化和当代大学生价值意识的交融。对本研究的作用：为本研究提供了文化失范到重构的可能路径方面的启示。不足之处：没有研究虚拟空间的文化对大学生价值意识重构的影响。本研究能够弥补的不足：通过研究虚拟空间的文化对大学生价值意识重构的影响，探讨重构大学生社会主义核心价值观，提升大学生网络文化品位的可能性。

专著的代表作是：《"外围者"，学生亚文化和高等教育大众化》（"Outsiders", Student Subcultures, and the Massification of Higher Education）。主要观点："迷失在过去30年的有关学生的研究是为了描述和理解学生的体验。学生创造一种文化或多种文化，这样一种文化形成集体或个体学生的身份，在很大程度上消弭了大学生当代研究主题的可识别性。对学生的世界和文化的早期研究导致不可避免的结论，学生亚文化强有力地调停着为鼓励特定的学生行为、态度和方向的而设计的措施。我们提供一个关于这些工作的早期的主体的演进过程的描述，并分析为什么在过去的30年里研究兴趣有所衰减。我们用描述一个相对较新的部分利用这方面的积累的研究机制，当我们为重新重视对当代学生文化的理解而辩护的时候。"② 其亮点在于：提出了学生创造的一种或多种文化。对本研究的作用：为"大学生文化""大学生网络文化"作概念界定奠定了基础，即大学生文化是大学生创造的一种或多种文化，大学生网络文化是大学生创造的网络文化。不足之处：没有谈论到大学生创造的文化本身的特性。本研究能够弥补的不足：紧扣大学生创造的文化的特征，同时注重对文化创造过程的考察，使大学生创造的文化的独立品格以及和学校文化的关系得以彰显。

---

① Mohammad, Dilshat. Study on the Interaction between the Modern Change of the National Traditional Sports Culture and the Reconstruction of Ethnic College Students' Value Consciousness. *Asian Culture and History*, 2011 (1): 101 – 104.

② Richard Flacks, Scott L. Thomas. "Outsiders", Student Subcultures, and the Massification of Higher Education. Higher Education: *Handbook of Theory and Research*, 2007: 181 – 218.

**4. "大学生网络文化"研究现状：当看到网络色情文化对别人的危害大
于对自己的危害时，人们更易于支持网络审查制度**

以"internet culture of college students"为检索词，在 ProQuest 期刊数据库
里检索的学术期刊论文 17045 篇，在 Springer 电子图书数据库里检索的专著
6087 部。

学术期刊论文代表作是：《第三人效应和网络色情：集体主义的影响和网
络自我效能感》（*Third-Person Effect and Internet Pornography*：*The Influence of
Collectivism and Internet Self-Efficacy*）。主要观点是："在网络色情的背景下，
一项对美国和韩国总数为 232 名大学生的调查检测了个人主义—集体主义和
媒体的自我效能感对第三人效果的影响。有了两个发现：第一，在西方文化
范围内，这项研究首次显示了互联网的第三人效果。参与者接收到互联网色
情对别人的负面影响比对他们大一些，而且这个第三人的感知预测了对互联
网审查制度的支持。第二，虽然以前的研究未能支持文化塑造了第三人感知
的猜想，但这些数据表明，文化是一个重要的先行者；集体主义消弭第三人
感知，减少随后的对网络色情审查制度的支持。网络自我效能的影响并不巨
大。集体主义对第三人效果的一般的影响，网络色情的公共感知的特别影响，
对于对社会政策和社会影响感兴趣的学者有着重要的意义。"[1] 其亮点在于：
发现了当看到网络色情文化对别人的危害大于对自己的危害时，人们更易于
支持网络审查制度，但集体主义看不到第三人感知的重要作用。对本研究的
作用：善用第三人感知引导有网络文化失范行为的学生对网络审查制度采取
支持而不是抵触的态度。不足之处：如何利用第三人感知，如何正确处理好
集体主义和第三人感知、网络审查制度的矛盾，作者并没有给出回答。本研
究能够弥补的不足：利用社会主义先进文化的比较优势，达到规制网络文化
失范的目标。

专著的代表作是：《学校文化对学校网络安全政策发展的影响研究》（*Ex-*

---

[1] Lee，Byoungkwan；Tamborini，Ron. Third-Person Effect and Internet Pornography：The Influence of
Collectivism and Internet Self-Efficacy. *Journal of Communication*，2005，55（2）：292–310.

ploring the Impact of School Culture on School's Internet Safety Policy Development)。
主要观点是:"本文描述了一个探索性的在学校层面的电子政务安全政策发展
研究。这项研究是基于方法学的参与式设计,包括参与学校层面的政策发展
运动不同的利益相关者。我们的目的是找出有着开放和参与的文化的学校是
否会选择更加灵活的、解放的和参与式的方法致力于电子政务安全政策的发
展,然而有着合理的管理组织文化的学校往往在电子政务安全方面依赖于规
定的方法和技术驱动。对于未来的研究,我们计划继续工作,构造一个新的
设计和开发平台,用于更加灵活和自下而上的方式,代替国家层面的严格规
定的章程。"① 其亮点在于:发现了有着合理的管理组织文化的学校往往在电
子政务安全方面依赖于规定的方法和技术驱动。对本研究的作用:启示我们
规制是基础,治理是关键,秩序是目标。不足之处:国家层面严格规定的章
程在系统化的治理中是不可替代的。本研究能够弥补的不足:夯实基础,科
学管理和人本管理相结合,顶层设计和底层实践相结合。

**5. "大学生文化失范"研究现状:"出人头地的欲望"对大学生行为失
范的驱动作用,"道德锚"的制导作用**

以 "the anomie of college students'culture" 为检索词,在 ProQuest 期刊数
据库里检索的学术期刊论文 5 篇,在 Springer 电子图书数据库里检索的专著
324 部。

学术期刊论文代表作是:《为什么大学生欺诈?》(*Why Do College Students
Cheat?*)。主要观点:关于大学生作弊的普遍性研究比大学生作弊成因探究分
析多。本文披露了一项应用理性行为和最小二乘法来分析 144 学生对作弊行
为的反应。约 60% 的商学专业的学生和 64% 的非商学专业的学生承认这样的
行为。在作弊者中,"出人头地的欲望"是最重要的激励因素研究——一个令
人惊讶的结果在用于测试综合设置的因素中突显出来。在非作弊者中,存在

---

① Birgy Lorenz, Kaido Kikkas, Mart Laanpere. Exploring the Impact of School Culture on School's Inter-
net Safety Policy Development. HCI International 2013. Communications in Computer and Information Science,
Volume 374. 2013:57 – 60.

着如一个伦理教授是最重要的这样的"道德锚"。文中还包括了一组可能会限制这项研究的重要的警告，并提出了进一步研究的途径。① 其亮点在于：发现了"出人头地的欲望"对大学生行为失范的驱动作用以及"道德锚"的制导作用。对本研究的作用：多宣传传统文化中的"平常心"的意蕴以及现当代思想政治文化中的"实事求是"思想，发挥"道德锚"的制导作用。不足之处：对大学生道德行为失范的社会根源、实践根源、形成条件探究不够。本研究能够弥补的不足：加强对大学生道德行为失范的社会根源、实践根源、形成条件的探究。

专著的代表作是：《青年中的行为问题：社会学视角》（*Conduct Problems in Youth：Sociological Perspectives*）。主要观点："社会学领域内，行为问题通常在少年犯罪的术语描述。青少年犯罪是一个具有社会意义的法律术语。通常，犯罪行为代表着一个年轻人在他或她处理生活困难局面方面的努力，但该行为已被通过立法行为禁止。"② 其亮点在于：从年龄和改变处境的努力两个角度来看犯罪行为。对本研究的作用：对于理解失范行为产生的过程机理有启示作用。不足之处：对大学生的失范行为与年龄特点的关系和改变处境的努力没作出专门研究。本研究能够弥补的不足：对大学生的失范行为的年龄特点和改变处境的努力作出专门研究。

6. "网络文化失范"研究现状：网络虚拟社区民族志方法，用社会学习理论来解释失范行为

网络文化失范问题国外相关研究成果很多。主要有研究与色情信息紧密相连的毒品使用问题③（Ng，Rilene A. Chew，MPH；Samuel，Michael C.，

---

① Simkin，Mark G.；Mcleod，Alexander. Why Do College Students Cheat? *Journal of Business Ethics*，2010，94（3）：441－453.

② Donald J. Shoemaker. Conduct Problems in Youth：Sociological Perspectives. *Clinical Handbook of Assessing and Treating Conduct Problems in Youth*，2011：21－47.

③ Ng，Rilene A. Chew，MPH；Samuel，Michael C.，Dr PH；Lo，Terrence，MPH. Sex，Drugs（Methamphetamines），and the Internet：Increasing Syphilis Among Men Who Have Sex With Men in California，2004－2008. *American Journal of Public Health*，103. 8（Aug 2013）：1450－1456.

DrPH；Lo，Terrence，MPH，2013）、现实社区人际关系疏离问题① （Kwon，Jung-hye；Chung，Chung-suk；Lee，Jung，2011）、引导的伦理问题② （Binik，Yitzchak M.；Mah，Kenneth；Kiesler，Sara.，1999）、内 容 分 析 问 题③ （Downing，Martin J.；Schrimshaw，Eric W；Antebi，Nadav；Siegel，Karolynn.，2014）、信息过滤问题④ （Nadel，Mark S.，2000）、罪错预防问题⑤ （Colleluori，Anthony J.，2010）之类的文献。

以 "Deviance Behavior on Internet" 为检索词，在 ProQuest 期刊数据库里检索的学术期刊论文 1673 篇，在 Springer 电子图书数据库里检索的专著 468 部。

学术期刊论文代表作是：《虚拟世界的刑事犯罪：罪恶、越轨行为与网上监管》 （*Virtually Criminal*：*Crime*，*Deviance*，*and Regulation Online*）。主要观点："虚拟社会的刑事犯罪是一种虚拟社会的'地方志'研究，这种民族志研究着力于一种图形表示的社区的社会联系和社会控制体系方面的虚拟的偏差的影响。网上环境的特征那时被作为使一个人免于流入失范行为的内部控制的压制影响来表述。"⑥ 其亮点在于：发明了网上规制的方法——网络虚拟社区民族志方法。对本研究的作用：为本研究提供了行为失范的规制方法。不足之处：这种方法对技术的依赖性强，涉及范围过广。本研究能够弥补的不足：网上布网防控犯罪的实现的同时，把现实方法运用起来，而且突出人文

---

① Kwon，Jung-hye；Chung，Chung-suk；Lee，Jung. The Effects of Escape from Self and Interpersonal Relationship on the Pathological Use of Internet Games. *Community Mental Health Journal*，47. 1 （Feb 2011）：113 – 121.

② Binik，Yitzchak M.；Mah，Kenneth；Kiesler，Sara. Ethical issues in conducting sex research on the Internet. *The Journal of Sex Research*，36. 1 （Feb 1999）：82 – 90.

③ Downing，Martin J.；Schrimshaw，Eric W.；Antebi，Nadav. Sexually Explicit Media on the Internet：A Content Analysis of Sexual Behaviors，Risk，and Media Characteristics in Gay Male Adult Videos. *Archives of Sexual Behavior*，43. 4 （May 2014）：811 – 21.

④ Nadel，Mark S. The First Amendment's limitations on the use of Internet filtering in public and school libraries：What content can librarians exclude? *Texas Law Review*，78. 5 （Apr 2000）：1117 – 1157.

⑤ Colleluori，Anthony J. Defending the Internet Sec Sting Case. GPSolo27. 1 （Jan/Feb 2010）：50 – 55.

⑥ Mitman，Tyson. Virtually Criminal：Crime，Deviance，and Regulation Online. *Security Journal*，2009，22 （2）：170 – 171.

精神的强大作用，把科学技术和人文精神有机融合起来。

专著的代表作是:《犯罪和失范的社会学习理论》(*The Social Learning Theory of Crime and Deviance*)。主要观点:"社会学习理论是一种关于犯罪和偏差行为的一般理论，犯罪和偏差行为理论已经得到了 40 年的连续的和强有力的实证支持 (Gottfredson & Hirschi，1990；Hirschi，1969)。这个理论的普遍性和有效性已经得到多年的验证而越来越被认可。在最近的关于犯罪学理论状况的综述中，社会学习理论伴随着控制理论 (Akers & Jensen，2006；Akers & Sellers，2009) 和压力理论 (Agnew，1992、2006)，已经被作为'核心'理论置于这个领域中 (Cullen、Wright & Blevins，2006)。而且，根据最近的关于犯罪学的调查，社会学习理论被最经常地用于轻微的少年罪犯和严重的刑事罪犯行为中 (Ellis、Johnathon & Walsh et al.，2008)。"① 其亮点在于:用社会学习理论来解释失范行为。对本研究的作用:为本研究提供了社会学习理论视角、控制理论视角和压力理论视角。不足之处:对网络空间的文化失范研究不足。本研究能够弥补的不足:着重于网络空间的文化失范的过程机理研究。

7. "大学生网络文化失范"研究现状:搜索色情信息，满足性好奇心理，不安全内容

以 "College Students' Deviance Behavior on Internet" 为检索词，在 ProQuest 数据库进行检索，检索到相关外文文献 761 篇。国外网络的普及比我国早，国外出现大学生网络文化失范现象的时间也比我国早。Goodson Patricia、McCormick Deborah 和 Evans Alexandra (2001) 就对得克萨斯州 (Texas) 的一所公立大学采用自我管理的问卷对 506 名大学生使用互联网搜索引擎搜索明确的色情信息内容的行为和态度进行了调查，调查结果显示:43.5% 的大学本科生有时通过互联网搜索色情信息，2.9% 的学生说他们经常搜索含有明确的性内容的材料，男生更倾向于满足性好奇心理，女生则更容易在网上经历

① Ronald L. Akers，Wesley G. Jennings. The Social Learning Theory of Crime and Deviance. Handbook on Crime and Deviance，*Handbooks of Sociology and Social Research*，2009：103 – 120.

性骚扰。① 由于文化观念的不同，通过匿名方式用纸和铅笔作答的国外大学生（主要是西班牙人种系列），坦言自己搜索含有明确的性内容的目的是改善在线下的婚姻生活质量。在国外，大学本科学生中已结婚的学生比例较我国高，大学生主要是在家里使用互联网搜索引擎搜索含有明确性内容的材料。大学生获取性知识树立性观念的途径主要是互联网。有的大学生使用互联网搜索引擎搜索含有明确性内容的材料的目的是不太正当的。例如，为寻求刺激而出现上述行为。总的说来，国外学者的研究以取样研究的形式进行，实验的目的在于找出大学生的上述行为动机、后果，进行男女两性的上述行为结果比较，并且运用社会认知理论（Social Cognitive Theory，SCT）进行分析，参考了近三年该领域研究者的研究成果，推进了对大学生上述行为的科学认识，为做好大学生性教育、防范网络色情成瘾提供了参考依据。作者提到的规制方法途径首先是相信和依靠大学生的自我规制、自我反省能力，依赖个人的信仰和价值观来过滤信息；其次是相信媒体的形塑人的良好行为习惯的能力（不只有网络媒体可以向人们介绍有关性知识，其他媒体也可以，网络媒体只是把这种任务进行了转换而已）。由于主动地搜索明显性内容的材料导致的教育规制问题 Mitchell，Kimberly J.；Finkelhor，David；Wolak，Janis 早就对互联网上暴露在青年的不需要的与性有关的材料的风险、冲击和预防进行了研究②，其研究成果对大学生网络文化失范及其规制有参考作用。

Lazarinis，Fotis 列出了学生上网喜欢从事的活动以及 119 个域名网站中 72 个有问题的网站，这些问题网站中包括语言暴力、成人内容、性别歧视或偏袒，在线游戏或赌博，种族主义，某些刻板印象，在线暴力游戏或有某些暴力倾向的图像，盗版制品，不正确的广告，诽谤在内的学生安全上网的风险

---

① Goodson Patricia，McCormick Deborah，Evans Alexandra. Searching for Sexually Explicit Materials on the Internet: An Exploratory Study of College Students' Behavior and Attitudes. *Archives of Sexual Behavior*，2001（2）：101-118.

② Mitchell，Kimberly J.；Finkelhor，David；Wolak，Janis. The exposure of youth to unwanted sexual material on the Internet: A national survey of risk，impact，and prevention. *Youth and Society*，34.3（Mar 2003）：330-358.

障碍等不安全内容，其占所有域名网站的 60.50%。① 可取之处：列出了哪些是网络不安全内容。

8. "成因分析"研究现状：权威型教养方式和自我控制有助于减少欺凌受害导致的有害影响，进而减少自我伤害和自杀意念，从心理—社会视角分析失范成因

以 "the causes of college students' deviance behavior on internet" 为检索词，在 ProQuest 期刊数据库里检索的学术期刊论文 509 篇，在 Springer 电子图书数据库里检索的专著 89 部。

学术期刊论文代表作是：《欺凌受害与青少年自我伤害：从一般紧张理论来的检验假设》(*Bullying Victimization and Adolescent Self-Harm：Testing Hypotheses from General Strain Theory*)。主要观点："权威型教养方式和自我控制有助于减少欺凌受害导致的有害影响进而减少自我伤害和自杀意念。"② 其亮点在于：提供了青少年网络文化失范的心理—社会学视角。对本研究的作用：从父母的教养方式和自我控制两个方面考察网络文化失范的原因。不足之处：取样来源于 15 岁左右的青少年（中学生）。本研究能够弥补的不足：在 18 岁左右的青少年（大学生）中间开展调查，考察其网络文化失范的原因。

专著的代表作是：《网络空间犯罪人心理：心理—社会视角》(*The Psyche of Cybercriminals：A Psycho-Social Perspective*)。主要观点："电子计算机和网络新技术的广泛应用已经很不幸地吸引了网络犯罪者，网络犯罪者的行动主要是破坏性的。理解个体的心理理念设置很重要，所以我们可以融合关键的关于人类行为的内视角和技术解决方案去发展较好地减灾技术。我们将测试卷入了犯罪活动的人，他们为什么参与网络犯罪活动，而且我们可以怎样有效地减少犯罪行为。这一章节由以下几个部分组成。第一，我们提出了一个关于区分不同类型的网络犯罪的模型，提供了一种分类学，分析了两种特殊的

---

① Lazarinis, Fotis. Online Risks Obstructing Safe Internet Access for Students. *The Electronic Library*, 2010（1）：157 – 170.

② Hay, Carter. Bullying Victimization and Adolescent Self-Harm：Testing Hypotheses from General Strain Theory. Meldrum, Ryan. *Journal of Youth and Adolescence*, 2010, 39（5）：446 – 459.

犯罪行为的特征。我们也将陈述分类学的特殊性。第二，我们介绍两种传统的关于犯罪行为的理论——社会学习理论和道德失范理论，并且检测它们在上述网络犯罪情境中的有效性。我们也将分析网络犯罪失范的影响。"① 其亮点在于：从心理—社会视角分析网络文化失范的原因。对本研究的作用：提供了网络文化失范的类型学分析模型。不足之处：对大学生网络文化失范成因的特殊性没有研究。本研究能够弥补的不足：突出大学生网络文化失范成因的特殊性。

9. "过程机理"研究现状：从意识和态度来测量行为失范的可能性，结合本土文化分析失范产生的原因和过程

以 "the Process of College Students' Deviance Behavior on Internet" 为检索词，在 ProQuest 期刊数据库里检索的学术期刊论文 675 篇，在 Springer 电子图书数据库里检索的专著 106 部。

学术期刊论文代表作是：《学生学术不诚实：学术界在想什么做什么，行动的障碍是什么?》（*Student academic dishonesty：What do academics think and do，and what are the barriers to action?*）。主要观点："研究的目的是在南非的一所综合性大学里找出人们对于学生学术不诚信的意识和态度，并且找出个人和组织习得的反学生学术不诚信的障碍。在 2009 年年末，约翰内斯堡大学的全日制学生无记名地参加了调查。调查结果表明学生反学术不诚信意识水平高，还有少数几个教员采取了反学术不诚信的行动。四组阻止和作用于学生学术不诚信的障碍已经找到了。这些障碍组中有两组明显地与报告学生学术失诚的愿望显著相关。"② 其亮点在于：从意识和态度来测量行为失范的可能性。对本研究的作用：给予本研究以从文化失范到行为失范的过程启示。不足之处：没有建好"文化—意识—态度—行为"模型。本研究能够弥补的不足：建好"文化—意识—态度—行为"模型。

---

① Marcus K. Rogers. Cybercrimes：A Multidisciplinary Analysis. The Psyche of Cybercriminals：A Psycho-Social Perspective. *Springer Berlin Heidelberg*，2011：217 –235.

② Thomas，Adele；De Bruin，Gideon. Student academic dishonesty：What do academics think and do，and what are the barriers to action？. *African Journal of Business Ethics*，2012，6（1）：13 –24.

专著的代表作是:《男子气概,学校枪击者和暴力的控制》(*Masculinity, School Shooters, and the Control of Violence*)。主要观点是:"始于二十世纪八十年代的美国本土学校枪击事件横冲直撞地爆发可以和前面的几十年的文化战争中的有男子气概的名誉竞赛相联系。传统的男子气概被战后的消费文化所破坏,随着二十世纪六七十年代的社会运动,特别是妇女解放运动和同性恋解放运动。随着罗纳德·里根的选举,保守的文化和政治力量试图复活旧一些的版本的男子气概行为和家庭价值伪装下的优势,然而同时里根经济政策减退了工作的男人在家庭和社会中的位置的物质基础。在这些压力下,超男子气亚文化开始抬头,导致疏远的被迫害者和新教徒高中生,当他们犯下学校枪击案时轮流仿效他们。"[1] 其亮点在于:从文化角度看学生文化失范中枪击案的由来。对本研究的作用:结合本土文化分析失范产生的原因和过程。不足之处:对大学生网络文化失范行为阐述和批评得不够。本研究能够弥补的不足:阐述大学生网络文化失范行为发生的过程机理。

10. "危害"研究现状:色情对社会包括妇女、儿童和消费者冲击较大,网络犯罪者的行动主要是破坏性的

以 "the Damages of College Students' Deviance Behavior on Internet" 为检索词,在 ProQuest 期刊数据库里检索的学术期刊论文 193 篇,在 Springer 电子图书数据库里检索的专著 45 部。

学术期刊论文代表作是:《在解决作为公共健康问题的色情问题中健康教育的角色:在国际影响下地区的、国家的战略》(*Health education's role in framing pornography as a public health issue: local and national strategies with international implications*)。主要观点:"色情问题是一个公共健康问题。然而,自从 1986 年美国普通外科医生协会对色情和公共卫生问题进行研究并且就色情对公共健康的影响达成共识发表声明以来,围绕公共健康问题的政策措施还采取的比较少,围绕规制色情问题的紧张地讨论在持续中。色情对社会包括妇

---

① Ralph W. Larkin. Masculinity, School Shooters, and the Control of Violence. Control of Violence. *Springer New York*, 2011:315-344.

女、儿童和消费者冲击较大。"① 其亮点在于：从公共卫生的角度认识网络色情的危害。对本研究的作用：站在公共卫生的角度而不仅是对个人的危害角度来认识网络文化失范的危害。不足之处：没把网络文化其他方面的失范对大学生身心健康的影响揭示出来。本研究能够弥补的不足：全面揭示网络文化对大学生身心健康的影响。

专著的代表作是：《网络空间犯罪人心理：心理—社会视角》（*The Psyche of Cybercriminals：A Psycho-Social Perspective*）。主要观点："电子计算机和网络新技术的广泛应用已经很不幸地吸引了网络犯罪者，网络犯罪者的行动主要是破坏性的。"② 其亮点在于：一针见血地指出了网络文化失范的危害——破坏性。对本研究的作用：着重从破坏性方面写大学生网络文化失范的危害。不足之处：没把网络文化失范对犯罪者自身的危害写出来。本研究能够弥补的不足：能把网络文化失范对犯罪者自身的危害写出来。

11. 规制策略研究现状：开辟一个区域满足黑客们个人挑战的欲望，分析个性化和隐私保护之间的关系，研究如何使两者和谐一致，从规制教师言行开始确保学生网络文化安全，争取社会支持，政府法律、行业自律、民主对话、国际合作规制

以 "the Strategy for Restricting the College Students' Internet Deviance Behavior" 为检索词，在 ProQuest 期刊数据库里检索的学术期刊论文 63 篇，在 Springer 电子图书数据库里检索的专著 47 部。

学术期刊论文代表作是：《什么驱动软件攻击者?》（*What Motivates Software Crackers?*）。主要观点："政策制定者应该明白黑客们不同于在线盗版环境下的别人的行为，黑客们的行为主要是受攻击挑战的驱动。政策制定者们

_____

① Perrin, Paul C.; Madanat, Hala N.; Barnes, Michael; etc. Health education's role in framing pornography as a public health issue: local and national strategies with international implications. *Promotion & Education*, 2008, 15 (1): 11-18.

② Marcus K. Rogers. Cybercrimes: A Multidisciplinary Analysis. The Psyche of Cybercriminals: A Psycho-Social Perspective. *Springer Berlin Heidelberg*, 2011: 217.

应该开辟一个区域满足黑客们个人挑战的欲望。"① 其亮点在于：规制如果要不引起对抗，需予以引导，留出满足人类好奇心和征服欲的网络空间。对本研究的作用：规制有划定范围的含义，像我国划出经济特区一样，网络空间也可划出特区让大学生大胆去尝试，满足其好奇心和求知欲。不足之处：对于如何划定范围没有给出答案。本研究能够弥补的不足：给出给黑客划定"攻击"范围，规范其行为的答案。

专著的代表作是：《隐私增强型的网络个性化服务》（*Privacy-Enhanced Web Personalization*）。主要观点："消费者研究显示：在线使用者非常关注个性化的内容。同时，网站个性化对于网络商贩们来说是最有利可图的。分析个性化和隐私保护之间的关系，研究如何使两者和谐一致。"② 其亮点在于：提出了网络服务个性化与隐私保护的问题。对本研究的作用：大学生网络文化失范暴露出自我保护意识的不足，其规制策略应注重网络文化开拓创新与网络信息自我保护之间保持张力。不足之处：没给出平衡大学生网络文化个性化需求及自我保护的策略。本研究能够弥补的不足：探究出平衡大学生网络文化个性化需求及自我保护的策略。

国外大学生网络文化失范规制的策略主要有以下几种。

策略一：政府法律规制。

政府法律规制是国外互联网规制的主要途径和重要策略。新加坡、德国、英国、美国、澳大利亚等国都制定了互联网专门法律。新加坡制定了《互联网管理办法》《互联网行为准则》《滥用计算机法》，德国制定了《联邦信息和传播服务法案（多媒体法案）》《信息与通信服务法》，美国制定了《通信内容端正法》《儿童在线保护法》《网络安全法》《计算机安全法》《电子通信隐私法案》《个人隐私保护法》等法规，英国制定了《信息公开法》《通信监控权法》《垃圾邮件法案》《3R 安全法则》《电子通信法案》。英国的法律规

---

① Goode，Sigi；Cruise，Sam. What Motivates Software Crackers？*Journal of Business Ethics*，2006，65（2）：173 – 201.

② Alfred Kobsa. *Privacy-Enhanced Web Personalization*. The Adaptive Web Lecture Notes in Computer Science，Volume 4321. 2007：628 – 670.

定：互联网上的"非法内容"就是指儿童色情内容，对于非儿童色情但有可能引起用户反感的网络内容，如成人色情、种族主义言论等。① 美国的法律也规定，互联网上的非法内容指儿童色情内容，其次指成人色情、种族主义言论，美国还把针对孩子的网络犯罪 the Internet Crimes against Children（CAC）列为重大的议事日程。英国的 IWF（网络观察基金会）采用一套称为"网络内容选择平台"（Platform for Internet Content Selections，PICS）的系统对网上内容进行分类，把色情、裸露、暴力、侮辱等网络内容依次标记。此外，日本制定了《电子契约法》《青少年网络环境整备法》《个人信息保护法最新草案》等法规，韩国制定了《关于保护个人信息和确立健全的信息通信秩序》等法规，新加坡颁布了《互联网行为准则》，加拿大颁布了《网络加密法》《个人保护与电子文档法》《保护消费者在电子商务活动中权益的规定》等法规，澳大利亚制定了《检查法案》《广传播服务（在线）修正案》。通过对国外网络法规的研究发现，国外对网络失范行为的法律法规等已初具规模。

策略二：行业自律规制。

英国网络观察基金会（Internet Watch Foundation，IWF）认为，网络并不是法律的真空地带，对其他媒介适用的法律对网络同样适用，如《刑法》《猥亵物出版法》《公共秩序法》等。② 基金会为鼓励从业者自律，与由 50 家网络服务提供商组成的联盟组织 ISPA、伦敦网络协会（LINX）以及英国城市警察署、内政部共同签署了《"安全网络：分级、检举、责任"协议》（又称《3R 安全网络协议》），并制定了从业人员行为守则（ISPA Code of Practice）（详见网址：https：//www.iwf.org.uk/about-iwf.）。

策略三：民主对话规制。

法国在互联网规制方面，采用的是政府、网络技术开发商、服务提供商和用户经常不断地进行协商对话的机制，从法律上明确每一方的权利和责任，

---

① Mayer-Schönberger, Viktor; Crowley, John. Napster's Second Life? The Regulatory Challenges of Virtual Worlds. *Northwestern University Law Review*, 2006（4）：1775 – 1826.

② Hill, Richard. The internet, Its Governance, and the Multi-stakeholder Mode. *The Journal of Policy*, Regulation and Strategy for Telecommunications, Information and Media, 16.2（2014）：16 – 46.

保证互联网既自由又安全。

通过网络实施"责任公民"理想与信念教育后，有的地方拨出专款支持类似的服务国家和社会的志愿者活动。新加坡也将公民意识的网络传播教育与鼓励学生参加社会服务活动和其他社会实践活动相组合，比较著名的有全国性的"礼貌运动"和"节俭比赛"等社会活动。

策略四：国际合作规制。

值得一提的是，对于网络文化失范的规制，除了各国自行进行的规制以外，国际合作规制是一条重要途径。目前，国际合作规制的主要组织机构、运营模式、举办的重大活动时间、主要参与国家及标志性成果主要如表1-5所示。

表1-5　　　　　　　　国际合作规制组织机构一览

主要组织机构	运营模式	举办重大活动的时间、主要参与国家及标志性成果
国际电信联盟（ITU，International Telecommunication Union）	举办信息社会世界峰会（WSIS，World Summit on the Information Society）	2003年12月10日至13日，信息世界峰会第一次会议召开，176个国家参与，通过《原则宣言》《行动计划》两个重要文件，确立了建立包容性、公正的信息社会的重要原则
联合国互联网治理工作组（WGIG，the Working Group on Internet Governance）	举办信息社会世界峰会	2005年11月16日至18日，信息世界峰会第二阶段会议召开，通过《突尼斯承诺》《信息社会突尼斯议程》两个重要文件，认可建立"数字团结基金"，为改善数字鸿沟提供坚实的资金支持
联合国互联网治理工作组	召开互联网治理论坛会议（IGF，the Internet Governance Forum）	讨论"互联网框架公约"的形式和内容，达成通过内容管制来界定"有害"的互联网内容，保护未成年人上网安全的共识
互联网任务工作组（IETF，Internet Engineering Task Force）	研发和制定互联网相关技术规范	

续表

主要组织机构	运营模式	举办重大活动的时间、主要参与国家及标志性成果
亚太经济合作组织（APEC, Asia Pacific Economic Cooperation）	反垃圾邮件、网络信息安全、反网络犯罪	
欧洲理事会（Council of Europe）	召开部长委员会，研究预防和惩治网络犯罪	2011年11月8日，批准了《网络犯罪公约》文本，主要参与国家为欧洲各国，另有美国、加拿大、日本、南非等非欧洲国家参加

资料来源：作者自制。

但是国外对大学生网络文化失范问题及其教育规制对策也没有全面系统深入地专题研究，相关研究也比较鲜见。

12. 规制方法研究现状：27 个谈话要点，社会支持、运营监管、信息过滤、集中整治、人文活动、道德规制、教育规制方法

以"rules and regulations for college students' internet behavior"为检索词，在 ProQuest 期刊数据库里检索的学术期刊论文 61 篇，在 Springer 电子图书数据库里检索的专著 47 部。

学术期刊论文代表作是：《关于因特网安全的 27 个谈话要点》（27 Talking Points about Internet Safety）。主要观点："6. 你从来不能承诺保证 100% 的安全，就像你不能向一个父亲或一个母亲保证他们的孩子 100% 不会在学校打架一样，在技术上停止护卫到 100% 安全的设想。提供合理的监督，完成合理的程序和政策，然后继续前进。7. 网上'食肉动物'将捕获你的孩子的说法是一个来自媒体、政治家和计算机安全供应商的虚假的策略。""20. 当你因为孩子们合法的言行而违反宪法惩罚孩子们并且认为自己能侥幸成功，脱离惩罚的时候，你不仅在使你的学校招致财政上的危机，而且在滥用你的威信，给学生们树立起权力腐败和规则无视的榜样。21. 不要制定一个你无法执行的政策。22. 不要放弃你的教学责任。"其亮点在于：从规制教师言行开始确保学生网络文化安全。对本研究的作用：为本研究提供了规制的原则、思路、度等方面的启示。不足之处：对如何规制大学生网络文化失范没有给出方法上的建议。本研究能够弥补的不足：对如何规制大学生网络文化失范给出了方法上的建议。

专著的代表作是：《社会心理学的社会支持研究》（*Social Support Research in Community Psychology*）。主要观点："在社区心理学中，社会支持是一个核心概念。它是这样一个概念：一个试图抓住发生在分享同一个住所、学校、邻里关系、工作场所、组织和其他社区设置的帮助事务的概念。"①其亮点在于：把学校看作社区的一部分。对本研究的作用：用社会支持的方法来矫治大学生网络文化失范的问题。不足之处：对用社会支持方法解决大学生网络文化失范问题研究不够。本研究能够弥补的不足：深入透彻地研究用社会支持方法解决大学生网络文化失范问题。

国外对于大学生网络文化失范，形成了以学校教育为中心的体系：一是以学校为载体，对在校学生开展网络道德教育；二是以学校为中心，辐射周边社区开展网络道德宣传；三是以图书馆为资源中心开展网络道德教育。主要运用了以下规制方法。

（1）运营监管方法。英国网络服务商协会从1996年起制定并落实了《3R安全规则》，通过分级认证、举报告发、承担责任来消除网络儿童色情内容和其他有害信息。

（2）信息过滤方法。英国的网络观察基金会（IWF）从1997年开始以联合国成员各国政府和产业界力量全面推广网络内容的选择平台标准（PICS），将网上内容按照色情、裸露、暴力、侮辱等标准进行分类，将电子标签植入网页进行标记，由用户自行选择是否继续浏览。韩国的互联网治理也以法律规制为先导，通过互联网内容审查机构确定"不当网站"列表，安装互联网内容过滤软件，删除或限制"引起国家主权丧失"的有害信息以及淫秽色情信息。

---

① Manuel Barrera Jr. Handbook of Community Psychology. Social Support Research in Community Psychology, 2000: 215 – 245.

（3）集中整治方法。韩国2006年开始成立"打黄扫非"工作小组，以BBS论坛为切入点，整治互联网信息服务中的违法和不良信息。

（4）人文活动方法。韩国2007年开始开展"阳光绿色"网络工程活动。

（5）道德规制方法。针对网络失范行为问题，国外不少机构制定了一系列相关的网络伦理规范。如美国计算机伦理协会制定的网络道德规范，美国计算机协会的伦理道德和职务行为规范，美国南加利福尼亚大学明确的网络不道德行为，BBS网站道德行为规范等。

在信息网络技术最为发达的美国，从20世纪90年代起全面制定了各种计算机伦理规范。美国计算机协会（ACM）1992年10月通过并采用的《计算机伦理与职业行为准则》中，规定"基本的道德规则"包括：①为社会和人类的美好生活作出贡献；②避免伤害其他人；③做到诚实可信；④恪守公正并在行为上无歧视；⑤敬重包括版权和专利在内的财产权；⑥对智力财产赋予必要的信用；⑦尊重其他人的隐私；⑧保守机密。其"特殊的职业责任"包括：①努力在职业工作的程序与产品中实现最高的质量、最高的效益和高度的尊严；②获得和保持职业技能；③了解和尊重现有的与职业工作有关的法律；④接受和提出恰当的职业评价；⑤对计算机系统和它们可能引起的危机等方面作出综合的理解和彻底的评估；⑥重视合同、协议和指定的责任。又如，南加利福尼亚大学的网络伦理声明中，明确谴责"六种网络不道德行为"：①有意地造成网络交通混乱或擅自闯入其他网络及其相关的系统；②商业性或欺骗性地利用大学计算机资源；③偷窃资料、设备或智力成果；④未经许可接近他人的文件；⑤在公共用户场合作出引起混乱或造成破坏的行为；⑥伪造电子邮件信息。这些网络伦理准则，在总体上还是行之有效的。

（6）教育规制方法。媒介素养教育起源于20世纪30年代的英国，一开始是学者ER. Leavis和他的学生为了应对日趋低俗和肤浅的媒介环境对青少年的影响提出的概念，先后经历了免疫范式、甄别范式、批判范式和赋权范式几个阶段。在此影响下，西方大多数发达国家媒介素养教育成果显著。如美国、加拿大、德国、澳大利亚、法国等许多国家将媒介素养教育设为学校正规教育课程。关于媒介素养，英国教育部给出如下定义：旨在培养更加具有主动性和批判精神的媒介使用者，他们将要求得到，并且能够有助于产生更加广泛和多元的媒介产品。美国媒介素养研究中心1992年定义媒体素养为人们面对各种媒介信息时所具有的选择能力、理解能力、质疑能力、评估能力、创造和生产能力以及思辨的反应能力。

在国外，随着网络道德问题受到各种伦理学会、律师协会和专题讨论会的关注，对网络使用者的教育问题也引起了人们的重视，从而产生了一门新的课程——网络伦理学。例如，美国杜克大学，为学生开设了"伦理学和国际互联网"课程。他们把重点放在以下主题上：如"虚拟的"全球文化（"Virtual"global culture）或电子计算机影响下的文化（cyber culture）中个人的作用，以及电子信息传播的社会意义，等等。

美国的网络道德教育主要是通过两种方式开展：①开设专门的课程，在教学中以讨论会的形式激发学生思考在技术使用时的伦理道德问题以及对社会产生的影响；②制定相应的行为规范与准则，明确教育时应遵循的信息技术标准。

美国的信息伦理教育目标分为两大块，一块是全国性的，另一块是各州地方性的。从全国看，早在1998年，美国的国际教育技术协会与其他教育组织就联合推出了《学生标准》，其中的第二项内容"社会、伦理和人类问题"要求学生要理解与技术有关的伦理、文化与社会问题，以负责任的态度使用技术系统、信息和软件，形成有助于终身学习、合作及个人发展的技术运用态度。从地方看，美国各州的教育技术学生标准因州而异，但责任和规范也是网络信息伦理教育的基本目标。

国外的高校也相当重视网络教育，不仅着重网络知识与网络技术的培养，同时还开展了网络道德教育，特别是开设了针对网络失范行为方面的课程。对网络教育，美国是最为普及的国家之一，如麻省理工学院开设了"电子前沿的伦理与法律"，普林斯顿大学开设了"计算机、伦理与社会责任"，杜克大学开设了"伦理学和国际互联网络"等课程。

国外文献中的主要观点、研究亮点、对本选题的应用价值、不足之处、本选题能够弥补的不足之处综述如下。

（1）关于大学生网络文化失范的概念。代表作：A. S. Hornby 著 *Oxford Advanced Learner's English-Chinese Dictionary*。主要观点：无规范状态（社会准则或价值观的崩溃）。研究亮点：从价值观的角度看失范。对本选题的应用价值：价值观教育是思想政治教育的主要内容，紧扣社会准则、价值观谈大学生网络文化失范，力求把正确的社会准则内化为大学生的思想。不足之处：没有直接给出大学生网络文化失范的概念。本选题能够弥补的不足之处：直接给出了大学生网络文化失范的概念。

（2）关于大学生网络文化失范的现象。代表作：Goodson Patricia、McCormick Deborah 和 Evans Alexandra 著 *Searching for Sexually Explicit Materials on the Internet：An Exploratory Study of College Students' Behavior and Attitudes*。主要观点：一是大学生被动接收的网络语言暴力、色情内容、性别歧视或偏袒、在线游戏或赌博、种族主义、某些刻板印象、在线暴力游戏或有某些暴力倾向的图像、盗版制品、不正确的广告、诽谤等。二是大学生主动实施的网络搜索色情内容乃至网上吸收模仿、网下效仿实施的吸毒、酗酒、枪击等严重失范的行为。研究亮点：来源于大量的实证调查、样本分析、测量量表，得出的结论比较科学。宏大的学科视野比较、深入地比较研究，值得学习借鉴。不足之处：没有也不可能结合中国大学生的特点给出中国大学生文化失范的描述和分析，没有给中国大学生的文化制度创新指明出路。本选题能够弥补的不足之处：结合中国大学生的特点给出中国大学生文化失范的描述和分析，提出合乎中国大学生需要的文化制度。

（3）关于大学生网络文化失范的原因。代表作：Marcus K. Rogers 著 *Cybercrimes：A Multidisciplinary Analysis*。主要观点：一是社会经济动因和制度的巨大影响，二是所有其他社会制度对文化经济利益的边缘化，三是文化不能履行它为人类提供目的和满足目的的方式的职能，四是出人头地的欲望与英雄主义情结，五是处理生活困难局面的努力，六是权威型教养方式的缺失和自我控制的缺失。研究亮点：从心理—社会视角分析网络文化失范的原因。提供了网络文化失范的类型学分析模型。不足之处：对大学生网络文化失范成因的特殊性没有研究。本选题能够弥补的不足：突出大学生网络文化失范成因的特殊性。

（4）关于大学生网络文化失范的过程机理。代表作：Ronald L. Akers 和 Wesley G. Jennings 著 *The Social Learning Theory of Crime and Deviance*。主要观点：失范起源于社会学习，失于控制，成于压力，归于道德。研究亮点：用社会学习理论来解释失范行为。本选题能够弥补的不足之处：为本研究提供了社会学习理论视角、控制理论视角和压力理论视角。不足之处：对网络空间的文化失范的过程机理研究不足。本选题能够弥补的不足之处：着重于网络空间的文化失范的过程机理研究。

（5）关于大学生网络文化失范的规制策略。代表作：Maume，Michael O. 和 Lee，Matthew R. 著 *Social Institutions and Violence*：*A Sub-National Test of In-stitutional Anomie*。主要观点：一是人类行为的内视角，即相信和依靠大学生的自我规制、自我反省能力，依赖个人的信仰和价值观来过滤信息；二是技术解决方案。技术解决方案包括国家层面的严格规定的章程，完善立法，依法规制，相信媒体的形塑人的良好行为习惯的能力。研究亮点：表明了经济压力在社会失范中的强大驱动力和文化制度的有限规制力。表明解放和发展生产力，解决发展不平衡不充分与人民群众对美好生活向往的需求之矛盾非常关键。不足之处：对制度文化的自我调节自我完善功能开掘不够。本选题能够弥补的不足：发挥社会主义制度文化的自我调节、自我完善功能，进一步解放和发展生产力，物质文明建设和精神文明建设两手同时抓，两手都要硬，从而最大限度地预防严重失范事件的发生。

（6）关于大学生网络文化失范的规制方法。代表作：Goode，Sigi 和 Cruise，Sam 著 *What Motivates Software Crackers*？研究亮点：一是理智和反诘；二是利用第三人效果，强调互联网色情对别人的负面影响比对他们本人大一些，争取轻微失范者对网络审查制度的支持；三是规定的方法和技术驱动；四是灵活和自下向上的方式；五是留出满足人类好奇心和征服欲的网络空间；六是采用网络虚拟社区民族志方法。规制如果要不引起对抗，需予以引导，留出满足人类好奇心和征服欲的网络空间。对本选题的应用价值：规制有划定范围的含义，像我国划出经济特区一样，网络空间也可划出特区让大学生大胆去尝试，满足其好奇心和求知欲。不足之处：对于如何划定范围没有给出答案。本选题能够弥补的不足之处：给失范者划定"攻击"范围，规范其行为。

特别注意的是，近年来，在失范理论的探讨方面，新发展是联系一般紧张学说和控制理论进行。代表作：*Examining the Links Between General Strain and Control Theories：an Investigation of Delinquency in South Korea*（《审视一般压力与控制理论之间的联系：对韩国犯罪行为的调查》）。作者：Jaeyong Choi、Nathan E. Kruis 和 Jonggil Kim（2019）。研究者发现："基于特质的低自我控制与修正自我控制部分介导了压力与犯罪之间的关系。但是，只有重新定义的自我控制与产生犯罪的压力显著相关。"这一最新研究成果表明，压力与犯罪（言行失范）有一定的关系，但是压力可防可控可调节。

总之，国外关于大学生网络文化失范现象及其规制的研究也尚处于探索阶段，政府、学校、家庭、个人对这一问题有所重视，采取了一系列措施，取得了一定的成效，但还没有从根本上解决问题，大学生网络文化失范现象屡禁不绝，为本课题研究留下了进一步开掘和探讨的空间。

第三节 研究的理论基础

透视大学生思想政治教育工作中的问题，寻求解决之道，需要以马克思主义理论为指导，由于本书主要探讨大学生网络文化失范问题，因此选取了马克思主义意识形态理论；思想政治教育原理与方法理论是分析大学生思想政治教育工作中问题的主要理论基础，由于本选题主要研究大学生网络文化失范规制策略和方法，因此主要选取思想政治教育方法理论为研究的理论基础。控制论、传播学、法律学等学科理论对本选题研究有参考价值，所以本选题研究以这些理论作为借鉴，以求达到牢牢地抓住问题，深入地剖析问题，稳妥地解决问题的目的。

一、马克思主义意识形态理论

"在思想文化领域，最重要的教训，就是任何时候都不能丧失党对社会主义意识形态的主导权和话语权。"[①] 马克思主义意识形态理论是中国共产党和中国人民长期坚持的用于指导实践的理论基础和依据之一，可以作为研究大学生网络文化失范现象及其规制的理论基础和依据。

第一，马克思主义意识形态理论的人民性决定了它可以作为本选题研究的理论基础。马克思 1842 年《关于林木盗窃法的辩论》，首次使用"意识形态"一词来讽刺《林木盗窃法》只维护资产阶级利益的虚假性与欺骗性，林

---

① 中共中央组织部党员教育中心：《兴国之魂：社会主义核心价值观五讲》，人民出版社 2013 年版，第 9～10 页。

木占有者有立法保障他们的利益，而广大贫苦农民连在森林中捡拾枯枝的习惯权利也给剥夺了，被以盗窃论处并课以重罚①。马克思对劳动人民寄予了深切的同情。马克思主义意识形态理论不等同于马克思意识形态理论，马克思意识形态理论却又是马克思主义意识形态理论的渊源。马克思从青年时代起就立志要从事"最能为人类福利劳动"的职业，其人民立场在其青年时代就初露端倪。社会主义意识形态是维护广大人民群众的根本利益的而不是只维护少数特权阶级利益的。马克思主义意识形态理论既是照亮网络文化的一盏明灯，又是判断网络文化是非曲直的一面镜子。马克思主义意识形态理论在本质上是揭示资本主义意识形态的历史和阶级的局限性，维护广大人民群众的利益的，以马克思主义意识形态理论作为本选题研究的理论基础和依据，就像有了一面镜子，可以映照出哪些大学生网络文化是社会主义阵营的，哪些是资本主义甚至是封建主义阵营的，进而可以有针对性地规制失范落后的大学生网络文化。在确立唯物史观的第一部著作《德意志意识形态》（写于1845—1846 年）中，马克思、恩格斯把人类的生产活动分为了两类：一类是物质生产，一类是精神生产。大学生网络文化失范无疑是一种背离了人民利益的精神生产方面的失范。马克思《德意志意识形态》中关于思想、观念、意识产生的论述有助于我们理解大学生网络文化失范的成因："思想、观念、意识的生产最初是直接与人们的物质活动，与人们的物质交往，与现实生活的语言交织在一起的。"② 我们可以推导出：大学生网络环境下的真实处境是容易被不良网络文化异化的；网络文化、网络科学技术本身就是生产力，需社会主义思想的科学导引，否则大学生容易被束缚住，得不到解放。

当前社会主义意识形态与资本主义意识形态较量激烈，尤其需要马克思主义意识形态理论的指导。学者刘友田指出："和平演变与反和平演变的斗争首先表现为社会主义意识形态和资本主义意识形态的较量。"③ 网络作为西方

---

① 侯惠勤：《马克思主义意识形态论》，南京大学出版社 2011 年版，第 84 页。

② 《马克思恩格斯选集》第 1 卷，人民出版社 2012 年版，第 151 页。

③ 刘友田：《苏联解体的西方和平演变原因及启示》，《山东农业大学学报》（社会科学版）2012 年第 3 期，第 72 ~ 75 页。

国家"和平演变"的新形式，把所谓的"自由、民主、人权"塑造成所谓的"普世价值"，把西方国家的价值观念通过互联网向我国网民渗透，以达到诋毁社会主义制度、搅乱思想的目的。"美国主张'普世价值'观并未如其所称具有'通用性'，而是在其推广过程中，存在严重的排他性，即对社会主义制度所产生的社会问题归咎于制度问题，对社会主义国家制度进行否定与诋毁。"① 以美国为首的西方国家通过互联网企图以各种形式影响我国青年一代，不遗余力地渗透西方世界所谓的"美好图景"。美国等西方国家在企图遏制中国和平崛起的过程中，把"和平演变"的希望放在我国青年一代身上，不遗余力地通过各种多元、隐蔽的方式企图借助意识形态领域的渗透，致使我们的青年一代理想丧失、本领缺乏、担当全无，用不战而屈人之兵的方式，断送社会主义事业的前途和希望。西方国家通过隐性的影音视频，悄然将西方的价值观念、政治文化和生活方式对中国青年大肆灌输。例如，灌输以自由贸易和私有化为主要内容的资本主义经济制度；灌输所谓资产阶级民主政治以及拜金主义、享乐主义等腐朽人生价值观，吸引了青年一代对西方世界的兴趣。利用青年人对国家大事、社会问题的关注来对青年的思想认识和价值判断实施干扰。美国等西方国家还通过互联网，雇用一些网络写手，歪曲党史、国史、军史和国际共产主义运动的历史，通过诋毁和歪曲革命先烈和革命领袖的先进事迹、传奇典范来混淆人们特别是青年一代的价值观念和政治立场，其实质是借助历史虚无主义，以互联网为载体，推行西方意识形态，削弱马克思主义在意识形态的指导地位，动摇共产党的执政地位，扼杀社会主义制度。高校思想政治工作者须以马克思主义意识形态理论武装自己的头脑，明确自己的职责、使命，用马克思主义意识形态理论来教育广大青年学生，从思想上筑牢保障人民利益的钢铁长城。

　　第二，马克思主义意识形态理论的国际性决定了它可以作为本选题研究的理论基础。马克思主义意识形态理论是关于全世界无产者解放的理论，这

---

　　① 何茜：《西方文化渗透下我国网络意识形态安全发展态势与对策研究》，《中国社会科学院研究生院学报》2019 年第 3 期，第 55 ~ 63 页。

些论述都是马克思主义意识形态理论的重要组成部分，是时代的一面镜子，可以映照出规范与失范，是规制不良大学生网络文化的理论依据。国外资产阶级为了维护自身的利益和要求，往往对社会生活进行歪曲反映，在网络上鼓吹西方意识形态的美妙，混淆视听，误导青年大学生，必须通过中国化的马克思主义意识形态理论规范制止大学生的盲从盲信。面对西方通过网络兜售的资产阶级价值观、妄图颠覆马克思主义指导地位和中国共产党领导的社会主义制度阴谋，高校思想政治教育工作者只有用好中国化的马克思主义意识形态理论，让广大青年学子有一个清朗的网络文化空间，才能保障青年一代的健康成长。这是指导广大高校思想政治教育工作者进行网络文化失范之规制的有力思想武器。

第三，马克思主义意识形态理论的时代性决定了它可以作为本选题研究的理论基础。马克思主义意识形态理论是与时俱进的，习近平新时代中国特色社会主义思想是马克思主义意识形态理论在当代中国的新发展，是当代中国的马克思主义意识形态理论，有着崭新的足以应对当今世界发展挑战的理论特质。当今世界，以美国为首的西方反动势力，对苏东剧变兴高采烈，也想重蹈覆辙，以文化缺口和意识形态的薄弱环节拉拢腐蚀中国大学生，不断向我国渗透的所谓"网络自由"理念，最终达到推翻中国红色政权的目的。我们国家尊重别的国家自主选择网络发展道路、网络管理模式、互联网公共政策和平等参与国际网络空间治理的权利，不搞网络霸权，不干涉他国内政，不从事、纵容或支持危害他国国家安全的网络活动，也绝不允许别国利用网络对我国进行负面意识形态渗透。把马克思主义意识形态理论作为大学生网络文化失范与规制研究的理论基础，在反制西方资产阶级意识形态和腐朽文化方面有着极其重大的意义和作用。时代呼唤高校思想政治教育工作者认清帝国主义本性，打赢意识形态反击战。面对西方反华势力的虎视眈眈，我们必须用好社会主义意识形态理论，扎牢社会主义意识形态的篱笆，使西方反动势力无机可乘。大学生网络文化失范，就是意识形态方面的一个缺口，我们首先必须用"规制"的绳子将这一缺口（失范）紧紧扎起来，之后再用教育等方式将口袋里的问题逐个解决。马克思主义意识形态理论可以提醒广大高校思想政治工作者不要忘记和回避网络上意识形态领域的斗争，牢牢守住新时代中国特色社会主义意识形态阵地，和大学生中出现的意识形态方面失范斗争到底，通过"团结—批评—团结"来弘扬社会主义核心价值观，凝聚实现中国梦的伟大力量。当今时代，大学生容易受"普世价值"观、自由主义、历史虚无主义等虚假理论的欺骗，而马克思主义意识形态理论则为鉴别和批判虚假理论提供了工具和武器。

具体说来，在马克思、恩格斯及其他马克思主义经典作家的论述中，以下关于意识形态的论述可用作本选题研究的理论基础。

1. 马克思、恩格斯关于意识形态的论述：统治阶级的思想在每个时代都是占统治地位的思想

马克思认为，在阶级社会里，意识形态有着鲜明的阶级性，意识形态往往代表了"统治阶级的思想"，作为社会意识形式的总和，意识形态往往属于在物质生产中占主导地位的统治阶级。马克思曾指出："统治阶级的思想在每一时代都是占统治地位的思想"[1]，"每一个企图代替旧统治阶级地位的新阶级，为了达到自己的目的不得不把自己的利益说成是社会全体成员的共同利益，……赋予自己的思想以普遍性的形式，把它们描绘成唯一合理的、有普遍意义的思想"[2]。正因为如此，马克思认为，在阶级社会中，不同意识形态是不同阶级利益在观念形态上的体现。物质利益分歧构成了不同阶级对立和斗争的根源。当一个先进阶级试图改变社会现状，必先号召人们肃清旧的陈腐观念，以革命阶级的新观念唤醒革命阶级的阶级意识，认清并通过斗争去完成自己的历史使命。按照马克思的逻辑推理，如今在中国，已掌握了领导权的无产阶级政党，要巩固无产阶级政权，也必须坚持继续肃清旧的陈腐观念，警惕被推翻阶级尤其是西方反动势力妄图利用资产阶级腐朽文化及其意识形态用以毒害中国当代大学生的企图。

---

① 马克思、恩格斯：《德意志意识形态》，《马克思恩格斯选集》第 1 卷，人民出版社 2012 年版，第 178 页。

② 马克思、恩格斯：《德意志意识形态》，《马克思恩格斯选集》第 1 卷，人民出版社 2012 年版，第 180 页。

2. 列宁的意识形态理论：党性原则

列宁在《怎么办》一文中，讲到了对立阶级的意识形态不可调和问题。他说："或者是资产阶级的意识形态，或者是社会主义的意识形态。这里中间的东西是没有的（因为人类没有创造过任何'第三种'意识形态，而且在为阶级矛盾所分裂的社会中，任何时候也不能有非阶级的或超阶级的意识形态）。"① 列宁认为，无产阶级同资产阶级的显著区别是无产阶级讲党性，资产阶级讲非党性。列宁在《社会主义政党和非党的革命性》中指出："正像我们已经指出的，非党性是我国革命的资产阶级性质的产物（或者可以说是表现）。资产阶级不能不倾向于非党性，因为在为资产阶级社会的自由而进行斗争的人们当中，没有政党就意味着没有反对这个资产阶级社会本身的新的斗争。谁进行'非党性的'争取自由的斗争，谁就或者是不了解自由的资产阶级性质，或者是把这个资产阶级制度神圣化，或者是把反对资产阶级制度的斗争，把'改善'这个制度的工作推迟到希腊的卡连德日。反过来说，谁自觉地或不自觉地站在资产阶级制度方面，谁就不能不倾向于非党性的思想。"② "非党性是资产阶级思想，党性是社会主义思想。这个原理总的来说适用于整个资产阶级社会。"③ 党性原则是社会主义意识形态的重要原则，规制大学生网络文化失范，旗帜鲜明地反对资产阶级自由主义，坚持文化的社会主义倾向，是每个高校思想政治教育工作者应做到的。

二、思想政治教育方法理论

思想政治方法理论是学科专业理论，是本选题研究的主要理论基础和依据。思想政治方法理论之所以可以作为大学生网络文化失范及其规制研究的

---

① 《列宁选集》第 1 卷，人民出版社 2012 年版，第 326 页。

② 列宁：《社会主义政党和非党的革命性》，《列宁选集》第 1 卷，人民出版社 2012 年版，第 675 ~ 676 页。

③ 列宁：《社会主义政党和非党的革命性》，《列宁选集》第 1 卷，人民出版社 2012 年版，第 676 页。

理论基础，是由思想政治教育方法理论的以下几个特征决定的。

第一，现代思想政治教育方法的借网性正好与大学生网络文化失范及其规制的议题契合。现代思想政治方法论中的"网上思想素质规范养成模式"可以直接作为本选题研究的理论基础。规范与失范是一对相互对立与转化的概念范畴，有规范就有失范，需要从失范切入，用规范矫治失范。此外，网上思想政治理论灌输模式、网上日常思政教育渗透模式、网上思想修养自我教育模式、网上思想情感感染熏陶模式为规制方法的创设提供了理论参考与行动指南。

第二，现代思想政治教育方法的多维性决定了它可以作为本选题研究的理论基础。现代思想政治教育方法的体系论、方法基点论、信息方法论、决策方法论、基本方法论、特殊方法论、调控方法论、评估方法论、方法艺术论为本研究提供了分析问题、解决问题的新视角。本研究的方法体系创新是在现代思想政治教育方法体系论指导下的创新，中国古代和西方当代的典型方法同时是本研究的方法基点，无论是案例分析还是策略方法创设使用都需抓住典型，解剖"麻雀"。现代思想政治教育信息方法与大学生网络文化失范及其规制更是密不可分，失范信息的获取、规范信息的传达都离不开信息方法。现代思想政治教育的决策方法同样是对大学生网络文化失范作出规制决策的行动指南。现代思想政治教育的基本方法之疏导教育、比较教育、自我教育、激励教育、感染教育同时是本选题研究可以运用的基本方法。现代思想政治教育方法中的特殊方法之心理咨询法、预防教育法、冲突缓解法、思想转化法也同时是解决大学生网络文化失范问题的有效方法。现代思想政治教育的调控方法、评估方法等方法理论在个案分析、策略和方法应用的检校中需要应用。现代思想政治教育方法艺术之语言艺术、激励艺术、批评艺术、疏导艺术、沟通艺术在制度规训、价值澄清、说理劝诫、究责促改、网上沟通、角色互换、寓教于乐、模拟训练中皆有所体现。

第三，思想政治教育方法的仿生性决定了它可以作为本选题研究的理论基础。现代思想政治教育方法体系的创新探索——"战略制导方法体系""人体智能协控模型"为本研究提供了价值取向与结构启迪。"战略制导方法体系"① 在大学生自我规制以及高校思想政治工作者规制大学生网络文化失范行为时都特别有用:"我要……我就必须(不)……"旗帜是方向,高举中国特色社会主义旗帜,为实现中华民族伟大复兴而努力奋斗,"两个一百年"的战略目标同时是大学生、高等教育的战略目标,这一战略目标决定了有悖于目标实现的文化行为是失范的,有利于目标实现的行为是规范的。"人体智能协控模型"有助于理解思想政治教育方法群之间的有机联系,同样有助于从整体上把握大学生网络文化失范及其规制方法。

　　归纳一下,可以作为本选题研究理论基础的思想政治教育方法理论主要有七个。

1. 理论灌输法

　　马克思主义认为,先进的社会主义思想不可能由群众自发产生,只能通过教育、宣传等方式从外面灌输进去。列宁在《怎么办》一文中也指出:"没有革命的理论,就不会有革命的运动"②;"现在我们只想指出一点,就是只有以先进理论为指南的党,才能实现先进战士的作用"③;"我们说,工人本来也不可能有社会民主主义意识。这种意识只能从外面灌输进去,各国的历史都证明:工人阶级单靠自己本身的力量,只能形成工联主义的意识,即确信必须结成工会,必须同厂主斗争,必须向政府争取颁布对工人是必要的某些法律,如此等等。而社会主义的学说则是从有产阶级的有教养的人即知识分子创造的哲学理论、历史理论和经济理论中发展起来的"④。这个灌输的过程,就是用马克思主义的立场、观点、方法武装工人群众头脑,引导工人群众树立科学的世界观和方法论的过程。大学生可能成长为网络新文化建设的

---

① 刘新庚:《现代思想政治教育方法论》,人民出版社2014年版,第317~326页。
② 列宁:《怎么办》,载中共中央马克思恩格斯列宁斯大林著作编译局:《列宁选集》第1卷,人民出版社2012年版,第311页。
③ 列宁:《怎么办》,载中共中央马克思恩格斯列宁斯大林著作编译局:《列宁选集》第1卷,人民出版社2012年版,第312页。
④ 列宁:《怎么办》,载中共中央马克思恩格斯列宁斯大林著作编译局:《列宁选集》第1卷,人民出版社2012年版,第317~318页。

闯将，但其知识不是很多，理论基础尚不扎实，需要高校思想政治教育工作者多多使用理论灌输方法，才能矫治其已有失范行为并预防其产生新的失范行为，发挥其在中国特色社会主义网络文化建设中的应有作用。

2. 文化熏染法

所谓文化熏染法，是指运用社会主义先进文化，弘扬社会主义主流意识形态，使受教育者在无意识、不自觉的情况下，受到影响、熏陶、感染而接受思想政治教育的方法。其学理是："当受教育者对感染的情感产生亲和，接受感染体的内容，称之为顺向感染；当受教育者对感染的情感产生对立，不接受感染体的内容，甚至对感染体鄙视和排斥，称之为逆向感染。思想政治教育就是要使受教育者与教育者提供的感染教育产生感情上的'共振'，争取顺向感染发生，防止逆向感染的出现。"① 在矫治大学生网络文化失范的过程中，利用社会主义先进文化熏染大学生，有利于其产生顺向感染，防止逆向感染出现。

3. 榜样激励法

所谓榜样激励法，是指以社会主义先进典型人物为榜样，以其模范行为和人格魅力激励、鼓舞大学生，提高大学生政治认同和政治觉悟的方法。"榜样教育是探索思想政治教育的有效形式。"② 榜样激励法具有哲学和心理学上的依据。事物发展具有不平衡性，在同样社会条件下，总有一些思想、道德方面的领先人物，对他们的事迹加以宣传，就能教育和感染其他人。观察者（受教育者）能通过观察他人的行为习得认知技能和新的行为模式，而榜样表现出观察者原本不具备的新的思想模式和行为模式；通过对榜样的观察，观察者也能形成同样形式的思维和行为。

4. 心理调适法

所谓心理调适法，是指心理调节、疏通之意。在思想政治教育中，心理调适绝不仅仅是满足于人们的政治心理平衡，通过心理调适帮助人们建立正

---

① 郑永廷：《思想政治教育方法论》，高等教育出版社2010年版，第165页。
② 张耀灿：《中国共产党思想政治教育史论》，高等教育出版社2014年版，第244页。

确的政治价值观才是目的。政治心理是人们对于社会政治活动的不够深刻的、较直观的、经验的、低层次的反映形式，政治价值观则是人们对于政治活动的相对稳定的、理性的、深层次的认知和评价。一个人的政治心理只有不断丰富、成熟、稳固和深化，才能最终形成正确的政治价值观念。大学生政治心理尚不成熟，表现在网络上就是政治上的幼稚病，需要高校思想政治教育工作者运用心理调适法，调适其不良心理特别是幼稚的政治心理，使之政治上日趋成熟，形成正确的政治价值观。

5. 素养提升法

所谓素养提升法，是指一种经文化潜移默化成一个人的比较稳定的内在素质与修养综合提升的方法。大学生素养提升法，是指大学生按照政治价值观教育的目标和要求，进行自我教育，以提高自身政治素养的方法。所谓"内化于心，外化于行"是也。在孔子的教育思想中有"吾日三省吾身""见贤而思齐，见不贤而内自省也"，这些内心的自省、自察即是对照道德标准的一种自我素养综合提升方法，也就是文明修身方法。刘少奇在《论共产党员的修养》中提出要传承自省、慎独等中国古代优良传统方法——自我修养方法，是素养提升方法的一种。素养提升既可通过受教育者自我省察提升，通过文化和阅历的日积月累提升，也可以在他人影响和帮助下提升。

6. 行为规范法

所谓行为规范法，是指教育、引导当事人遵守社会主义道德规范和法律规范，工作单位纪律、规章制度，中国共产党和中国政府的政策等规范的方法。对于大学生来说，可以以社会主义核心价值观为文化规范，教育者通过诠释、讲解，帮助其认知、掌握和运用这些核心理念，增进对社会主义法律、法规、纪律和制度政策的理解与认同，进而规范其思想行为，使其行为与人民利益一致。

7. 生活体验法

所谓生活体验法，是指通过组织受教育者参与各种生活实践活动，在实践中体验真实的政治文化生活，提高其政治文化认知能力的方法。生活体验的过程也是一个改造客观世界与主观世界的过程。

　　思想政治教育方法理论中可以作为本选题研究理论基础的可能不止这七种，暂以这七种为主。还有网络舆情引导法，特别是运用活动载体寓教于行的方法、利用文化载体寓教于境的方法、利用传媒载体寓教于情的方法、利用管理载体寓教于管的方法，都值得好好学习、探索和运用。

　　此外，还有以下关于思想政治教育方法的论述也可以用作本选题研究的理论基础。

　　（1）张耀灿、郑永廷、吴潜涛和骆郁廷《现代思想政治教育学》中的过程理论。他们指出了思想政治教育过程具有明确的计划性和鲜明的正面性、突出的复杂性和广泛的社会性、积极的引导性和明显的长期性，思想政治教育过程的运行应当遵循社会发展的要求和人的思想政治素质发展的规律；思想政治素质形成发展的机制是指在人的思想政治素质形成发展的过程中，各种内外影响因素之间相互联系、相互作用的关系及其调节形式；人的思想政治素质形成发展有七大外在因素（社会的经济、政治、文化制度、条件、状况及其活动，社区环境，家庭，学校，工作单位，邻居、朋友、熟人等各种各样的非正式群体，现代大众传播媒介），人的思想政治素质形成发展有两大机制（内化机制和外化机制）①。这些理论为大学生网络文化失范成因探讨、规制策略和方法的创设提供了理论基础。

　　（2）徐建军教授《大学生网络思想政治教育理论与方法》中的网络思想政治教育理论。徐建军教授分析了网络文化的内涵与特征，阐述了网络文化的思想政治教育功用，提出了从多方面培育校园网络文化的观点，在对大学生群体网络越轨行为的预防和矫治方面，基于马克思主义关于人的本质理论、关于人全面发展的理论，提出了构建体系化的网络思想政治教育方法，做好网络思想政治教育的主体建设、网络舆论的掌握和引导，完善网络道德规范和法律法规建设，加强网络心理指导等举措②。这些理论对做好大学生网络文

　　①　张耀灿、郑永廷、吴潜涛、骆郁廷：《现代思想政治教育学》，人民出版社 2006 年版，第 327～336 页。

　　②　徐建军：《大学生网络思想政治教育理论与方法》，人民出版社 2010 年版，第 103～362 页。

化失范规范具有重大的指导意义，特别是其中关于对不符合党和人民利益的网络言论"坚决删"的论述，有利于指导高校思想政治工作者进行文化管理。

（3）杨峻岭（2012）综述的专家们对网络文化失范规制的共识。专家们认为，只有坚持网上与网下相结合、网络传播与网民接受相结合、主体性与主导性相结合的原则，才能实现网络文化的"化人"与思想政治教育的"育人"过程的深度融合和相互协调，进而实现人与网络文化、与网络思想政治教育的同步发展。杨峻岭说："有学者从人的行动逻辑及其矛盾的视角看待思想政治教育，强调思想政治教育要契合人的行动逻辑和现实需求。有学者认为，制度伦理是增强思想政治教育成效不可或缺的社会支持系统。明确、规范的制度，可以分解思想政治教育原则和规范的抽象性。运用合理制度规避利益矛盾和冲突，可以增强思想政治教育的说服力。利用科学制度有效惩罚破坏利益关系的行为，能够弥补思想政治教育的不足。"① 这些论述对本选题研究也有重大的指导意义。

三、控制论、传播学、法律等理论借鉴

可以作为本选题理论基础、理论借鉴的主要还有三个方面的理论：控制论、传播学和法律。

1. 控制论：根据系统的输入—输出来刻画系统的行为，通过负反馈进行自稳控制，通过正反馈进行自组控制

控制论启迪我们：大学生网络文化失范是可防可控的。吴超《安全科学方法学》比较系统和全面地介绍了控制论。安全系统控制与安全方法仿真被作为"本质安全的关键技术"摆到了"安全系统人—机—环方法学"的首要位置。控制论方法是运用控制论的基本思想和基本原理分析问题、解决问题的一种方法。控制论方法的基本原理大约有三条：①根据系统的输入—输出

① 杨峻岭：《全国思想政治教育高端论坛会议综述》（2012 年 12 月，福建厦门），载杨振斌、吴潜涛、艾四林等：《思想政治教育新探索》，中国社会科学出版社 2013 年版，第 611～614 页。

来刻画系统的行为。控制论就是用一组分别表示输入和输出的时间函数的有序来描述或刻画系统的行为及其变化规律的。②通过负反馈进行自稳控制。③通过正反馈进行自组控制。控制论方法主要包括功能模拟方法、黑箱—灰箱—白箱方法、系统辨识方法。"控制论方法使机器代替人脑的部分思维功能成为可能，开辟了向生物界寻求科学技术设计思想的新途径，为研究生命系统、人脑神经系统和社会等复杂系统的特点和规律提供了一种重要途径，丰富了唯物辩证法。世界的统一性在于它的物质性，世界作为一个运动、变化的整体，各种物质形态之间都存在一定形式的联系。控制论方法正是从功能和信息的角度来说明这种联系，并通过信息变化和反馈作用来揭示这种联系的实质。"① 对于大学生网络文化失范及其规制研究，我们运用控制论，就不是从事物的个别联系寻找事物的个别原因及其产生的某种结果，而是从多种联系来揭示事物变化、发展的总原因和总结果；我们注意的不是局部的最优化，而是从总体着眼，从部分入手，对整体的目标和最优化进行综合考虑，统一规划。大学生网络文化失范是大学生所有思想和行为失范之冰山一角，对其进行规制也只是施之于局部的一种控制，却能举一反三、触类旁通，收到全面胜利的效果。

此外，控制论能为人们就系统管理和控制提供一般方法论的指导，它是数学、自动控制、电子技术、数理逻辑、生物科学等学科和技术相互渗透而形成的综合性科学。控制论在学科及其延伸上有以下四点重要贡献。第一，给出一种新的研究方法，能对复杂系统的研究成为可能。有确定系统、收集有关数据、建立控制模型、基于模型进行系统分析、比对实际情况进行精度分析的功能。它根据所研究对象的机理、研究的目的、约束条件及假设条件，把研究对象作为受控系统来处理。它建立的数学模型一般是从研究对象的机理出发采用统计数据处理方法。它根据系统模型研究在控制作用下系统的运动规律，并且将控制模型、研究结果与实际情况进行比较，作出模型精度分析。第二，控制论可给出一套统一的描述系统概念，可以建立各门学科之间

① 吴超：《安全科学方法学》，中国劳动社会保障出版社 2011 年版，第 262～263 页。

的准确关系。通过它们所具有的共同语言，把一门学科上的发现和成果用到另一门学科上去，使不同学科之间相互促进。第三，控制论延伸的应用。控制论是一门实用性很强的边缘学科，其一般原理和方法在技术、经济、社会等许多领域都有广泛的应用，形成了多门边缘学科。几十年来，控制论在纵深方向得到了很大发展，已应用到人类社会各个领域，如经济控制论、社会控制论和人口控制论等。第四，思想政治教育引入控制论，丰富了思政教育学科的理论基础，增加了系统、信息、反馈、控制等新观点、新视觉，为思政学科研究和工作实施提供了新的科学方法，即模拟方法、反馈调节方法、动态系统分析方法、信息方法等，对提高思想政治教育管理水平有显著效果。所以，控制理论可以作为本选题研究的理论基础。

2. 传播学：传播者相关理论、媒介理论、受众理论

传播学告诉我们：传播制度与媒介规范理论与大学生网络文化失范及规制息息相关。传播学是 20 世纪出现的一门新兴学科，是研究社会信息系统及其运行规律的科学，需在人类交往活动的大系统中，从物质交往和精神交往的辩证关系中掌握传播。

马克思主义精神交往理论也是传播学的理论基础①。传播学中的社会传播总过程理论、传播制度与媒介规范理论，能够为大学生网络文化失范过程机理的探讨以及规制研究提供理论依据。田中义久（1970）提出了"大众传播过程图式"，他从马克思和恩格斯的"交往"概念出发，把人类的交往分为三种类型：一种是与人的体能有关的"能量交往"；另一种是与人类社会的物质生产相联系的"物质交往"；还有一种是与精神生产相联系的精神交往，即"符号（信息）交往"。从田中义久图式出发，日本学者将资本主义社会的大众传播总过程看作信息的生产、流通和消费过程。我们也可以从传播的视角考察信息是如何在大学生中生产、流通和消费的，又如何走向失范的。传播受到国家和政府政治控制，利益群体和经济势力控制，广大受众社会监督控制。极权主义、资本主义、社会主义制度下的媒介规范理论，特别是发展中

---

① 郭庆光：《传播学教程》，中国人民大学出版社 1999 年版，第 13 页。

国家制度下的媒介规范理论可以为我们规制大学生网络文化失范提供理论参考。极权主义（也称权威主义）规范理论以 1586 年英国都铎王朝发布的《星法院法令》为代表。近代极权主义传播制度随着资产阶级革命的胜利而崩溃，但在现代史上也出现过死灰复燃，需要我们警惕。资本主义制度下的自由主义媒介规范理论、社会责任理论、民主参与理论需要我们批判地看待。自由主义媒介规范理论保障的只是私有资本的利益，在全球信息化的今天，演变成了个别传播大国推行文化帝国主义的理论，不足为训。社会责任理论仅仅把希望寄托于媒介自律，效果微乎其微。民主参与理论没有改变少数人垄断媒体的现状，社会主义媒介规范理论在曲折中发展。社会主义媒介理论和发展中国家的媒介规范理论是本选题研究的理论借鉴。社会主义媒介理论包括以下几方面的内容：①我国的新闻传播事业实行社会主义公有制；②我国新闻传播事业必须坚持党性原则；③社会主义新闻传播事业执行报道新闻、传播信息、引导舆论、提供娱乐等多方面的社会职能；④社会主义新闻传播事业具有重要的经济功能。根据英国学者 D. 麦奎尔的归纳和概括，发展中国家的传播制度和媒介规范理论大致包含五个方面的内容：①大众传播活动必须与国家政策保持统一轨道；②媒介的自由伴随着相应的责任，这种自由必须在经济有限和满足社会需求的原则下接受一定限制；③在传播内容上，要优先本国文化，优先使用本民族语言；④在新闻和信息的交流合作领域，应优先发展与地理、政治和文化比较接近的其他发展中国家的合作关系；⑤在事关国家发展和社会稳定的利害问题上，国家有权对传播媒介进行检查、干预、限制乃至实行直接管制。采用符合自己国情和条件的传播制度，求得自己经济、政治和民族文化的生存发展，抵御少数文化大国的"文化侵略"，维护信息主权，从制度上保护和发展本国民族文化，加强对外来信息的自主管理，是本研究的立意基础。

传播学中有三个方面的理论特别值得借鉴。①传播者相关理论。一是说服的效果深受传播者可信度的影响，传播者的信誉及其专业权威性是可信性的基础。二是信源的可信性对信息的短期效果具有极为重要的影响，但从长期效果来说，最终起决定作用的是内容本身的说服力。在大众传播过程中，信息不是毫无阻碍地从传播者直接流向受众，而是在很大程度上受到人际关系等中介因素的干扰和影响。传播的效果与"意见领袖"的作用关系密切。②媒介理论。较有影响的是"他山之说"。这种观点认为，从漫长的人类社会发展过程来看，真正有意义、有价值的"信息"，不是各个时代的传播内容，而是这个时代所使用的传播工具的性质、所开创的可能性以及带来的社会变革。任何媒介都不外乎人的感觉和感官的扩展或延伸，传播媒介对人类感觉中枢有重要影响。③受众理论。受众理论中有两个理论对大学生网络文化失范及其规制研究特别有借鉴作用：第一个是"使用—满足"理论。"使用与满足"研究始于 20 世纪 40 年代的美国。这一理论把受众看作有着特定"需求"的个人，把他们的媒介接触活动看作基于特定的需求动机来"使用"媒介，从而使这些需求得到"满足"的过程。这一研究一反以往将传播效果的取得仅仅归结为传播者和媒介的观点，开始将受众作为效果研究的新视角，并积累了丰富的研究成果。第二个是"沉默的螺旋"理论。"沉默的螺旋"理论有三个基本要点：第一，舆论的形成是大众传播、人际传播和人们对"意见环境"的认知心理三者共同作用的结果。第二，经大众传媒强调揭示的意见由于具有公开性和传播的广泛性，容易被当作"多数"或"优势"的意见被人们所认知。第三，这种环境认知所带来的压力或安全感，会引起人际接触中"劣势意见的沉默和优势意见的大声疾呼"的螺旋扩展过程，并导致社会生活中占压倒优势的"多数意见"——舆论的诞生。大众传播之"使用与满足"理论能很好地解释大学生网络文化接受失范，大众传播的宏观社会效果理论之"沉默的螺旋理论"有助于分析大学生网络文化失范效应及相应规制对策。此外，"议程设置功能理论"、"培养"理论、"知沟"理论对于理解大学生网络文化失范的过程机理也有借鉴作用。

3. 法律：法是国家制定或认可的行为规范，法本身是一种调整社会关系的规范，具有规范性，法规定人们的权利和义务

法律科学是伴随着社会的政治、经济和文化发展起来的一门学科，法律科学理论可以作为大学生网络文化失范及其规制研究的理论基础，基于以下三点理由。第一，法是国家制定或认可的行为规范①，由国家强制力保证实施的上升为国家意志的统治阶级意志。我国为人民民主专政的社会主义国家，在我国，统治阶级意志体现为人民的意志。大学生网络文化失范严重时是违反法律规范，违反人民的意志。第二，法本身是一种调整社会关系的行为规范，具有规范性。失范是规范的缺失或对规范的违反，大学生网络文化失范需要完善立法，严格执法加以矫治。第三，法规定人们的权利和义务②。大学生有网络言论自由的权利，同时有遵守国家网络文化相关法律法规的义务，高校思想政治工作者有对大学生进行网络文化规范教育的权利和义务。

　　法律科学理论主要可以从两大方面为本选题研究提供借鉴。①依法治国和法治理念为纠正大学生网络文化失范提供法律保障。依法治国是中国共产党领导人民治理国家的基本方略。社会主义法治理念在本质上就是社会主义意识形态在法治领域的直接渗透和体现。依法治国的"法"，就是指社会主义的法律法规，是社会主义意识形态的具体体现。规制大学生网络文化失范，首先，要充分利用法律法规的制定使法律法规成为我国社会主义意识形态的控制的工具。不仅要维护社会主义意识形态在社会上的主导地位，还要对威胁我国意识形态领域安全的一切思想观念和行为进行打击和制裁。其次，要善于借助法律手段规范新闻媒体，包括网络媒体的发声。制定相关政策法规、建立新闻媒体行为规范、正确引导舆论，确保马克思主义为指导的社会主义意识形态的指导地位，达到主流意识形态控制社会舆论的目的。最后，通过制定法律法规加强舆论监管，限制某些不利于党和政府形象、不利于社会政治稳定、不利于意识形态领域安全的信息出现；对那些诋毁和损害社会主义制度的不法分子进行约束和制裁。②社会主义法律和政策的贯彻实施，也是大学生网络文化失范纠偏的重要保障。首先，党和国家政策、法律法规的制定、执行必须以社会主义意识形态为主导，体现社会主义意识形态的本质、

① 张文显：《法理学》，高等教育出版社2012年版，第45页。
② 吴祖谋、李双元：《法学概论》，法律出版社2007年版，第15页。

内容和要求。其次，在我国当下社会中，不同意识形态之间的斗争和冲突还依然在一定程度上存在，借助政策、法律法规的制定和执行，用政策、法律法规所具有的权威性和强制力来加强社会主义意识形态的主导地位和思想控制十分重要。最后，我国改革开放 40 多年来，由于市场经济带来了社会巨大的改变，同时也不可避免地出现了一些负面的、千奇百怪的思想观念，大学生网络文化失范现象就在其中。所以，要通过国家方针政策、法律法规对大学生的政治行为和经济行为进行约束和控制，防范和矫治其失范行为，保障最广大人民群众的根本利益。

第四节　研究思路与方法

　　本书的研究理路，是由表及里地展开分析，由静态的现状考察到动态的规制创设，综合运用多种研究方法，力求深度分析大学生网络文化失范的原因及其过程机理，找出对其进行规制的策略和方法。

一、研究思路

　　顺应加强大学生思想政治教育工作的时代之需，针对大学生网络文化失范现象，以中国特色社会主义理论为指导，运用思想政治教育学、文化学、传播学、社会学、伦理学、信息科学等学科理论，借鉴国内外的实践经验，深度剖析大学生网络文化失范的原因，全面探讨针对大学生网络文化失范问题的教育对策：包括理论依据、主体行为方式的引导和方法途径的系统创设等问题。本书的研究思路如图 1－3 所示。

　　张耀灿、郑永廷、吴潜涛等《现代思想政治教育学》中的方法论指出了方法是人的自身活动的法则，是人的活动的中介因素，是人们达到预期目的的一种手段、工具、途径、技术和范式，总是和任务联系在一起，与理论联系在一起，是人类思维活动的产物，是人们在认识活动、实践活动中几类经验的上升，思想政治教育方法是实现思想政治教育目的的重要手段，是教育者与受教育者互动联结的扭结，是保证思想政治教育效果的重要条件。本书中的策略是原则方法，内蕴着实事求是、群众路线、理论联系实际、科学性与方向性相结合、精神鼓励与物质鼓励相结合、思想政治教育与业务工作相

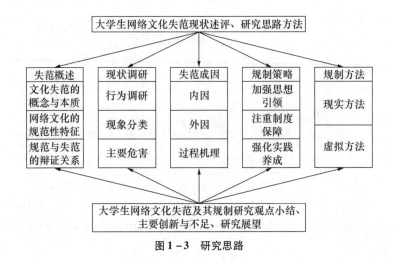

图 1-3　研究思路

结合的方法①。本文中的方法是指思想政治教育的具体方法、操作方式和运用的艺术和技巧。

　　本选题的研究对象为大学生网络失范现象及其规制，也就是说，本选题只研究一种客观存在：大学生网络失范现象及其规制。涉及最多的是网络文化中的制度文化，涉及网络伦理，虚拟社会治理，网络舆情、网络艺术、网络管理、文化管理，还涉及微博、微电影、微小说等网络文化式样。希望达到这样的效果：人们读了此文知道哪些是大学生网络文化失范现象，大学生网络文化失范的成因是什么，如何进行规制。

二、研究方法

　　方法是手段，是从一种认识状态过渡到另一种认识状态的桥梁，也是从一种实践状态过渡到另一种实践状态的桥梁。本选题的研究目的是解决大学生管理中的一个突出问题——大学生网络文化失范问题。大学生经常面临社会道德规范与个体生存发展需要的冲突，经常出现思想冲突、行为越轨的现

---

　　① 张耀灿、郑永廷、吴潜涛等：《现代思想政治教育学》，人民出版社 2006 年版，第 360～365页。

象，严重阻碍大学生自身的成长成功成才与社会的和谐稳定。制度是一种文化，有着牵引学生走正道、做对祖国和人民有益的事的功能。本选题的研究目标是找出大学生网络文化失范与规范的应有含义、辩证关系，大学生网络文化失范的主要表现、判断依据、成因、过程机制，规制的策略和方法。因此，本研究运用下列方法。

1. 文献调研法

文献调研法是本选题研究的基本方法之一。文献检索采取电子手段检索光盘数据和手工查阅文献典籍相结合的方法。为了让选题研究内容和思想能够与时俱进，本选题研究采用每周一次到图书馆、阅览室和中国期刊网、Springer、ProQuest Research Library（学术研究数据库）查阅最新文献的方法。第一步是阅读文献索引、文摘和书目；第二步是有选择地收集论题资料；第三步是做好文献卡片，做好纵向、横向的各种统计。此外，经常做文献的收集补充工作，到图书馆借阅和复印自己手中没有的图书资料，到网上购买选题研究所需图书资料。

文献法除了用于材料收集之外，还用于材料的理论分析。没有理论指导的实践是盲目的实践。理论是从实践中得来的经验的总结，是意识形态化了的认识。大学生网络文化失范现象的成因，需要运用理论分析。马克思主义原理、思想政治教育理论是本选题研究纵向支撑的主要理论。哲学、社会学、文化学、传播学、伦理学、政治学、公共管理学、词源学、心理学、信息工程、安全学等学科的理论是本选题研究横向借鉴的主要理论。

2. 考察调研法

考察调研法是本选题研究的基本方法之二。本书采用访谈法与问卷调查法相结合的方法，分辅导员和学生两大类群进行调查研究。其中辅导员层面从以下五个维度进行调查：A. 辅导员的基本情况；B. 辅导员网络文化管理组织情况及管理理念；C. 学校网络文化管理队伍的结构、培训、网络文化管理工作实施等情况；D. 辅导员网络文化管理效果评价；E. 学生参与网络文化管理工作的情况。学生层面从以下六个维度进行调查研究：A. 学生基本情况；B. 学生的世界观、人生观、价值观状况；C. 学生对学校网络文化管理组织情况及管理理念的态度；D. 学生对学校网络文化管理队伍结构、培训、工作实施等情况的态度；E. 学生对学校网络文化管理效果评价的态度；F. 学生对自身参与网络文化管理情况的态度。此外，学生班级 QQ 群、学生个人 QQ 空间、学生微博、学生所建世界大学城空间、学生宿舍、学生课堂、学生对调查问卷所作的回答、学生个别访谈收集到的材料都是本选题研究的珍贵的第一手材料。

在调研的基础上，创设出规制大学生网络文化失范的体系。单一的方法往往难以奏效，只有创设好方法体系才能达到战略目标。因此，本选题研究中要运用到两大方法体系的创设：预防体系创设和矫治体系创设。一个"治未病"，另一个"治已病"，通过两大体系的创设，确保大学生健康成长。

3. 实践检验法

实践检验法是本选题研究的基本方法之三。规制策略和方法是否有效、有用、有益，需要实践的检验。在对中南大学、湖南大学、湖南商学院、长沙学院、湖南商务职业学院、湖南网络工程职业学院、湖南文理学院、湖南城市学院、大众传媒职业学院、湖南师范大学、湖南信息学院等 10 所院校的在校大学生进行调查之后，对不同大学生网络文化使用、生产动机及影响进行分析，根据其中暴露出来的失范问题给出合理的规制策略和方法，并进行团体辅导实验和个体辅导实验，运行创设的体制和机制，检校方法的效度和信度。

4. 内容分析法、案例剖析法

本选题研究还可能运用到其他方法，比如，文本内容分析方法、案例剖析方法，所有的方法都服务和服从于主动规制大学生网络文化失范现象，确保实现把大学生培养成有理想、有道德、有文化、有纪律的"四有"新人这一战略目标。

第五节　创新点与不足之处

为了便于读者很快地把握本研究的创新点与不足，特把本研究的创新点与不足放在绪论中。不当之处，敬请广大读者批评指正。

一、创新点

本研究的主要创新点如下：

第一，概念范畴的重新认定。大学生网络文化失范的概念是一个业已存在但学界并未进行系统梳理和认定的概念。笔者花费了很多工夫通过国内外文献调研和深入专科生、本科生、硕士研究生、博士研究生、辅导员中开展调研，发现大学生网络文化失范现象的确存在，大学生网络文化失范这一概念可以成立。大学生网络文化失范是指大学生在网络平台上所表现出来的文化规范意识缺失与大学生应有素质相悖的现象。

第二，过程机理的崭新揭示。通过对大学生网络精神文化失范、网络物质文化失范、网络制度文化失范、网络行为文化失范的个案剖析，结合有关思想政治教育学、文化学、心理学、行为学的理论，在导师的指导下，深入浅出地揭示了大学生网络文化失范的过程机理。萌芽阶段，网络精神文化从思想异化到价值涣散；形成阶段，网络物质文化从载体观看到"景观"创建；发展阶段，网络制度文化从法纪漠视到自律废弃；深化阶段，网络行为文化从行为悖逆到行为偏差。

第三，策略方法的系统创设。为了规范大学生网络文化失范，笔者在导师指导下创设了思想导引、制度规范、实践养成三大策略体系。为了规制大学生网络文化失范，笔者在导师指导下创设了现实方法和虚拟方法两大体系。本书在解决问题部分，一方面，重点强调了制度规范的重要性，提出了"加强法纪教育防止自由主义泛滥，提高规制意识，防止文化管理弱化，做好制度阐释增进制度文化自信，创设考核机制，促进行为规范强化"等主张；另一方面，提出了两点与"规制"密切相关的措施，即"加强思想引领，以中国化马克思主义理论统领大学生文化精神，以中国特色社会主义理想凝聚大学生网络文化意志，以民族精神、时代精神持续激励大学生网络文化创新，以社会主义荣辱观导引大学生网络文化行为正能量"和"强化实践养成，优化网络文化学习、提升网络文化底蕴，激活网络文化交流、增强网络文化效应，参与网络文化管理、体验网络文化风纪，创造网络文化精品、养成网络文化自觉"。这样一来，就使制度的贯彻实施有了先进思想引领和实践锻炼、自我修养作保障，从而避免了制度概念的被架空。从方法论的角度看，规制大学生网络文化失范有显性和隐性两种方法。"制度规训、价值澄清、说理劝诫和究责促改"是显性规制；"网上沟通、角色互换、寓教于乐、模拟训练"是隐性规制。

二、不足之处

本研究的主要不足如下：

第一，研究手段不够先进。由于笔者对于国外先进的统计比照方法（SPSS）、文化研究的方法掌握得不是很好，所以对数据的分析统计没有采用国外先进的统计比照方法，对文化的研究也不全面深入。

第二，大学生网络文化失范与社会网络文化环境的关系，需要做进一步厘清和界定。大学生有的网络文化失范行为是在网行为失范，有的网络文化失范行为是借网行为失范，都离不开社会网络文化环境的影响，也需要国家社会网络文化环境的制约。作为思政教育介体的社会环境，对人的影响作用是十分巨大的，它对人具有直接的教化和影响作用。众所周知，市场经济是柄双刃剑，有利也有弊。为了社会主义制度的巩固和发展，必须借用资本主义的生产方式，搞市场经济；但搞市场经济，又不可避免地带来负面作用和影响。这里的问题是：如何在市场经济条件下有效遏制大学生网络文化失范？就是说，如何在复杂的网络环境下，手把手教会学生运用"扬弃"的方法？所谓"扬弃"，是指既克服又保留，即从网络世界吸收有益的东西，去除消极的东西。这里的问题是，扬弃的对象——网络所展示的各种社会现象本身就很复杂，从不同的视角看网络中的各种社会现象，不同的人有不同的看法，且不同时期有不同的看法。这就增添了我们认识和辨别网络事物的难度。这就要求思想政治教育工作者（辅导员）不断加强学习，多多了解新事物，了解社会环境及其变化，只有这样，才能与时代发展节奏合拍，在社会环境与当代大学生之间当好思想政治教育的"二传手"，当好学生的领路人、辅佐者。

第三，论证尚有着理论深化的空间。众所周知，在内、外因的唯物辩证关系中，内因是事物变化的根据，外因是事物变化的条件，外因通过内因而起作用。大学生网络文化失范外在的管控规制，是外因；内在的、自觉的自我管控机制，是内因。如何使外因条件转变为内在的自我管控机制，是学理性研究课题，需要今后进一步加强研究。本书虽然也从大学生的知、情、信、意、行的思想品德形成过程及其周而复始的教育过程阐述了自己的一些观点，但论证得较粗浅，尚有着理论深化的空间。

第二章
大学生网络文化失范概述

  大学生网络文化是以大学生为主体的网络文化形态。大学生网络文化失范本质上是大学生思想政治方面的错误、缺失与不成熟在网络平台上的体现。厘清大学生网络文化失范的概念，认清大学生网络文化失范的本质，考量网络文化应有的规范性特征，思考失范与规范的辩证关系，有利于我们进一步研究大学生网络文化失范的现状、成因及规制策略、方法。

第一节 大学生网络文化失范的概念与本质属性

概念是客观事物在人们头脑中的反映，是一个学科的基石，是研究的基础，本质是事物的本性，是一种事物区别于另一事物的特性。把握大学生网络文化失范的概念和本质是开展研究的核心和关键。

一、大学生在网络平台上规范意识的缺失

这里所要解决的问题是：什么叫大学生网络文化失范？如前所述，大学生网络文化失范是指大学生对网络文化规范的违反，这一概念简单明了但还是缺乏理论深度。我们可以采用综合分析法来界定"大学生网络文化失范"这一概念。

1. 关于"失范"

关于"失范"的概念界定，最权威的是来自辞章典籍的解释，因此，词源学的探究必不可少。"失范"是一个中国当代新近出现的词语。《辞海》《辞源》中并无"失范"一词，只有与"失范"相关的词：失口（泄露机密，言所不当言）、失气（丧气）、失心（失去理智）、失节（失去节操）、失礼（不合礼节）、失机（错过时机）、失守（失去操守或职守）、失足（举止不庄重，比喻堕落或犯严重错误）、失身（丧身死亡，失去操守，沦落）、失言（不可与之言而与之言）、失态（态度失当，失身份或无礼貌）、失重（重心不稳）、失律（行军不守纪律）、失真（走了样，与原来的性质、形状、意义或精神不符）、失候（错过适当的时刻，缺少问候）、失调（失去平衡，调节或调养失衡）、失措（举止慌乱失常，不知所措）、失谐（失去和谐）、失策

（失之于计策，打算错误）、失荣（指一种颈部的肿瘤疾患，需及早进行中西结合的治疗）、失辞（言辞失当）、失意（不如意，不合己意）、失慎（不够谨慎）、失算（计划、打算落空）、失察（疏于检查监督）、失道（迷失道路或无道）、失魂（心神不宁，惊慌之极）。① 《辞海》中把"失"解释为"遗失、丧失"。② 《辞源》中把"失"解释为"失去""放弃、改变""错过、耽误"。③ 现有的国内辞章典籍都把失范解释为对规范的违背或丧失。"失范，动词，丧失规范；违背规范，如：严防证券市场运作失范，行为失范。"④ 西方最新的研究成果表明："尽管失范是社会学最独特的概念贡献之一，但它的前身埃米尔·迪尔凯姆（Emile Durkheim，一译作涂尔干）对失范的含义却明显模棱两可。因此，它在当代社会学中的应用已经有了很大的变化。在某种程度上，围绕失范的混乱源于迪尔凯姆坚持认为，失范是由放松监管造成的，而放松监管一直抵制操作化。然而，仔细考虑社会学经典中最突出的失范四项，即（1）失范的劳动分工；（2）失范的自杀；（3）紧张；（4）微观层面的象征性文化版本——揭示了破坏和解体，而不是放松管制，是通过每一个概念编织的共同线索。从这一观点出发，我们提出了一个新的失范理论概念，它将失范定义为（a）一种社会心理力量，在（b）个人或'中观'或企业单位层面的社会现实中发挥作用，这种社会心理力量是由（c）慢性或急性破坏所导致的，而这些破坏反过来又产生（d）真实或想象的解体压力。此外，破坏不仅取决于社会联系的真实或想象的丧失（解体），而且还取决于对连贯的社会现实（分离）和/或物理空间（错位）的真实或想象的依恋的丧失。这种重新校准允许失范者与其他各种现象进行更深入的对话，事实上，这些现象可能与失范者有一些重叠的因素，这些因素与潜在失去珍视的社会关系的

---

① 辞海编辑委员会：《辞海》（缩印本），上海辞书出版社 1980 年版，第 77～78 页。
② 辞海编辑委员会：《辞海》（缩印本），上海辞书出版社 1980 年版，第 77 页。
③ 广东、广西、湖南、河南辞源修订组，商务印书馆编辑部编：《辞源》（修订本），商务印书馆 2012 年版，第 778 页。
④ 李行健：《现代汉语规范词典》，外语教学与研究出版社、语文出版社 2004 年版，第 1173 页。

痛苦以及逃避这种社会痛苦的自残、反社会甚至亲社会行为的动机有关。"①
中西方文化典籍、期刊论文都一致公认失范是规范的丧失或原有规范对人的
行为约束不能再发挥作用，维持社会协调统一的有规制人的行为功能的文化
不复发生作用。

2. 关于文化

文化是与人类紧密相连的物质财富和精神财富的总称，从文化层面看，
大学生网络文化失范是以大学生为中心的以网络物质条件为依托的精神、物
质、制度、行为的失范。

《不列颠简明百科全书》把文化（culture）定义为："人类知识、信仰与
行为的统合形态，包括语文、意识形态、信仰、习俗、禁忌、法规、制度、
工具、技术、艺术品、礼仪、仪式及符号，其发展依人类学习知识及向后代
传授之能力而定。文化在人类进化中扮演着决定性的角色，它让人类可以依
据自己的目的去适应环境，而不单只是依靠自然选择来完成其适应性。每一
个人类社会，都有其特别的文化或社会文化体系。各文化间的差别与下列因
素有关：生存环境及其资源；语言、礼仪和社会组织所固有的可行性范围，
工具的制造和使用，以及社会发展程度等。文化常会因生态、经济社会、政
治、宗教或其他足以影响一个社会的重大变革而发生演变。"② 这一定义，指
出了文化的属性，它是这样一种统合形态：物质与精神统合，制度与行为统
合，人与自然统合，人与社会统合，人与科技统合，人与历史统合。制度文
化（道德、意识形态、信仰、习俗、禁忌、法规、制度、礼仪、仪式）对行
为是一种预设，它以人类实践中得来知识为基础，以语言文字为媒介，规制
这个体系内所有人的行为，告知这个体系内所有的人怎样做是对的，怎样做
是不对的，从而保持群体行动的协调，社会氛围的和谐。文化内化为人的知
识、信仰，外化为人的行为。文化一词来源于拉丁文 culrura，原义是指农耕

---

① Abrutyn, Seth. Toward a General Theory of Anomie The Social Psychology of Disintegration. *Archives Européennes de Sociologie*；*European Journal of Sociology*；Cambridge Vol. 60. 2019（1）：109.

② 美国不列颠百科全书出版社：《不列颠简明百科全书（修订版）》，中国大百科全书出版社 2011 年版，第 1728 页。

及对植物的培育，自 15 世纪以后，把对人的品德和能力的培养也称之为文化。美国文化人类学家 A. L. 克罗伯和 K. 科拉克洪的《文化：一个概念定义的考评》（1952）分析考察了 100 多种文化定义，认为"文化存在于各种内隐的和外显的模式之中，借助符号的运用得以学习与传播，并构成人类群体的特殊成就"，文化的基本要素是传统（通过历史衍生和由选择得到的）思想观念和价值，其中尤以价值观最为重要。例如，美国政治文化的主要源头是清教传统、欧洲自由主义思想及英国保守主义思想。美国政治文化的基本要素是个人主义、自由主义、实用主义和民族主义。英国人类学家 E. B. 泰勒在《原始文化》一书中指出："文化，就其在民族志中的广义而言，是个复合的整体，它包含知识、信仰、艺术、道德、法律、习俗和个人作为社会成员所必需的其他能力及习惯。"① 英国人类学家 B. K. 马林诺夫斯基在《文化论》中，把文化分为物资设备、精神文化、语言和社会组织四个方面②。法国人类学家 C. 列维－斯特劳斯从行为规范和模式的角度把文化看作"一组行为模式，在一定时期流行于一群人之中，并易于与其他人群之行为模式相区别，且显示出清楚的不连续性"③。由此，我们可以把大学生文化看作大学生个人作为社会成员所必需的能力和习惯，还可以把大学生文化看作一组行为模式，看作有中国特色的社会主义建设时期流行于大学生群体之中的与其他群体相区别的行为模式。

在中国，"文"指文字、文章、文采，又指礼乐制度、法律条文等。"化"是"教化""教行"的意思。有关文化的广义的概念有两说：一说是文治和教化④，另一说是人类社会历史实践过程中所创造的物质财富和精神财富的总和⑤。狭义的文化有两种定义：一是指社会的意识形态以及与之相适应的

① ［英］爱德华·泰勒：《原始文化》，连树生译，上海译文出版社 1992 年版，第 1 页。
② ［英］马林诺夫斯基：《文化论》，费孝通译，中国民间文艺出版社 2005 年版，第 14 页。
③ ［法］若斯·吉莱姆·梅吉奥：《列维－斯特劳斯的美学观》，怀宇译，天津人民出版社 2003 年版，第 75 页。
④ 广东、广西、湖南、河南辞源修订组，商务印书馆编辑部编：《辞源》（修订本），商务印书馆 2009 年版，第 1488 页。
⑤ 辞海编辑委员会：《辞海》（缩印本），上海辞书出版社 1980 年版，第 1533 页。

制度和组织机构（如社会主义文化）。文化是一种历史现象，每一社会都有与其相适应的文化（一代有一代之文学，一代有一代之文化），并随着社会物质生产的发展而发展。作为意识形态的文化，是一定社会的政治和经济的反映，又反作用于一定社会的政治和经济。在有阶级的社会中，它具有阶级性。随着民族的产生和发展，文化具有民族性，通过民族形式的发展，形成民族的传统。文化的发展具有历史的连续性，社会物质生产发展的连续性是文化发展历史连续性的基础。（前面讲到了作为一个人群群体的文化具有清楚的不连续性，但作为社会整体，即群体的集合的文化具有连续性。）无产阶级文化是批判地继承人类历史优秀文化遗产和总结阶级斗争、生产斗争和科学实验的实践经验而创造发展起来的。[①] 二是特指精神文化，如教育、科学、文艺等。特指某一领域或某一范畴体现的思想（精神）、观念（物质）、道德（制度）和行为规范以及风俗习惯（行为）等，如企业文化、饮食文化、旅游文化。考古学中的文化指同一历史时期的不以分布地点为转移的遗迹、遗物的综合体。同样的工具、用具，同样的制造技术等，是同一种文化的特征，如仰韶文化、半坡文化。[②] 学者李鹏程认为："文化不是先天的遗传本能，而是后天习得的经验和知识；不是自然存在物，而是经过人类有意无意加工制作出来的东西。""体系中的各部分在功能上互相依存，结构上互相联结，共同发挥社会整合与社会导向的功能。然而，特定的文化有时也成为社会变迁和人类发展的阻力。"[③] 大学生文化是一种复合的文化，是以大学生为中心，由大学生创造的文化，在精神上表现为精神理念、自由意志，在物质上表现为物质形态，在制度上表现为规章制度，在行为上表现为特定的用语和行为规范。大学生文化既是一种前人活劳动固化下来的文化，又是一种发展着的、实践过程中的活劳动文化。

文化也有失范吗？文化能和失范放在一起吗？如前所述，社会主流文化

---

① 辞海编辑委员会：《辞海》（缩印本），上海辞书出版社1980年版，第1533页。
② 李行健：《现代汉语规范词典》，外语教学与研究出版社、语文出版社2004年版，第1364页。
③ 李鹏程：《当代西方文化研究新词典》，吉林人民出版社2003年版，第307页。

对群体亚文化，或群体主流文化对个人亚文化失去了约束力的状态或新的文化规范没有建立的状态就叫失范，行为失范是个体行为表现为对道德准则、行为规范的违反，文化失范则是文化对越轨行为的无能为力的一种状态。大学生本来具有自我约束力，这种自我约束力来源于自我文化，而自我文化即指导大学生进行内传播的语言材料，又来源于社会文化，所以大学生网络文化的失范，根源在于社会网络文化的失范，即社会网络文化规范没有建立或已有社会网络文化规范不起作用的状态。这种状态的持续时间长，存在决定意识，社会网络文化失范的长期存在决定了大学生网络文化失范长期存在，大学生网络文化失范长期存在决定了大学生网络文化失范的规制任重而道远。

从古今中外对文化的定义以及文化与失范的关系可以看出，大学生网络文化失范是指大学生网络文化规范对大学生网络文化行为失去了约束力而新的规范又没有建立的一种状态。

在"大学生网络文化失范"这一概念中，"大学生文化失范"是本质内核，网络是表现形式、作用对象、传播手段。文化按照其层次结构又分为精神文化、物质文化、制度文化、行为文化四种类型，因此文化失范亦有与之相对应的四种类型。大学生是文化的主体、文化的中心，是概念的所指对象，所以这一概念的界定始终离不开大学生。我们先把网络撇开，来解析和界定各个层面上的大学生文化。我们把大学生表现出来的与社会主义核心价值体系不一致的精神状态统称为"大学生精神文化失范"。我们把大学生为谋求物质利益而出现的违反规范的行为称之为"大学生物质文化失范"。法律法规、规章制度是对大学生进行行为管理的有效手段，大学生应该将法律法规、规章制度内化为自己的行为准则，外化为自己的行为的度的把握。如果大学生不知道网络法律法规、规章制度，不懂得网络法律法规、规章制度确立的目的和意义，不为自己建立起行动的行为准则，不遵循客观事物的发展规律和社会文化的规范要求，不严谨自律，就会出现和社会、和自我的文化冲突。我们把大学生自我约束的准则的缺失称为"大学生制度文化失范"。我们把大学生在网络文化空间表现出来的不文明不礼貌不文雅的思想语言行动统称为"大学生行为文化失范"。我们再把"网络文化"放进来，把各个层面的失范综合起来考量，就可以得出"大学生网络文化失范"这一概念的界定："大学生网络文化失范是指大学生在网络平台上表现出来的精神、物质、制度、行为的失范。"

3. 关于"网络文化"

网络是现代社会高科技的结晶，是一种集通信、信息检索、娱乐为一体的新型工具。从网络层面看，大学生网络文化失范是指大学生网络文化规范对大学生文化行为不起作用或未建立起规范的状态。

大学生网络文化规范是在党和国家法律法规指导下，在学校网络文化规范的统一规定下养成的文化自觉，包括遵守国家宪法及宪法之下的网络文化法律法规，遵守校纪校规特别是学校有关网络文化建设和管理的规定，内化为自己的一种自我要求，外化为体现大学生精神风貌的高雅文化行为特征。

"网络文化失范"与"网络成瘾"的概念辨析。相同点：网络成瘾是一种网络行为文化失范，网络成瘾的内容是文化内容，两者同为病症。不同点：文化失范比网络成瘾的范围更大，侧重于文化内容对文化主体已经失去了制约作用；网络成瘾则侧重于强调使用网络的时间过长。

"网络文化失范"与"网络行为失范"的概念辨析。相同点：网络行为失范是网络精神、物质、制度、行为文化失范的集中表现。不同点：网络行为失范只考量大学生在使用网络的过程中出现的行为偏差；网络文化失范不仅考察行为偏差，而且考察行为背后的文化因素，尤其着重考察大学生已经完成的网络文化内容。大学生网络行为文化失范是大学生应有的网络文化行为规范对大学生不起作用的一种状态或缺少规范的状态，而大学生网络行为失范是指大学生的网络行为越轨，只考查其行为不符合社会文化道德法律规范，不考察其思想文化根源与已经完成的网络文化内容。

谈"网络文化"的概念，就离不开它的三个重要组成部分：网络文化产品、网络文化活动、网络文化主体。《互联网文化管理暂行规定》（文化部2003年5月10日发布）把"网络文化产品"定义为："互联网文化产品，指通过互联网生产、传播和流通的文化产品，主要包括音像制品、游戏产品、演出剧（节）目、艺术品、动画等其他产品。"把"网络文化活动"定义为：

"互联网文化活动，指提供互联网文化产品及其服务的活动，主要包括：互联网文化产品的制作、复制、进口、批发、零售、出租、播放等活动；将文化产品登载在互联网上，或者通过互联网发送到计算机、固定电话机、移动电话机、收音机、游戏机等用户端，供上网用户浏览、阅读、欣赏、使用或者下载、在线传播行为；互联网文化产品的展览、比赛等活动。"把"网络文化主体"定义为："互联网文化单位，指经文化行政部门和电信管理机构批准，从事互联网文化活动的互联网信息服务提供者。"① 实际上，网络文化的主体除了经文化行政部门和电信管理机构批准，从事互联网文化活动的互联网信息服务提供者互联网文化单位以外，还有其他依托网络平台从事网络文化活动的人。例如，大学生就是一个不可否认的网络文化主体。

人大复印资料全文数据库中关于"网络文化"的论文高达 67 篇，这些论文中的"网络文化"概念，按照定义方式可以分为四类：网络与文化关系学说类、网络文化整体学说类；网络文化外延解读类；网络文化内涵解析类。第一，网络与文化关系学说类。沈壮海把网络文化看作"网络技术的文化本质、网络空间的文化内容、网络行为的文化精神等诸多因素的统一体"。② 常晋芳认为所谓"网络文化"有两方面含义：一是网络本身就是一种新兴文化形态；二是网络文化是人类文化发展的网络化形态的最典型体现。简言之，就是"网络的文化（特性）"与"文化的网络（形态）"。③ 第二，网络文化生发学说类。陈进华把网络文化看作"是由 Internet 产生并依赖于其发展的所有技术、思想、情感和价值观念的集合体"。④ 网络文化是以数字化的信息发送和接收为表现形式的具有虚拟性质的文化。从狭义的角度来理解，网络文化是以计算机互联网作为新兴媒体所进行的教育、宣传、娱乐等各种文化活

---

① 毕耕：《网络传播学新论》，武汉大学出版社 2007 年版，第 346 页。

② 沈壮海：《网络文化：迎纳·引领·涵育》，《中国教育报》2007 年 4 月 17 日，第 3 版，人大复印资料全文转载。

③ 常晋芳：《网络文化的十大悖论》，《天津社会科学》2003 年第 2 期，第 53 页，人大复印资料全文转载。

④ 陈进华：《网络文化对高校德育模式的挑战及其应对策略》，《道德与文明》2004 年第 6 期，第 54 页，人大复印资料全文转载。

.

动；从广义的角度来理解，则是指包括借助计算机网络所从事的经济、政治和军事活动在内的各种社会文化现象。无论从狭义还是广义来理解，网络文化的一个基本前提是与网络有关，是随网络的产生而兴起，并随网络的发展而发展的文化。① 第三，网络文化外延解读类。张革华认为："网络文化是指以网络技术广泛应用为主要标志的信息文化，可以分为物质文化、精神文化和制度文化三个要素。物质文化是指以计算机、网络、虚拟现实等构成的网络环境；精神文化主要包括网络内容及其影响下的人们的价值取向、思维方式等，其范围较为广泛；制度文化包括与网络有关的各种规章制度、组织方式等。这些要素不是孤立存在，而是相互制约、相互影响、相互转换，显示出网络文化的特殊规律和特征。"② 彭兰从"网络文化行为"（网民在网络中的行为方式与活动，大多具有文化的意味，它们就是网络文化的基本层面，是网络文化的其他层面形成的基础）、"网络文化产品"（这既包括网民利用网络传播的各种原创的文化产品，如文章、图片、视频、Flash 等，也包括一些组织或商业机构利用网络传播的文化产品）、"网络文化事件"（网络中出现的一些具有文化意义的社会事件，其不仅对于网络文化的走向起到一定作用，也会对社会文化发展产生一定影响）、"网络文化现象"（有时网络中并不一定发生特定的事件，但是，一些网民行为或网络文化产品等会表现出一定的共同趋向或特征，形成某种文化现象）、"网络文化精神"（网络文化的一些内在特质。目前网络文化精神的主要特点表现为：自由性、开放性、平民性、非主流性等。但随着网络在社会生活中渗透程度的变化，网络文化精神也会发生变化）等 5 个方面解析了网络文化。③ 第四，网络文化内涵解析类。宫源海、高峰和路恩春把广义的"网络文化"定义为"包括一切与信息网络技术有关的物质、制度、精神创造活动及其成果"；把狭义的"网络文

---

① 赵其庄：《网络文化与网络教育中的高校思想政治工作》，《理论学习》2002 年第 10 期，第 38 页，人大复印资料全文转载。

② 张革华：《加强网络文化建设　改进高校德育工作》，《思想理论教育导刊》2002 年第 5 期，第 58 页，人大复印资料全文转载。

③ 彭兰：《网络文化发展的动力要素》，《新闻与写作》2007 年第 4 期，第 6 页，人大复印资料全文转载。

化"定义为"建立在信息网络技术与网络经济基础上的精神创造活动及其成果，内含人的心理状态、知识结构、思维方式、价值观念、道德修养、审美情趣和行为方式等方面"。① 陈春萍认为："信息时代兴起的网络文化就是以因特网为载体、以'人—机'信息互动为沟通半径、以个性化的选择偏好为基础的、'价值—行为世界'的构建方式，即以因特网为载体和媒介、以文化信息为核心、在开放的网络虚拟空间中自由地实现多样文化信息的获取、传播、交流、创造，并影响和改变现实社会中人的行为方式、思维方式的文化形式的总和"。② 吴克明把"网络文化"定义为"建立在互联网基础上的一种新型信息文化"，③ 他认为网络文化的本质是人、网络技术和信息文化三位一体的产物，是一个亚文化复合体，具有分布很广、松散、选择性极强的特点，他把"网络文化"分为视觉技术、边缘科学、先锋艺术、大众文化等四种领域。李力把"网络文化"定义为"以网络为媒介，以信息为核心，自由地获取、交流、创造多样文化信息并影响和改变人的行为方式、思维方式的总和。"④ 张茂聪把"网络文化"定义为"一种蕴含特殊内容和表现手段的文化形式，是人们在社会活动中依赖于以信息、网络技术及网络资源为支点的网络活动而创造的物质财富和精神财富的总和"。⑤ 他把网络文化从结构上分为物质层面的网络文化、制度层面的网络文化、精神层面的网络文化三种类型。其中，制度层面的网络文化又包括作为社会规范的网络文化和作为行为方式的网络文化。以上四种定义类型把网络与文化的关系，网络文化的生成，网络文化的外延和内涵，作了比较抽象的概括，在一定程度上揭示了网络文化

---

① 宫源海、高峰、路恩春：《探寻与应对：网络文化背景下的高校德育工作》，《淄博学院学报》（社会科学版）2001 年第 3 期，第 57 页，人大复印资料全文转载。

② 陈春萍：《网络文化的道德维度》，《湖南科技大学学报》（社会科学版）2005 年第 2 期，第 85 页，人大复印资料全文转载。

③ 吴克明：《网络文化视角下党的执政能力建设》，《当代世界与社会主义》2009 年第 1 期，第 155 页，人大复印资料全文转载。

④ 李力：《网络文化对青少年的影响之分析》，《攀登》2009 年第 4 期，第 125 页，人大复印资料全文转载。

⑤ 张茂聪：《网络文化对我国青少年道德发展的影响》，《山东社会科学》2012 年第 1 期，第 46 页，人大复印资料全文转载。

的本质，对本课题研究有参考价值。"大学生网络文化失范现象"中的"网络文化"是指大学生与互联网发生关联的一切物质文化、制度文化、精神文化、行为文化的总和，从属于大学生文化。从中国互联网信息中心的统计报告可以看出：广义的网络文化包括网络新闻、搜索引擎、博客日志、即时通信、电子邮件、网络音乐、网络游戏、网络影视、网络求职、网络教育、网络购物、网络销售、网上银行、网上炒股、网上旅行预订。根据文化的狭义的概念以及笔者的体验，狭义的网络文化只包括网络新闻、博客日志、即时通信、网络音乐、网络游戏、网络影视、网络教育这七大类。

4. 关于"大学生"

按照《现代汉语规范词典》的解释：狭义的大学生指在高等学校就读的本科或专科学生①，广义的大学生是指包括专科学生、本科学生、硕士研究生和博士研究生在内的在大学学习的人。大学生网络文化失范是指大学生对网络文化规范的违反。凡是大学生行为主体在网络空间发出的违反我国法律法规的行为都可称之为大学生网络文化失范。

大学生是祖国的未来、民族的骄傲，是大众中的精英，是中国共产党的后备军，是建设中国特色社会主义事业的接班人，理应是文化启蒙的先锋，是文化觉悟最高的人。从大学生身份层面看，大学生网络文化失范是指大学生在网络平台上表现出来的有失大学生文化风范的消极、负面形象。

大学生文化风范是一种合乎公众期待的大学生身份形象气质言行举止的总和。我国自京师大学堂成立，有了第一批大学生以来，公众就对大学生充满了期待，期待大学生比一般公民站得更高、看得更远，为国家民族的振兴作出贡献。大学生也不负众望，发奋学习，在1917年新文化运动及之后的一系列思想文化运动中，给大众带来一股清新的思想文化启蒙之风，为了寻求救国救民的真理而省思和批判民族文化中的劣根性、奴性，在学习西方的过程中革新民族文化中不适应时代发展需要的部分。例如，反对文言文，提倡白话文；反对专制、迷信，提倡民主、科学；反对封建等级制度，提倡自由、

---

① 李行健：《现代汉语规范词典》，外语教学与研究出版社、语文出版社2004年版，第252页。

平等。这些文化思想，极大地提高了文化传播的效率，促进了中华民族文化和世界文化的交流，提高了文化在大众中的普及率，提高了一代代人的思想觉悟，加速了中华民族文化现代化的进程。在陈独秀、胡适、鲁迅、李大钊等一批文化思想闯将兼导师的引领下，青年毛泽东、蔡和森等人指点江山、激扬文字，学习和传播马列主义，为中国革命和建设实践带来了文化思想武器。在中国新民主主义革命和建设的历史上，大学生文化为国家社会民族的发展，为大学生群体的人生实践提供了理论指导，功不可没。"文化大革命"时期是大学生文化遭受摧残的时期，直到 1979 年恢复高考，大学生文化才又作为一种万众瞩目的文化受到关注，其精英思想仍在缔造一个民族的神话——尊重科学，尊重人才，科教兴国，加大人才培养力度，大学生在改革开放的春风中省思社会文化思想弊病，激发出被耽误的十年之后赶超世界先进水平的热情和干劲，伤痕文学、改革文学的接受、传播和创作，外来思想的译介，科学文化知识的学习，成为大学生文化的主流。自此，中共中央加强了对大学生思想政治教育的引导，意识到大学生一方面热血沸腾、关心时事，另一方面又缺乏社会实践经验和历史文化的知识积累，看问题存在片面性，是需要加强管理、教育和引导的一个群体。21 世纪以来，大学生网络文化的主流是热爱中国共产党，热爱社会主义祖国，热爱人民，尊重科学，懂得民主和法制，在和谐社会的建构中，在建成小康社会的历史进程中，在先进思想文化的创造和传播过程中，能发挥先锋模范作用。例如，中南大学大四学生刘路能够破解国际数学难题——"西塔潘猜想"，成为最年轻的教授；中南大学团委学生会的博客，为社会网络文化树立起一种新的规范。但是，也有一部分大学生在文化思想方面的现实表现与公众的期待相距甚远，起不到先进作用，甚至违背社会起码的公正和良知，违背社会的文明风尚，极大地损害了大学生的形象和公众对高等教育的信心。

大学生网络文化规范是大学生群体在网络空间中必须共同遵守的话语方式和行为准则，体现着与社会期待视野一致的大学生网络文化风范，是大学生文化的重要组成部分，大学生网络文化失范则意味着大学生应有的网络文化规范权威受到了挑战，规范体系旁落，大学生在网络空间的文化成果和行为呈现出混乱无序状态。

　　大学生是思想政治教育的主要对象之一。中国共产党对干部和大学生是开展思想政治教育活动，对群众则是做思想政治工作，说明我们党把大学生当作未来的干部培养，把大学生当成有高度思想政治觉悟的人，只要稍加教育，即可沿着正确的路线前进，不出现前进道路上的失误。用"大学生网络文化失范"这一概念来指称大学生错误的网络文化思想言行，合乎思想政治教育过程规律和大学生思想品质形成发展的规律。

　　综合失范、文化、网络、大学生的概念，本书中的"大学生网络文化失范"是指全日制普通高等学校的专科生、本科生、硕士研究生、博士研究生通过互联网平台表现出来的精神、物质、制度、行为方面与社会主义核心价值体系相悖的现象。简言之，大学生网络文化失范是指大学生在网络平台上所存在的文化规范的缺失或背反现象。也可以说，大学生网络文化失范是指大学生在网络平台上所表现出来的文化规范意识缺失、与大学生应有素质相悖的现象。

　　以下是需要澄清的几个问题。

　　"大学生网络文化"这一概念的科学性：由于网络文化具有特殊的语言符号形式、海量的信息存储和跨地域的共时性信息交换，文化主体的享受和创建行为也具有虚拟特性，处于相对自主状态，使被教育者第一次可能享有超越教育者的文化主创力量。"被教育者在网络环境下，不只是享受着平等的话语权，甚至因为网络文化的后喻文化特征，他们在网络话语渠道上存在着能力、精力和智力优势，更容易掌控网络传播的内容，由此把握文化的主创权。"① 因此，使用"大学生网络文化"这一概念具有科学性。

　　把"大学生网络文化"划分为四个层面（种类）的科学性："与普遍意义上的文化一样，高校校园网络文化也可细分为物质、制度、精神等三个层面。物质方面，包括高校教育者与被教育者拥有使用权的计算机、网络、手机、数字电视等；制度方面，涵盖了管理规制网络传播和高校教育者与被教

---

　　① 唐亚阳、梁媛：《高校网络文化的特征与功能》，《光明日报》2007 年 8 月 8 日，第 13 版。

育者网络行为的规章制度、组织方式等；高校教育者与被教育者通过网络进行的工作、学习、交流、娱乐等活动，参与创建的网络媒体传播内容，与其在网络内容影响下形成的价值取向、思维方式、行为方式等，共同构成高校校园网络文化的内核，也就是精神层面。"①引用的文化层次划分忽略了网络文化的行为层，实际上网络行为文化以制度为基础，以行为为志向和表现，是存在的。本书中网络物质文化还指大学生创建出来的网页之类的物质。

"大学生网络文化"与"高校网络文化"的关系："高校网络文化，是以高校教育者与被教育者为建设主体参与创建的数字化互动媒体，如以论坛、博客、QQ群、手机短信等为载体，以发送和接收数字化信息为核心内容、以高校校园为聚合点的文化。"②大学生网络文化是以大学生为建设主体参与创建的数字化互动媒体，如以论坛、博客、QQ群、手机短信等为载体，以发送和接受数字化信息为核心内容，以大学生为聚合点的文化。

二、毒害、偏私、落后、非法、盲动

本质体现的是某一事物不同于其他事物的规定性特征。同一事物，从不同视角看可以得出不同的本质特征。我们通过从不同学科视角解读"大学生网络文化失范"这一概念的本质内涵，可以更好地把握其本质特征。

1. 从哲学视角看，大学生网络文化失范的本质属性是有害性

哲学最讲究价值判断，对人有用、有益、有效的为有价值的，对人无用、无益、无效的为无价值的。大学生网络文化失范是一种于人于己有害的文化活动，是无价值的。

大学生网络文化失范是对美的规律的违反，同时是超过了事物的度的规定性，发生了质量互变，因而是有害的。正如黑格尔所言，"度"是指"有质的定量"，是"质与量的统一"，"在这个观念里包含有一个一般的信念，即举凡一切人世间的事情——财富、荣誉、权力甚至快乐痛苦等——皆有其一

---

①② 唐亚阳、梁媛：《高校网络文化的特征与功能》，《光明日报》2007年8月8日，第13版。

定的尺度，超越这尺度就会招致沉沦和毁灭"。① 大学生网络文化失范就是超过了尺度。大学生网络文化失范有时也是不注意自己上网的数量界限犯下的错误。马克思在《1844 年经济学哲学手稿》中有一段被广为引用的话："动物只是按照它所属的那个物种的尺度和需要来进行生产，而人则懂得按照任何物种的尺度来进行生产，并且随时随地都能用内在固有的尺度来衡量对象；所以，人也按照美的规律来塑造物体。"② 大学生网络文化失范就是对美的规律的违反，既没有遵循物种的尺度也没有遵循人的内在的固有的尺度，违背了人的类属性。规律是事物的本质的、稳定的、客观的联系，尊重客观规律性是发挥主观能动性的前提。③ 最铁的是规律，规律不以人的意志为转移，作为名词的规范体现了人们对于规律的认识，作为动词的规范表现为发现规律者希望社会全体成员都遵循规律，作为动词的失范是指个体或群体对客观规律的违反，作为名词的失范是用来概括和描述规范不起作用或无规范，人们不遵循规律或没有规律可以遵循的一种状态。

在现代西方哲学里，冯·赖特的关于一般价值和规范的理论，被我国学者接受和译介。冯·赖特关于"规范"的代表作是《规范和行动》（1963）、《规范和行动的逻辑》（1981），他认为行动逻辑与行动语词相关，行动语句一表现为"做"的动作，即行动过程；表现为"是"的状态，即行动结果。他还认为：自然规律是描述性的，因而是要么为真要么为假的；规则则是规定性的，它们规定了有关人们的行动和交往的规则，本身没有真值，其目的在于影响人们的行为。于是，描述和规定的二分就可以给规范和非规范划界：凡规范都是规定性的，否则就不是规范。规范的制定者和发布者叫作"规范权威"，受规范制约和管制的对象叫作"规范受体"。规范体现了规范权威在

————————

① ［德］黑格尔：《小逻辑》，贺麟译，商务印书馆 1980 年版，第 234～235 页。

② 卡·马克思：《1844 年经济学哲学手稿》，载马克思、恩格斯：《马克思恩格斯选集》第 1 卷，中共中央马克思恩格斯列宁斯大林著作编译室编译，人民出版社 2012 年版，第 57 页。

③ 《马克思主义基本原理概论》编写组：《马克思主义基本原理概论》，高等教育出版社 2013 年版，第 40～42 页。

其授权范围内制定和颁布规范，则规范是有效的，否则是无效的。规范有三种主要类型：（1）规则；（2）律令；（3）指示或技术规范；还有三种次要类型：（1）习俗；（2）道德原则；（3）理想。[①]

由此，可以把大学生网络文化规范定义为对大学生网络文化行为起制约和管制作用的规则、律令、指示或技术规范、习俗、道德原则和理想类型的总和，失范则是大学生不遵守规范或规范权威的授权范围没有到达网络空间范围内的这样一种状态。

冯·赖特还提出了"规范压力"和"外在因素的内在化"等重要概念和说法。所谓规范压力，就是因遵循或违反某种法律、道德、传统习俗而招致的处罚、制裁或奖赏。外在因素给人的行动带来两种形式的不自由：一是因感受到社会规范是一种强制性力量而产生的一种主观意义上的不自由；二是尽管通过对社会规范的内在把握主观上感到自由，但实际上是受"人们的统治"，客观上仍然不自由。[②] 规制给大学生以不自由感，这种不自由就如同纪律和自由的关系，没有不受纪律约束的自由，纪律是自由的保障。

马克思主义原理告诉我们，社会生活在本质上是实践的，对立统一规律是事物发展的根本规律，实践是认识的基础。大学生网络文化失范是大学生网络文化实践中遇到的一种问题。处于网络文化失范状态的学生，有如迷失在森林里的孩子，缺少规范方法和规则的指导，进行的是盲目地实践，此时，他们最需要的是明确的规范性文件指导。大学生网络文化失范是一个实践问题，实践是认识的基础，真理是经过实践检验的反映客观事物本质规律的科学，马克思主义是来源于实践又高于实践的普遍真理，是理论的武器，大学生网络文化失范归根结底还是大学生网络文化离开了马克思主义理论的指导，没有用发展着的马克思主义指导实践着的发展变化的客观事物。大学生在网络空间出现的违规违纪行为，是对事物发展规律的违反。如能遵循规律，正

---

① 陈波：《与大师一起思考》，北京大学出版社 2012 年版，第 22 页。
② 陈波：《与大师一起思考》，北京大学出版社 2012 年版，第 24 页。

确处理好失范与规范的辩证关系，则可以走向和谐，走向科学发展，从而缔造一个美好的未来。根据马克思主义原理，大学生网络文化失范是指大学生在网络空间中表现出来的对社会发展规律的宏观把握不足，缺少规范制约的状态。

透过大学生网络文化失范现象看本质。哲学概念中的现象与本质是一对辩证统一的范畴。现象与本质是研究大学生网络文化思想政治教育的逻辑起点，人们认识事物，都是透过现象看本质的。现象与本质的联系与区别实际上是行为与思想的联系与区别。"行为"是点，具有瞬时性，稍纵即逝；"现象"是面，具有普遍性，影响深远。大学生网络文化失范的实质是一种心理疾病，是大学生在网络空间所犯下的罪错，是大学生"慎独"精神的缺失，是大学生行为失去正确价值观引导和支持的表现。

正如一位当代网络文学批评家所言："大略说来，我们时代的相当一部分作家和作品，缺乏对伟大的向往，缺乏对崇高的敬畏，缺乏对神圣的虔诚；缺乏批判的勇气和质疑的精神，缺乏人道的情怀和信仰的热忱，缺乏高贵的气质和自由的梦想；缺乏令人信服的真，缺乏令人感动的善，缺乏令人欣悦的美；缺乏为谁写得明白，缺乏为何写得清醒，缺乏如何写得自觉。读许多当代作家的作品，我最经常的体验和最深刻的印象，是虚假和空洞，是乏味和无聊，每有被欺骗、被愚弄甚至被侮辱的强烈感觉。这些作家的作品不仅不能帮你认识生活、了解人生，不仅不能让你体验到一种内在的欣悦和感动，而且，还制造假象，遮蔽真相，引人堕落，使人变得无知和无耻。"① 大学生网络文化失范正是把有害的文学作品上传到了网上，因而大学生网络文化失范的本质属性是有害性。

2. 从社会学视角看，大学生网络文化失范的本质属性是偏私性

"失范"首先是一种社会现象，从失范层面看，大学生网络文化失范是在社会网络文化失范的大背景下出现的一种文化失范现象。法国社会学家迪尔

---

① 李建军：《当代小说最缺什么》，世界知识出版社 2009 年版，第 145～146 页。

凯姆（Emile Durkheim，另译作"涂尔干"或"杜尔克姆"）把社会失范定义为存在着不明确的、彼此冲突和分散的规范的地方，个人与他人不存在有道德意义的关系，或者没有规定获得快乐的界限。在《社会分工论》（1893）中将失范视为社会规范的一种存在状态，同时是所有道德的对立面，道德、法律等集体意识系统缺乏对社会生活有效的调节和控制，导致社会处于各种各样的冲突和混乱状态。① 这一定义认为，只有规范，没有失范，即使要用到"失范"一词，也是用来表达规范的一种存在状态——失效的状态的。在《自杀论》（1897）中，他进一步探讨了失范的原因与类型，把反常的自杀看作失范的后果，认为其背后有深刻的社会原因——失范，而失范本身有不同的社会类型。他发现不仅由富变贫可能导致自杀，而且由贫变富也可能导致自杀，第二种自杀的原因在于"社会财富的分配标准被打乱，但是另一方面新的标准又没有立刻建立。公众的意识给人和物分类需要时间。只要由此而失控的各种社会力量没有恢复平衡，它们各自的价值观念仍然处于未定的状态，那就暂时不会有任何规章制度"。② 这种规章制度的缺失，这种未定状态，就是失范。"因为幸运的事件增加了，欲望才更加强烈。给他们提供更多的收获刺激着他们，使他们的要求更高，更加忍受不了任何规章制度，传统的规章制度正是在这时候失去了它们的权威性。因此，放纵或反常的状态进一步强化，各种情欲在需要更加有力的约束时反而得不到约束。"③ 传统规章制度权威性的丧失、欲望的放纵和失控也是失范。失范不是"天下为公"的心理状态，而是一种自私的行为，具有"偏私性"的本质属性。

美国学者罗伯特·K. 默顿认为失范是一种社会规定的目标与决定着达到这些目标的规范不一致的社会状态。他发现文化价值为社会树立起发展的目标，即文化目标。文化目标是社会依据它的规范体系认为值得有、值得存在

---

① ［法］埃米尔·涂尔干：《社会分工论》，渠敬东译，生活·读书·新知三联出版社 2000 年版，第 14、175~176、314~315 页。

② ［法］迪尔凯姆：《自杀论》，冯韵文译，商务印书馆 2009 年版，第 273~274 页。

③ ［法］迪尔凯姆：《自杀论》，冯韵文译，商务印书馆 2009 年版，第 274 页。

的东西；制度化手段是社会认为合法地获得文化目标的方式。默顿根据文化目标和制度化手段这两个社会因素的相互关系，提出了五种适应模式：遵从、创新、仪式主义、退却主义、反抗。其中，创新和反抗是明显的失范。他在《社会研究与社会政策》的第三章"社会问题与社会学理论"中讨论了越轨行为和越轨理论，把"失范"看成"规范的缺失"或者说是现存的社会规范缺乏广泛的认可而致使它丧失了制约人们行动的权威和能力。可见，规范的缺失或原有规范的约束力丧失就叫作失范。大学生网络文化失范是大学生在网络空间里的文化规范的缺失或大学生原有的文化规范不能再起作用的状态，是偏向个人的，因而具有偏私性的本质属性。

3. 从文化学视角看，大学生网络文化失范的本质属性是落后性

文化学是可供思想政治教育学科建设借鉴和吸收的重要资源。文化和网络都是思想政治教育的载体，文化的规范功能和网络的传播功能，对于扩大先进思想文化的影响力，凝聚社会正能量，形成社会善治秩序具有重要意义。大学生网络文化失范却在精神上表现为消极懈怠，在物质上表现为违法乱纪，在制度上表现为无法无天，在行为上表现为独断专行，与社会主义核心价值观相悖，与先进文化发展理念相悖，与人民大众的根本利益相悖。因此，从思想政治教育学视角看，大学生网络文化失范具有落后性的本质特征。

先进文化首要的是人民性，即劳动阶级立场、生产者立场。人类最基础的生存方式是物质资料的生产，离开了物质资料的生产，人类社会就连一天都很难生存下去，不到一个月就可能灭亡。可见，物质资料的生产是多么重要。而整天在网络上发牢骚，为赋新词强说愁，只知道抱怨，不知道遵循法纪秩序解决问题的大学生的生活方式是寄生虫式的生活方式，拿着父母的钱、国家的钱，耗费着物质资料，没有生产出对祖国和人民有用的物质财富和精神财富，与剥削阶级没有本质上的区别。因而，大学生网络文化失范的本质属性是落后性。

4. 从法学视角看，大学生网络文化失范的本质属性是非法性

在法学里面，规范是指法的规范，即法律规范。法的规范是构成法的

"细胞"，它与法之间的关系是个别与整体的关系。一个法的规范就是向人们提供一定的行为模式，要求人们一体遵守。从逻辑上说，任何一个法律规范都由适用条件、行为准则和法律后果三部分构成。依法律规范本身的性质，可以分为义务性规范（必须做什么，有义务做）、禁止性规范（不准做什么，禁止做）和授权性规范（经授权可以做什么，本来没有权利的获得了行为许可）三种。① 大学生网络文化应该有一个法的规范，要求大学生一体遵守。大学生网络文化的法的规范也应该是由三部分组成：适用条件、行为准则和法律后果；大学生网络文化的法的规范也应该包括三个种类：义务性的、禁止性的和授权性的。如果缺少了法的规范，大学生文化就容易失去边界进而频繁越轨。大学生网络文化失范问题实质上是一个非传统安全问题。非传统安全问题具有跨国性、不确定性、转化性和动态性等特点。大学生网络文化失范问题的解决和应对，需要依靠国家间乃至全球范围的合作，需要改革和完善现有的国际组织和国际规则。因此，大学生网络文化失范的本质属性是非法性。

5. 从公共管理学视角看，大学生网络文化失范的本质属性是盲动性

在公共管理学里，有一种研究方法叫规范方法，又称理想方法，着眼于建立一般理论和一般原则，偏重价值考虑，论及的是"应当如何"和"应当是什么"，往往追寻的是一种理想状态的东西。尽管这种方法过于追求应然状态、忽视实然状态，但在充满民主、自由、社会公正等社会价值的公共领域，一些应然的东西能够给价值考虑提供参照。② 大学生网络文化规范是大学生网络文化的一种理想状态，不一定能全部实现，但能够给大学生价值选择提供参照。大学生网络文化是社会网络文化的重要组成部分，和社会网络文化一起共享、共有着民主、自由、公正的应然标准。大学生网络文化失范违反了有目的地实践这一应然标准，其本质属性是盲动性。

---

① 吴祖谋、李双元：《法学概论》，法律出版社 2007 年版，第 16～17 页。
② 黎民：《公共关系学》，高等教育出版社 2010 年版，第 21～22 页。

从哲学、社会学、文化学、法学、公共管理视角看，大学生网络文化失范具有有害性、偏颇性、落后性、非法性和盲动性的本质属性。总而言之，大学生网络文化失范的本质属性是对社会主义核心价值观的偏离，违背了"富强、民主、文明、和谐，自由、平等、公正、法治，爱国、敬业、诚信、友善"的社会主义核心价值观，忘记了自己的初心与使命。

第二节　网络文化的规范性特征

"网络文化规范"是关于网络文化活动基本要求的总概括。网络文化应有怎样的规范性特征？从大学生思想政治教育培育人的目的出发，我们认为网络文化应具有如下规范性特征。

一、无害性特征

网络文化首要的规范性特征是无害性。网络文化应该：一是能够充分发挥网络文化主体的创造性，二是能够体现社会资源的开放性，三是能够集成多种功能[①]。这些都应对网络文化的主体无害。

规范的网络文化应是对以下行为主体无害的。一是对文化信息发出者无害。要求网络文化无害于文化信息发出者的生命安全与健康，无害于其心理健康，无损其社会声誉，无损其经济利益。二是对文化信息接收者无害。在对文化信息发出者无害的同时，同样无害于文化信息接收者的身体健康、心理健康、社会声誉和经济利益。三是对第三方机构平台无害。同样无损于第三方机构平台的声誉、资金和时间。四是对于家庭学校社会无害。网络文化失范往往有波及效应（亦称多米诺骨牌效应），而规范的网络文化应该是无损于家庭学校社会的声誉、经济和时间，无害于家庭、学校、国家、社会、人类、宇宙自然的整体利益。

国外一些计算机和网络组织为其用户制定了一系列相应的规则，是网络

---

① 唐亚阳、梁媛：《高校网络文化的特征与功能》，《光明日报》2007 年 8 月 8 日，第 13 版。

文化规范化，从而达到无害性的本质要求。例如，美国计算机伦理协会（ACM）制定了一般的道德责任，要求其成员做到：（1）奉献于社会和人类福祉；（2）避免对别人的伤害；（3）保持诚实的和值得信任的状态；（4）保持公正并且采取行动不歧视别人；（5）尊重财产权利，包括版权和专利权；（6）给知识产权以适当信誉；（7）尊重别人的隐私权；（8）尊重机密。西方学者有的希望把社会认可的现实的伦理道德观念应用于计算机网络伦理研究中，探讨了一些基本原则问题。代表性的著作是美国学者斯皮内洛所著《世纪道德：信息技术的伦理方面》。该书中提出了计算机伦理，认为信息技术应遵循四大原则：即"规范性原则""自主原则""无害原则""知情同意原则"。① 可见，无害性原则是公认的规范性网络文化的特征之一。

规范性网络文化的无害性特征实现的口语表达是："该说的我都说了，不该说的我都没有说；该做的我都做了，不该做的我都没做。"与无害相呼应的是其规范性网络文化同时具有的有效性、有用性、有益性，即对于人民大众来说，规范的网络文化信息是有使用价值的信息。实际上，由于网络文化是一种高度复杂的价值多元的文化样态，其不但给了主流文化存在的土壤和发展的机遇，还给了非主流甚至反主流文化以发展空间；既给精英文化以舞台，甚至还给了充斥着色情、暴力、迷信等的低俗文化一席之地，所以有时泥沙俱下，就像精美的米饭里掺进了沙子一样呈现出硌牙的有害性。此外，网络空间的诈骗违反做人的基本规范——诚信，是有害的，需要无害性的规范特征加以规制。

二、公正性特征

规范的网络文化应该具有公正性特征。

首先，网络文化的公正性规范性特征是由公正的含义所决定的。公正是

---

① ［美］理查德·A. 斯皮内洛：《世纪道德：信息技术的伦理方面》，刘钢译，中央编译出版社1999年版，第3页。

作为公平的正义。正义（justice）在亚里士多德那里，主要用于人的行为。在近现代西方思想家那里，"正义"的概念越来越多地被专门用作评价社会制度的一种道德标准，被看作社会制度的首要价值。罗尔斯则更明确地规定，在他的正义论中，正义的对象是社会的基本结构——用来分配公民的基本权利和义务、划分由社会合作产生的利益和负担的主要制度。他认为：人们的不同生活前景受到政治体制和一般的经济、社会条件的限制和影响，也受到人们出生伊始所具有的不平等的社会地位和自然禀赋的深刻而持久的影响，然而这种不平等却是个人无法自我选择的。因此，这些最初的不平等就成为正义原则的最初应用对象。换言之，正义原则要通过调节主要的社会制度，来从全社会的角度处理这种出发点方面的不平等，尽量排除社会历史和自然方面的偶然任意因素对于人们生活前景的影响。所谓作为公平的正义，即意味着正义原则是在一种公平的原初状态中被一致同意的，所达到的是一个公平的契约，所产生的也将是一个公平的结果。① 网络文化的普及，对于人们平等地享有知情权是一大进步，网络文化舆论也以公正性为价值旨归，各种健康的舆论都应是导向人们被公正地对待的。关注弱势群体，援助贫困人群，而不是歧视处于贫弱状态中的人群，更不是落井下石，是我们这个社会共同的价值理想。

其次，网络文化的公正性规范性特征是由文化的传承性、人本性所决定的。人是文化的中心。文化是存在于人与人之间的一种意识形态存在。公正是法律的精魂，是社会的善治理想和追求，是起码的社会伦理价值尺度。西方法律文化、中国法律文化都以"公正"为准绳。公正同时是中华民族文化的优良传统。儒家文化的"中庸"思想、道家文化"天之道，取有余以奉不足"思想、佛家文化的"因果报应"思想蕴含着公正的价值追求。公正亦是资本主义伦理精神道德的精义，等价交换中本身就蕴含着"公正"原则。公正在国外文学家那里也是作为人物描写的尺度而存在的。别林斯基评述果戈

---

① 何怀宏：《译者前言》，载［美］罗尔斯（Rawls J.）：《正义论》，何怀宏等译，中国社会科学出版社 2011 年版，第 5~7 页。

理虽然也揭露丑恶，但在描写人物时从来就不曾放弃"诗意"和"公正"两个尺度①，在人物塑造上所带来的是"对世道人心发生强烈而有益的影响"的"纯洁的道德性"。② 可见，公正是以人为本的文化的衡量标准，是文化传承的价值所在。

再次，网络文化的公正性规范性特征是由网络文化特有的精神价值所决定的。有学者认为："网络文化的核心是其价值观，是网络文化群体的价值理念、价值追求，也是网络文化的内在精神。现阶段，从文化精神来看，网络文化的精神特征主要体现在自由、平等、民主、开放等方面"③，自由、平等、民主、开放本身就以公正为旨归。网络文化是弱者寻求帮助的有力武器。有报道称有一个被拐卖的妇女，通过微博发布了自己被拐卖的信息，网友们立刻通过"人肉搜索"把她营救了出来。这就是网络文化在发挥营救弱者的公正性特征，妇女不应被拐卖。

再其次，公正无疑是当代网络文化发挥引领社会思潮功能的应有之义。良言一句三冬暖，社会舆论监督引导需要公正，我们党的三大优良作风之一"实事求是"本身就体现出公正原则。公正的舆论导向有利于问题的正确解决，偏私的舆论导向则可能导致混淆黑白、群体极化等不良后果。在外交事件发生之后，我们党及时通过网络告诫人们理性爱国，把本职工作做好就是爱国，及时澄清了人们的思想认识，制止了对日本产的汽车、日本在中国开的超市的打砸抢烧等非理性行为。

最后，公正是当代网络文化发挥规范社会行为功能的应有之义。陈述事实需要公正以达到治病救人、惩前毖后的效果。判决归属需要公正以实现各得其所的美好愿景。公正意味着告知人们正确的信息。日本核泄漏发生之后，各地出现了抢购食盐的现象，我们党及时通过网络告知了人们盐的真正来

---

① 李建军：《当代小说最缺什么》，世界知识出版社 2009 年版，第 146～147 页。

② 《别林斯基选集》第 1 卷，上海译文出版社 1979 年版，第 195 页。

③ 王敏：《加强网络文化建设的着力点——基于对网络文化精神特征的分析与思考》，《信息技术与信息化》2013 年第 6 期，第 12 页。

源——井盐、湖盐，只有很少一部分是海盐，日本核泄漏对我国盐的生产基本没什么影响，我国储盐量充足，及时平息了人们抢购盐的行为。盐不应该被抢购，盐价不应该被哄抬。

三、先进性特征

网络文化的先进性规范性特征是由以下五个因素决定的。

第一，规范性网络文化的先进性特征是由文化的思想政治教育功能所决定的。规范的网络文化能正向发挥育人功能。"以文化人，文以载道"是文艺作品的基本功能之一。"言而无文，行之不远"，只有转瞬即逝的口头形式，没有书面形式或电子形式，语言就难以传播得久远。现代网络传媒对语言的传播速度之快、传播面之广是其他形式无可比拟的。但传得快、影响大的同时，如果语言所载之思想信息必须具有先导作用，才能对人民群众的实践有指导作用。可见，文化的思想政治教育功能在革命战争年代发挥了多么重要的作用。规范的网络文化应具有先进性特征，是行动的号角，是战斗的先导。

第二，规范性网络文化的先进性特征是由我们民族文化传统的特性所决定的。我们民族文化传统从黄帝与炎帝大战蚩尤、大禹治水开始，就呈现出强健的先进性特征。近现代以来，我国的民族文化精英们更是以救国救民为己任，不断强化自己的先进性特征。毛泽东早年受徐特立的影响，在湖南师范学院读书时就响应"文明其精神，野蛮其体魄"的号召，并身体力行地践行了这一先进的育人原则。周恩来在中学读书时就立下了"为中华之崛起"而读书的先进志向。鲁迅也特别注重先进精神文化的培养和塑造，认为人的体格无论多么强健，倘若不加以教育，只不过是多了一个示众的材料而已。为了唤醒沉睡的国人，让他们看到自己的过失与麻木，他弃医从文，担任起了文化启蒙的重任。从《狂人日记》发出"救救孩子"的声音，到《风波》里揭示辛亥革命以后人民大众的并未真正觉醒，到《药》里写出人民大众对革命者流血牺牲的麻木、对人血馒头治肺病的迷信，到《伤逝》里写出经济基础脆弱对追求独立自主爱情婚姻生活的影响，到《野草》《热风》《坟》《故事新编》里顽强的现实主义战斗精神，无不体现出其思想文化的先进性。毛泽东、周恩来、鲁迅等体现出来的"心忧天下、敢为人先"的先进文化精神就是我们民族文化的精神。

第三，规范性网络文化的先进性特征是由中国共产党的性质所决定的。中国共产党是先进文化的代表，包括先进网络文化的代表。网络空间是重要的思想政治理论教育阵地。党管政权，党管军队，党管思想政治教育工作，党管理论武器。规范的网络文化是重要的思想政治教育武器，一旦这一武器为人民群众所掌握并运用于实践中就可以转化为强大的物质力量。旗帜是一个政党形成强大战斗力、创造力和凝聚力的根基。人是具有文化特质的。人树立了旗帜，旗帜又鼓舞人。用理论武装全党，用旗帜来指导实践，用旗帜来夺取革命和建设的胜利，结成统一战线是中国共产党的取胜法宝之一。中国特色社会主义是团结各族人民的旗帜，实现共产主义是我们党的最高理想和最终奋斗目标，这两者都有先进性，都是先进文化的体现，都应成为网络文化的核心价值。

第四，规范性网络文化的先进性特征是由建设中国特色社会主义的历史任务所决定的。中国特色社会主义事业是有着深厚的中国文化根基的事业，能够为网络文化提供丰富的现实文化资源。同时，中国特色社会主义事业需要先进网络文化助力。中国共产党领导中国人民进行的伟大的建设中国特色社会主义的历史任务，要靠先进网络文化提供精神动力和智力支持，要靠利用先进网络文化载体同各种落后的思潮作斗争。先进文化同时也是一面旗帜。过去，我们依靠先进的革命文化把全国各族凝聚在一起，推翻了帝国主义、封建主义、官僚资本主义三座大山的压迫；现在，在建设中国特色社会主义的新长征中，我们更需要先进文化发挥凝心聚力的作用。规范性的网络文化应有在建设中国特色社会主义伟大事业中发挥先导性的功能，应有先进性特征。

第五，规范性网络文化的先进性特征是由人民群众日益增长的物质文化生活需要所决定的。人民生活水平提高，对先进网络文化精品需求增加。规范性网络文化因先进而具有长久生命力。规范性网络文化因先进才能够引领和提升人民群众思想境界。文化是综合国力的重要标志。曾任美国中央情报局副局长、美国国务院情报与研究局局长、乔治敦大学战略与国际研究中心主任的克莱因教授提出了测度和评估一国综合实力的"国力方程"，五大类指标中有两大类是属于精神因素的，一是在国际环境中要达到的政治目标和要保护的国家利益（Strategic Purpose），用 S 表示；二是实现国家战略意图的意志（Will to Purse National Strategy），是指一个国家动员其国民支持政府的国防和外交政策的能力，用 W 表示。这两大类指标之和与关键大众（Critical Mass）、经济能力（Economic Capability）及军事能力（Military Capability）之和的乘积即为一个国家的综合实力。人民是关键大众，我国要自立于世界民族之林，必须要有强大的综合国力，而强大的综合国力离不开人民群众的支持，离不开先进网络文化的感召，因此，先进性应是网络文化的规范性特征之一。

四、合法性特征

说合法性是网络文化的规范性特征，是由以下因素决定的。

第一，网络文化的规范性合法性特征是由文化的目的指向性所决定的。合法性是合目的性与合规律性的统一。法体现统治阶级的意志。法由当下社会物质生活条件决定。先进网络文化是人民群众利益与当下先进科学技术运行规律的合一。合法性是合个体利益与合公众利益的统一。法是调整主体利益的行为规范，是规定权利和义务的社会规范。法靠国家强制力保证实施。合法包括目的正当和手段合法。国家制定或认可的手段方为合法手段。目的正当、手段合法方为合法行为。以合法方法途径履行公民权利和义务是规范的网络文化应有之义。

第二，网络文化的合法性规范性特征是由文化自身的运营规律所决定的。合法性是保障网络文化正常有序运营的根本。法律具有预期作用、实际作用、规范作用和社会作用。没有法律保障，网络文化就无法正常有序运营。最高的是法律，最严的是纪律，最铁的是规律，最可靠的是他律，最持久的是自律。规范是对法律的遵循。我国早在 1996 年就颁布了《中华人民共和国计算机信息网络国际联网管理暂行规定》，此外，还颁布了《计算机信息网络国际互联网安全保护管理办法》（1997）、《互联网信息服务管理办法》（2000）、《互联网站从事登载新闻业务管理暂行规定》（2000）、《互联网电子公告服务管理规定》（2000）、《计算机软件保护条例》（2001）、《互联网出版管理暂行规定》（2002）、《互联网上网服务营业场所管理条例》（2002）、《中国互联网络域名管理办法》（2004）、《互联网文化管理暂行规定》（2003）、《关于办理利用互联网、移动通信终端、声讯台制作、复制、出版、贩卖、传播淫秽电子信息刑事案件具体应用法律若干问题的解释》（2004）、《中华人民共和国电子签名法》（2004）以及其他一些法律法规。这些法律法规对与互联网密切相关的精神文化、物质文化、行为文化作出了规制，俨然成了一道网络制度文化的风景。这些法律法规的制定和遵守、执行，是保证网络文化正常有序运营的关键。大学生学习了这些法律法规之后，会明白制作、复制、出版、贩卖、传播淫秽色情内容等行为是违法行为。网络文化同时是一种行为文化，必须遵守和符合国家有关法律的要求。因此，规范性网络文化具有合法性特征。

第三，合法性是宪法对每一个公民的每一种行为的基本要求。宪法是一个国家的根本大法。我国《宪法》规定了公民享有平等权、自由权、政治权、社会权、救济权，文化活动是社会权利的一项基本内容。现行《宪法》第 22 条第 1 款规定："国家发展为人民服务、为社会主义服务的文学艺术事业、新闻广播电视事业、出版发行事业、图书馆博物馆文化馆和其他文化事业，开展群众性的文化活动。国家保护名胜古迹、珍贵文物和其他重要历史文化遗产。"① 第 47 条规定："中华人民共和国公民有进行科学研究、文学艺术创作和其他文化活动的自由。国家对于从事教育、科学、技术、文学、艺术和其

① 《中华人民共和国宪法》（2018 年 3 月 11 日第十三届全国人民代表大会第一次会议通过的《中华人民共和国宪法修正案》），新华社 2018 年 3 月 22 日，http：//www.gov.cn/guoqing/2018 -03/22/content_ 5276318.htm。

他文化事业的公民的有益于人民的创造性工作，给予鼓励和帮助。"① 从事网络文化生产、传播活动是公民的权利，是受国家宪法保护的，但有个前提，文学艺术事业必须"为人民服务、为社会主义服务"，必须"有益于人民"，否则，就是不合法的，不受国家法律保护的。我国公民道德建设的基本规范是：爱国守法、明礼诚信、团结友善、勤俭自强、敬业奉献。如果网络文化损害人的尊严，危害人类生存，违背公民基本道德规范，那么这种网络文化就不是规范的网络文化。规范性网络文化必然具有合法性特征。任何违反法律规定的网络文化都是失范的网络文化，其行为是应该予以制止的，其非法所得是应该予以没收的，其活动是应该予以取缔的。

五、科学性特征

说科学性是网络文化的规范性特征，是由以下几个因素所决定的。

第一，网络文化的科学性规范性特征是由文化的特性所决定的。文化是人类意识的反映，而这种反映是否正确需要看主观与客观是否符合。如果主观与客观符合，那么这种反映就是正确的，对于认识和改造主客观世界具有重大的意义，就会使认识和改造主客观世界的活动建立在一个正确的基础之上。如果主观与客观不相符合，那么这种反映就是错误的，而建立在错误的基础上的认识和改造主客观世界的活动必然要失败。规范的网络文化必然是有利于文化产业科学发展的文化。规范的网络文化能通过系统设计和控制保障网络文化产业全面发展。规范的网络文化能保障网络文化产业协调发展。规范的网络文化能保障网络文化产业可持续发展。

第二，网络文化的科学性规范性特征是由文化的功能所决定的。文化是用来指导和统一协调人们行为的规范。如果这种指导和统一协调不是建立在

---

① 《中华人民共和国宪法》（2018 年 3 月 11 日第十三届全国人民代表大会第一次会议通过的《中华人民共和国宪法修正案》），新华社 2018 年 3 月 22 日，http：//www.gov.cn/guoqing/2018 - 03/22/content_ 5276318. htm。

科学的基础上，而是建立在主观臆测想当然的基础上，就会由于估计错误、决策失误而给党和人民的事业带来损失。实事求是之所以被推崇为我们党的三大法宝之一，就是因为这一原则方法是科学的。规范的网络文化必然是具有科学人文价值的文化。规范的网络文化具有科学价值——对人类科技发展进步有贡献。规范的网络文化具有人文价值——对网络文化主体有用有效有益。科学合理安排上网时间是大学生全面发展、健康发展的保障，内容科学的网络文化是大学生应对未来人生考验的精神食粮。

第三，网络文化的科学性规范性特征是由文化的发展所决定的。马克思主义哲学告诉我们，事物是普遍联系永恒发展的，邓小平同志也说过"发展才是硬道理"。中国共产党早就发现，在当代中国，发展先进文化，就是发展面向现代化、面向世界、面向未来的民族的、科学的、大众的社会主义文化。文化必须与时俱进，必须坚持科学性。中国特色社会主义理论和马克思列宁主义、毛泽东思想是一脉相承的，是先进的文化，同时是科学的。网络文化只有崇尚科学，反对封建迷信，才符合最广大人民的根本利益，才有利于自身发展。规范的网络文化必然是遵循科学规律的文化。所以说科学性是网络文化的规范性特征。

总之，网络文化的规范性特征是无害性、公正性、先进性、合法性和科学性，大学生网络文化失范在本质上就是大学生网络文化行为违背上述特性，表现出对自己、他人以及社会的有害性、偏私性、落后性、非法性以及盲动性。

第三节 规范与失范的辩证关系

失范与规范的辩证关系是怎样的？如何看待失范与规范的辩证关系？这是我们要思考的问题。

一、失范破坏规范

说失范破坏规范是由失范的本性所决定的，失范天然具有破坏性。有网络文化规范就有网络文化失范，有网络文化失范就有网络文化规范。失范与规范是一种辩证统一的关系。中国的儒家文化传统是一种很讲规范的传统。"不以规矩，不成方圆"的古训流传了 2000 多年。《辞源》《辞海》里，"规范"有两个义项：其一，"标准，法式"。《宇文恺传》："宋起居注曰：'孝武大明五年立明堂，其墙宇规范，拟则太庙。"其二，"模范、典范"。晋陆云《陆士龙集·三答兄平原赠诗》："今我顽鄙，规范靡遵。"① 《现代汉语规范词典》把"规范"解释为"标准，准则"，当"规范"作形容词用时，是"符合规范"的意思，作动词用时，是"使符合规范"的意思。② 美国社会学家尹恩·罗伯逊把规范定义为："人们共同遵守的对特定环境中人的正当行为方式作出规定的准则。"③ 从失范和规范的定义可以看出，失范和规范是一对对

① 广东、广西、湖南、河南辞源修订组，商务印书馆编辑部：《辞源》（修订本），商务印书馆 2012 年版，第 3116 页；《辞海》，1979 年版，第 1440 页。

② 李行健：《现代汉语规范词典》，外语教学与研究出版社、语文出版社 2004 年版，第 490 页。

③ ［美］尹恩·罗伯逊：《现代西方社会学》，赵明华等译，河南人民出版社 1988 年版，第 75 页。

立的范畴，彼此矛盾又彼此联系，二者在相互作用中曲折发展。

失范对规范的破坏体现在三个方面。一是失信、失诚、失约破坏着预期与信用。失信破坏预期，失诚破坏信用，失约给守约一方造成损失。二是失范导致整体结构的失衡。一人破坏整体规划，众人为之买单。整体进度落后。一人提出超出生产力发展水平的要求，众人受累。对规律的违反造成不可逆转的损失。每人只错一点点，结果船毁人亡。三是失范使规范失去约束效力。一人没遵守整体设计又没受到相应惩罚，众人失去对规范的信守。统治阶层最终无法维持自己的统治。

失范对规范的破坏作用是巨大的、深层次的。但如果没有失范的破坏，规范就得不到发展，就会僵化。失范与规范的关系有如生产力与生产关系的关系。生产力发展了，就不再满足于旧的制度文化，人们的失范行为就日渐增多。此时，如果旧的生产力足够强大，新的生产力还很弱小，旧的生产力相对应的生产关系（文化制度）就只能维持一段时间，旧的规范也只能继续发挥一段时间的作用。

二、规范矫治失范

规范能矫治失范是由规范的性质所决定的。规范是规制的一个方面。规制是"规范、制约"的意思。"规制"也是一个当代汉语词。查《辞海》，并无"规制"这一词条，只有规元、规礼、规求、规则、规范、规划、规定、规矩、规律、规费、规格、规谏、规模、规避、规划论、规划图、规范场、规定性、规矩镜、规格化、规行矩步、规范变换、规章制度、规范法学派的解释。"规"在《辞海》里解释为"校正圆形的用具""圆弧形""规则、章程""典范""规劝、谏净""规划、打算""效法""分划""古代田制之一"。作为现代汉语词的"规制"，兼有以上意义或引申义①。《辞源》里亦无"规制"一词，只有规正、规田、规求、规利、规则、规格、规院、规矩、

---

① 辞海编辑委员会：《辞海》（缩印本），上海辞书出版社1980年版，第1440页。

规规、规措、规略、规为、规程、规诫、规摩、规摹、规模、规范、规谏、规磨、规避、规镜、规鉴、规行矩步、规矩准绳。《辞源》里，"规"有"圆规""圆形""法度、准则""典范、风仪""规劝、谏诤""谋画"等义项①。查《现代汉语规范词典》，有对"规制"的解释，一是指建筑物的规模形制，二是指规则制度，作动词用时为"规范、制约"的意思。"规"则被简单地划分为四个义项：画圆的工具；法度、准则；打算、谋划；劝告、告诫②。"规范"是一个与"失范"相对的概念，在古今中外的概念里都是指一种标准、法式、准则。《辞海》《辞源》把"规范"释义为：一是指"标准，法式"，二是指"模范、典范"。规的意思原为"圆规；圆形"，后引申为"法度，准则典范，风仪"③。在现代汉语里，规范作名词用时指"标准，准则"；作形容词用时，指"符合规范的"；作动词用时，意思是"使符合规范"④。在现代西方社会学里，指人们共同遵守的对特定环境中人的正当行为方式作出规定的准则⑤。从以上文献资料可以看出，规范作为对规律的总结，自古以来就受到中国人的推崇，在讲究自由的西方社会，也非常推崇规范，认为是特定环境中人的正当行为方式，是准则，是人们必须共同遵守的。

规范矫治失范表现在以下方面。

第一，规范预见到失范可能有的行为表现，而把失范消灭于萌芽状态之中。规范在实践中形成并不断完善，永恒发展。规范的总结和制定来源于实践的需要。规范是生产发展，分工协作，达成目标的需要。为了生存和发展，人类需要规范，各就各位，按预算分配有限的资金和时间。如果有两条路可以选择，其中有一条会带来灭顶之灾，必然有人会去选择这一

---

① 广东、广西、湖南、河南辞源修订组，商务印书馆编辑部：《辞源》（修订本），商务印书馆1983年版，第3114~3115页。

② 李行健：《现代汉语规范词典》，外语教学与研究出版社、语文出版社2004年版，第490页。

③ 广东、广西、湖南、河南辞源修订组，商务印书馆编辑部：《辞源》（修订本），商务印书馆1983年版，第3116、3114~3115页；《辞海》解释相同，第1440页。

④ 李行健：《现代汉语规范词典》，外语教学与研究出版社、语文出版社2004年版，第490、252页。

⑤ ［美］尹恩·罗伯逊：《现代西方社会学》，赵明华等译，河南人民出版社1988年版，第75页。

条，这时候人的理性规范告诉人要拥有长远眼光，要选择正确的人生，避免误入歧途。

第二，规范通过机制自动作用于失范，使失范行为中断，使失范后果不出现。当学生看黄色小说的时候，网络机制或计算机技术可以使屏幕自动屏蔽，不让学生受到不良信息的侵害。当学生和他人签订的协议不合法的时候，可以在履行协议的过程中中断非法协议，从而保护学生的合法权益，使之顺利完成学业。当学生出现违法乱纪行为的时候，可以通过第三方监控机构阻止学生的违法乱纪行为，从而维护正常的公共秩序。

第三，规范通过对失范的前因后果进行总结，制定出行之有效的教育引导管理措施，使失范事件不再出现。人类总是在实践中总结出经验教训，形成戒律。这种戒律就是一种规范，是放之四海而皆准的普遍真理，是对特殊的提炼和升华，是用于指导进一步实践的客观规律的总结。当铁匠在无数次打铁的过程中总避免不了手要接触到烧红的铁的时候，就告诫徒弟一定要戴好隔热手套，一定不要徒手去碰烧红的铁。这种告诫就是一种规范，能够最大限度地避免损失的再次出现。

总之，人类有失范的天性，又有觉悟的智慧。规范正是人类觉悟智慧的总结，是对主客观世界的比较正确的认识。规范能够矫治失范，人类为了生存和发展，需要规范的制约和指导。

三、"失范""规范"统一于文化的发展之中

失范与规范的交互体现为实践过程，统一于发展。失范与规范是发展中出现的一对范畴。规范是科学的发展，不规范是不科学的发展。失范与规范相互依存。没有失范就没有规范，正是失范催生了新的规范。没有规范就没有失范，正是规范反衬了失范行为。

两者统一于发展，体现在两者博弈的过程中，双方各自扬弃了自己的某些不足，得到发展。

其一，规范适应失范变化改进和完善自身内容与形式。失范亦是人类现实生活实践的需要。失范是人类思维发展的结果，体现着人类追求自由，不甘束缚的天性。规范是实践的标准和参照物，是集体协作的需要。当生产力发展到一定程度，旧的规范已经不适用了，就需要制定和实行新的规范。人类历史上的父系氏族公社代替母系氏族公社就是如此。如果不制定和实行新的规范，就会总存在生产力与生产关系的矛盾冲突。穷则思变，变则通，通则久。规范可适应失范变化改进和完善自身的内容要素和表现形式。随着社会的发展，规范由口耳相传的经验传授、道德说教变成了制度管理和法律制约。人们制定出时间安排表矫治超时上网，让行为主体养成在规定的时间之内做好规定的事的好习惯。人们制定出考核表明确职责范围，防止目标的放低以及失范错位行为的出现，确保做好本职工作。对于确实不能继续的生产关系，人们想出了依法解除生产关系的办法。

其二，规范适应失范变化改进和完善规制思路理念。规范适应失范变化改进和完善规制思路。史前社会，人对人的错误行为以暴力惩治为主，非常野蛮。奴隶社会，有了一定程度的进步，防止失范就是把奴隶用铁枷铁链锁起来。奴隶社会末期开始，人们意识到了德治和法制的重要性。发展到近代社会，德治、法治、机制（自动化、信息化）多种治理方式都得到了广泛运用。规范适应失范变化改进和完善规制理念。从管时间要效率到管需求要和谐，规制理念不断更新。从凭经验办事到依法办事，从遵守制度到创新制度，从发现问题到解决问题，规制理念和方法越来越进步。

其三，规范适应失范变化改进和完善规制体系结构。规范可以适应失范变化改进和完善规制体系层次、逻辑结构。例如，建立新的模型，采用新的更系统、更科学、更快捷的管理模式。思想政治教育中的"战略制导"方法体系就是一种比较系统科学快捷的管理模式，兼具灵活性、效率性与最高目标指向性。在战略制导模式下，失范行为得到有效遏制，规范行为得到有效褒扬。

其四，失范受到制约逐步顺从规范的约束走上正轨。马克思主义是关于人类社会普遍发展规律的总结，同样是在实践中形成并不断发展的规范。教条式的对待规范会造成实践的失败，不要规范更会造成实践的混乱。只有以发展的眼光对待规范，才能让规范真正为我所用，服务于人类的实践活动，创造出辉煌的物质文化成果和精神文化成果。

总之，生产力不断向前发展，新的社会制度随着时间的推移因保障生产力发展的功能减退，反而成为新的生产力发展的桎梏而变成旧的社会制度，这时候就需变革生产关系，建立起新的社会规范制度，也就是建立新的规范。失范到一定程度，旧的规范消失，新的规范产生。

第三章
大学生网络文化失范现状调查

没有调查就没有发言权。为了明晰大学生网络文化失范的现状，课题组成员制订了调研方案、进行了数据分析和个案讨论，并对各种现象进行了分类。经过调研，大学生网络文化失范的普遍性、危害性浮出水面。

第一节　现象调查

为了了解大学生网络文化失范的现实表现，笔者对大学生网络文化失范行为进行了考察和调研，调研方案、数据分析结果以及个案讨论情况如下。

一、调研方案

调研方案是确保调研顺利进行的书面工具，按照全方位、多角度掌握大学生网络文化失范的第一手资料的设计意图，我们设计了如下调研方案。

1. 网络空间考查方案

学生网络空间博客文化内容调查统计，分为新浪博客、腾讯 QQ 空间日志、腾讯 QQ 博客、百度贴吧文化内容调查统计，涉猎大学生网络即时通信工具 QQ 群聊天内容调查统计以及大学生课程学习空间世界大学城文化内容调查统计。

2. 宿舍考察调研方案

对学生宿舍上网内容（电游、网络小说阅读、视频节目收看、完成课程作业、毕业论文、做社会实践调研报告、文化娱乐）进行上网时长方式调查统计。对学生宿舍网络文化内容（课程学习、购物、网上开店、网上购物、网上其他消费、查找资讯、交友聊天、和亲友联系、了解学科动态和行业信息）进行调查统计。对学生对网络文化的态度（对沉溺网络文化生活的危害的认识，对不健康的网络文化内容举报）进行调查统计。

3. 课堂考察调研方案

上课使用手机观看视频的学生人数调查统计，上课使用手机上网聊天的学生人数调查统计，上课使用手机玩电子游戏学生人数调查统计。

4. 问卷作答调研方案

问卷作答是比较"接地气"的调研方式，也是主要的调研方式，分封闭式问卷设计和开放式问卷设计两种。

（1）以单选题为主的封闭式问卷设计。

为了使调查紧扣大学生网络文化失范行为调查这一主题，我们设计了针对辅导员和大学生的封闭式调查问卷。

a. 针对辅导员的封闭式调查问卷内容及设计论证。

为了了解大学生网络文化失范的整体情况，我们设计了10道单选题。针对辅导员的封闭式调查问卷内容及各题的设计论证如下。

第一题，调查大学生上课使用手机观看视频、玩电游的人数百分比。选项设置：A. 0%；B. 1%～20%；C. 21%～50%；D. 51%及以上。A代表不失范，B代表轻微失范，C代表一般失范，D代表严重失范。以下各题选项基本上按上述失范程度依次排列。设计论证：上课使用手机观看视频、玩电游是不尊师重教、不自律的行为表现。

第二题：调查大学生在寝室从事最多的网络文化活动。选项设置：A. 查找学习资料；B. 看视频；C. 上网聊天；D. 打电游。设计意图：把大把的时间花在打电游上，不干正事，不珍惜时间，得过且过，是网络文化失范。

第三题：调查大学生观看网络暴力色情视频，玩网络暴力游戏，阅读和创作网络低俗小说的情况。选项设置：A. 没有；B. 有，但占的比例小，在1%～5%；C. 有，占的比例比较大，6%及以上；D. 不太清楚。设计意图：观看网络暴力色情视频、玩网络暴力游戏、阅读和创作低俗网络小说，首先是精神上的自我放逐，不自尊自爱，不珍惜时间，不自觉远离暴力色情等低俗文化的影响，不努力发挥和助推先进文化的影响力，不努力创造高品位的网络文艺作品，属于网络文化失范。

第四题：您的学生有牢骚、有怨言会到百度贴吧、腾讯微博、新浪微博上发布吗？选项设置：A. 不会；B. 不确定；C. 会；D. 其他。设计论证：学生有牢骚、有怨言能够寻找恰当的途径表达有利于学生学会直面问题，有针对性地解决问题。但如果养成了一有牢骚一有怨言就到网络空间去表达的习惯，容易造成信息扩散，更容易形成网络风暴，不利于保密意识、规范意识的培养，不利于解决问题，反而容易使矛盾扩大化、使事态劣化，所以，一有牢骚就到网络空间去表达，属于网络文化失范。

第五题：调查大学生在国家出现外交事件之类的大事的时候在班级 QQ 群、虚拟社区倡导游行示威活动的情况。选项设置：A. 不会；B. 不确定；C. 会；D. 其他。设计论证：当国家出现外交事件之类的大事时，在班级 QQ 群、虚拟社区倡导游行示威活动这种行为并不可取，应该在党和政府的领导下，有序地参加爱国运动，不宜私自组织游行示威活动，更不可受社会上某些居心不良的反动分子蛊惑，被人利用干出影响大局稳定、人民幸福安康的事来。同时，又需要有"天下兴亡，匹夫有责"的使命感和主人翁责任感，需要密切关注外交事件之类的国家大事，以便在党和国家需要的时候能够献计献策，甚至能应征入伍，保卫祖国。当国家出现外交事件之类的大事时，在班级 QQ 群、虚拟社区倡导游行示威活动属网络文化失范，不可滥用网络的威力，不可一时冲动做出损害人民群众的整体利益、长远利益的事来。

第六题：调查大学生群体出现网络有害恶搞行为的整体情况。选项设置：A. 没有；B. 有；C. 不太清楚；D. 其他。设计论证：网络恶搞行为是对传统文化、主流文化的一种不尊重，是一种另类表达方式，是一种通过语言、图片、文字的变形、夸张、扭曲达到表达意图的手段，也是对事物的一种不正确的反映。

第七题：调查大学生发布虚假网络兼职信息或非法兼职信息的情况。选项设置：A. 没有；B. 有；C. 不太清楚；D. 其他。设计论证：虚假网络兼职信息和非法兼职信息浪费学生的时间，给学生带来物质和精神上的损耗，发布此类信息也给发布者带来信誉上的减损，因此绝不可以有。此现象为网络文化失范现象。

第八题：调查大学生网络抄袭现象。选项设置：A. 没有；B. 有；C. 不太清楚；D. 其他。设计论证：网络抄袭是一种剽窃他人劳动成果的行为，是一种非法占有的行为，也是一种学术不诚信行为，属于网络文化失范行为。

第九题：调查大学生充当网络黑客，发布过分乐观或悲观的估计，实施网络诈骗，参与网络赌博，非法转载信息，泄露有关机密信息，网络成瘾，充当网络推手，充当网络文化枪手，私自从事网络文化经营活动的情况。设计论证：充当网络黑客是一种破坏性行为，体现出道德的败坏，属网络文化失范。过分乐观或悲观的估计，都是对事物的不正确的反映，过分乐观地估计，致使人高估形势，容易造成实际损失；过分悲观地估计，致使人把本来可以轻易取得的胜利看成高不可攀，从而错失良机，两者都违反实事求是的原则，属网络文化失范。实施网络诈骗，参与网络赌博，非法转载信息，泄露有关机密信息，都是违法行为，属于网络文化失范。网络成瘾，属网络文化失范。充当网络推手，充当网络文化枪手，私自从事网络文化经营活动，涉及物质利益，并且违反国家相关法律，属网络文化失范。

第十题：调查大学生网络空间（贴吧、QQ群）出现粗俗语言的情况。选项设置：A. 没有；B. 有；C. 不太清楚；D. 其他。设计论证：网络空间的粗俗语言，违反"五讲四美三热爱"的社会主义精神文明建设原则，属网络文化失范。

b. 针对大学生的封闭式调查问卷内容及设计论证。

为了了解大学生对自身及网络环境中文化失范的态度及其行为习惯，我们设计了15道单选题。针对大学生的封闭式调查问卷内容及各题的设计论证如下。

第一题：调查大学生对待网络暴力色情内容的态度和行为习惯。选项设置：A. 退出、屏蔽、清除、杀毒、举报；B. 不予理睬；C. 欣赏、传播、分享、仿制、上瘾；D. 其他。A 代表一种比较积极的处理和自我保护方法，B 代表不失范，C 代表严重失范，D 代表留出余地的其他选择。以下各题选项基本上按上述作为的级别依次排列。设计论证：心态和行为习惯决定了对待网络暴力色情内容的态度和行动。心态和行为习惯又反映出大学生对网络暴力色情内容及其处置办法认识水平的高低。

第二题：调查大学生微博吐槽行为倾向。选项设置：A. 会；B. 不会；C. 看情况而定；D. 其他。A 代表失范倾向比较严重，B 代表一般情况下不会失范，C 代表一种比较灵活的利用网络工具处理实际问题的心理倾向，D 代表为其他选择留出的余地。设计论证：考查大学生的保密意识、规范意识以及辩证思维能力，一般情况下有个人事务方面的信息不宜在微博上进行扩散，只有特殊情况（如身陷绝境要取得社会救援和支持）才利用微博工具把信息传达出去，而且，最好最快的获救方式不是发微博而是打"110"报警或者发短信到"01110"。

第三题：调查大学生对网络恶搞行为的态度。选项设置：A. 喜爱；B. 讨厌；C. 觉得没什么；D. 仿制。设计论证：考查大学生的文化创造力、规范意识和对传统文化、主流文化的尊重和维护意识。选择"A. 喜爱"的学生网络文化创造力强，但规范意识和对传统文化、主流文化的尊重和维护意识较弱，是失范倾向比较严重的学生，选择"D. 仿制"的学生模仿能力较强，创新不足，但稍加培养可转化为创新人才，且其从众心理比较严重，也可归入失范的群体。选择"B. 讨厌"的学生一般规范意识和对传统文化、主流文化的尊重和维护意识较强，属不易于失范的学生群体。选择"C. 觉得没什么"的学生一般文化包容度强，既能够理解规范意识和对传统文化、主流文化的尊重和维护意识，又能够理解创造和创新的心理动机，属文化失范和规范上的两面派，但主要的心理倾向还是规范性意识形态。

第四、第五、第六题考查学生发布网络虚假信息的行为、发送冗余信息的行为、网上骂人行为及其心理倾向，以上三种行为都是网络行为文化失范的表现，有些学生根本不懂网络精神规范（诚信）、行为规范（简洁）和语言规范（文明），给自己和他人带来了麻烦。

第七至第十五题考查大学生是否存在出售自己生产的网络文化产品的行为，上课玩手机网络游戏、看视频的行为，充当网络黑客行为，网恋经历，网络赌博，未经许可的转载，不合实际的言论，未经许可非法代他人进行网络操作等行为。其中，上网的最长时间及事项属考查大学生效率意识的试题。出售自己生产的网络文化产品属物质文化失范，因为大学生宿舍管理条例上有不得在宿舍从事经营活动的规定，有禁不止也属于制度文化失范。其他的上课玩手机网络游戏、看视频的行为，充当网络黑客行为，网恋经历，网络赌博，未经许可的转载，不合实际的言论，代他人进行网络操作等行为一般情况下属违反网络文化风纪的网络行为文化失范问题，以上行为的出现都容易给自己和他人带来麻烦。有的还触犯法律（如网络赌博），属民事案件，是严重的失范行为。

（2）以问答题为主的开放式问卷设计。

为了更深入地了解大学生和辅导员对大学生网络文化失范现象及其规制的认识程度和实践成果，我们还分别设计了针对大学生和辅导员的开放式调查问卷。

针对大学生的可能涉及的开放式调查问卷的内容："（1）在您的求学经历中，印象最深的大学生网络文化失范事件是什么？（2）您身边有哪些大学生网络文化失范现象？学校是怎样进行规制的？效果怎么样？"

针对辅导员的可能涉及的开放式调查问卷内容："（1）在您的辅导员生涯中，您印象最深的大学生网络文化失范事件是什么？（2）您身边有哪些大学生网络文化失范现象？学校是怎样进行规制的？效果怎么样？"

5. 个别访谈调研方案

在对大学生、辅导员、任课教师、高校学生管理工作者、大学生的家长进行访谈时，研究者可以根据不同的对象采用不同的话术。体现在卷面上，问题简化为："1. 您的学历层次：A. 博士研究生；B. 硕士研究生；C. 本科生；D. 专科生；E. 大学生家长。2. 您的身份是：A. 大学生；B. 辅导员；C. 任课教师；D. 学生工作处管理人员。3. 您认为大学生网络文化失范现象有哪些？4. 您知道哪些大学生网络文化失范案例？能详细说说吗？5. 您认为应该怎样规制大学生网络文化失范？"

二、数据分析

经过全方位多角度地调查，我们对大学生网络文化失范的现状有了一个整体的了解，现将有关数据分析如下。

1. 调查对象基本信息

"种群抽样是将总体划分成若干子群体，把每一个子群体视为一个抽样单位对其进行抽样，再将子群体中的所有元素总和起来作为总体的样本进行调查。"① 调查分两次进行。第一次，请 10 名全日制博士研究生、30 名全日制硕士研究生、40 名全日制本科生、30 名全日制专科生填写了"大学生网络行为调查问卷"（大学生卷），请 10 名高等职业学院的辅导员、20 名国家 985 大学的本科辅导员、3 名国家 985 大学的研究生辅导员填写了"大学生网络行为调查问卷"（辅导员卷），对 2 名专科生、2 名本科生、2 名硕士研究生、2 名博士研究生、2 名任课教师、2 名辅导员、2 名学生工作处工作人员进行了个案访谈。第二次，在 10 所大学请共计 1000 名学生做了网络文化行为量表。下面是第一次调查的情况。

（1）辅导员所带学生总数及专业分布。

10 名高等职业学院的辅导员共带专科学生 1710 名，20 名国家 985 大学的辅导员共带本科生 3929 名，3 名国家 985 大学的研究生辅导员共带硕博士研究生 627 人，辅导员的配备基本符合国家 200∶1（学生人数与辅导员人数之

---

① 董海军编：《社会调查与统计》，武汉大学出版社 2012 年版，第 111 页。

比）的配备标准。

专科学校学生专业人数分布情况是：信息管理类专业 351 人，占被调查学生总人数的 20.53%；商贸旅游类专业 230 人，占被调查学生总人数的 13.45%；传媒艺术类专业 200 人，占被调查学生总人数的 11.70%；机电工程类专业 719 人，占被调查学生总人数的 42.05%；经济管理类专业 210 人，占被调查学生总人数的 12.27%，如图 3 - 1 所示。

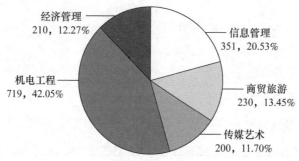

图 3 - 1 专科学校涉及的学生专业人数分布

综合性大学涉及的本科学生专业人数分布情况是：材料类专业 1008 人，占被调查学生总人数的 25.66%；公共管理类专业 644 人，占被调查学生总人数的 16.39%；艺术类专业 236 人，占被调查学生总人数的 6.01%；资源与安全类专业 1255 人，占被调查学生总人数的 31.94%；地理信息类专业 563 人，占被调查学生总人数的 14.33%；马克思主义理论类专业 223 人，占被调查学生总人数的 5.67%，如图 3 - 2 所示。

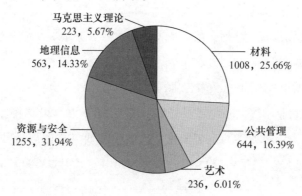

图 3 - 2 综合性大学涉及的本科学生专业人数分布

综合性大学涉及的硕博士学生专业人数分布情况是：共627名学生，专业类别分为工商管理类、马克思主义理论类以及其他，各占33.33%左右，如图3-3所示。

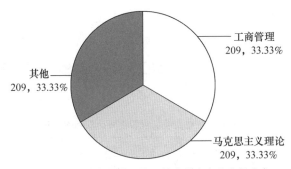

图3-3 综合性大学涉及的硕博士学生专业人数分布

（2）接受问卷调查的学生类别及年级分布。

专科学校，我们抽样调查的30名学生中，10名为大一学生，10名为大二学生，10名为大三学生。综合性大学，我们抽样调查的80名学生中，大一、大二、大三、大四本科学生各10名，硕士研究生中，研一、研二、研三学生各10名，博士研究生中，博一、博二、博三学生人数分别为4名、3名、3名。

2. 用网现状及评价

问卷作答得来的数据比较全面、翔实地反映了大学生网络文化失范现状。

（1）辅导员答卷统计分析。

辅导员的答卷比较真实地反映了辅导员看到的大学生网络文化失范整体现象，对于我们从整体上把握大学生网络文化失范现象有着特别重要的意义。

①大学生上课使用手机观看视频、玩网络游戏的情况分析。

不同层次的大学生对待课内使用手机观看视频、玩网络游戏有不同的选择，从最了解学生概貌的辅导员口中我们可以了解到大学生课内使用手机观看视频、玩网络游戏的情况。

从表3-1可以看出，大学生的学历层次越高，越明白学习机会来之不易，越有学习的责任感，越倾向于尊重老师，专心学习。在本科生中，大部分情况下只有1%~20%学生上课使用手机观看视频、玩网络游戏，但在专科生中，出现了50%以上的学生上课使用手机观看视频、玩网络游戏的现象，一方面说明教师的课堂组织能力和教学水平有待提高，另一方面也说明大学生网络文化规范意识亟待加强。

②大学生课外的网络文化活动情况和行为取向预测分析。

人的差异产生在业余时间。大学生课外的网络文化活动和行为取向最能看出大学生的素养。

表3-1 不同层次的大学生上课使用手机观看视频、玩网络游戏概览

项目	专科生辅导员勾选答案的情况	本科生辅导员勾选答案的情况	研究生辅导员勾选答案的情况
上课使用手机观看视频、玩网络游戏的学生比例	A. 0% 0.00%	A. 0% 5.00%	A. 0% 100.00%
	B. 1%~20% 62.50%	B. 1%~20% 85.00%	B. 1%~20% 0.00%
	C. 21%~50% 25.00%	C. 21%~50% 10.00%	C. 21%~50% 0.00%
	D. 50%以上 12.50%	D. 50%以上 0.00%	D. 50%以上 0.00%

注：后面的百分比为勾选该选项的辅导员人数的百分比。

表3-2 不同层次的大学生课外网络文化活动情况概览

项目	专科生辅导员勾选的答案比例	本科生辅导员勾选的答案比例	研究生辅导员勾选的答案比例
在寝室从事最多的网络文化活动	A. 查找学习资料 0.00%	A. 查找学习资料 5.00%	A. 查找学习资料 25.00%
	B. 看视频 12.50%	B. 看视频 35.00%	B. 看视频 7.50%
	C. 上网聊天 12.50%	C. 上网聊天 25.00%	C. 上网聊天 7.50%
	D. 打电游 75.00%	D. 打电游 35.00%	D. 打电游 60.00%

项目	专科生辅导员 勾选的答案比例	本科生辅导员 勾选的答案比例	研究生辅导员 勾选的答案比例
观看网络暴力色情视频，玩网络暴力游戏，阅读和创作网络低俗小说	A. 没有 0.00% B. 有，1%~5% 50.00% C. 有，6%及以上 0.00% D. 不太清楚 50.00%	A. 没有 15.00% B. 有，1%~5% 60.00% C. 有，6%及以上 5.00% D. 不太清楚 20.00%	A. 没有 0.00% B. 有，1%~5% 100.00% C. 有，6%及以上 0.00% D. 不太清楚 0.00%
您的学生有牢骚、有怨言会到百度贴吧、腾讯微博、新浪微博上发布吗	A. 不会 12.50% B. 不确定 50.00% C. 会 37.5% D. 其他 0.00%	A. 不会 12.50% B. 不确定 50.00% C. 会 37.5% D. 其他 0.00%	A. 不会 12.50% B. 不确定 50.00% C. 会 37.5% D. 其他 0.00%
在班级QQ群、虚拟社区倡导游行示威活动	A. 不会 87.50% B. 不确定 0.00% C. 会 0.00% D. 其他 12.50%	A. 不会 75.00% B. 不确定 5.00% C. 会 20.00% D. 其他 0.00%	A. 不会 0.00% B. 不确定 100.00% C. 会 0.00% D. 其他 0.00%
网络恶搞行为	A. 没有 62.50% B. 有 37.50% C. 不太清楚 0.00% D. 其他 0.00%	A. 没有 50.00% B. 有 35.00% C. 不太清楚 15.00% D. 其他 0.00%	A. 没有 100.00% B. 有 0.00% C. 不太清楚 0.00% D. 其他 0.00%

项目	专科生辅导员 勾选的答案比例	本科生辅导员 勾选的答案比例	研究生辅导员 勾选的答案比例
发布虚假网络兼职信息或非法兼职信息	A. 没有 62.50%	A. 没有 65.00%	A. 没有 100.00%
	B. 有 37.50%	B. 有 10.00%	B. 有 0.00%
	C. 不太清楚 0.00%	C. 不太清楚 20.00%	C. 不太清楚 0.00%
	D. 其他 0.00%	D. 其他 5.00%	D. 其他 0.00%
网络抄袭现象	A. 没有 12.50%	A. 没有 65.00%	A. 没有 0.00%
	B. 有 62.50%	B. 有 30.00%	B. 有 0.00%
	C. 不太清楚 25.00%	C. 不太清楚 5.00%	C. 不太清楚 100.00%
	D. 其他 0.00%	D. 其他 0.00%	D. 其他 0.00%
有关严重网络文化失范行为的存在情况（注：因为是多选题，所以各项勾选人数百分比加起来有时会大于100%）	A. 充当网络黑客 25.00%	A. 充当网络黑客 0.00%	A. 充当网络黑客 0.00%
	B. 发布过分乐观或悲观的估计 12.50%	B. 发布过分乐观或悲观的估计 35.00%	B. 发布过分乐观或悲观的估计 0.00%
	C. 实施网络诈骗 0.00%	C. 实施网络诈骗 0.00%	C. 实施网络诈骗 0.00%
	D. 参与网络赌博 0.00%	D. 参与网络赌博 15.00%	D. 参与网络赌博 0.00%
	E. 非法转载信息 0.00%	E. 非法转载信息 25.00%	E. 非法转载信息 0.00%
	F. 泄露有关机密信息 0.00%	F. 泄露有关机密信息 0.00%	F. 泄露有关机密信息 0.00%

续表

项目	专科生辅导员 勾选的答案比例	本科生辅导员 勾选的答案比例	研究生辅导员 勾选的答案比例
有关严重网络文化失范行为的存在情况（注：因为是多选题，所以各项勾选人数百分比加起来有时会大于100%）	G. 网络成瘾 62.50%	G. 网络成瘾 85.00%	G. 网络成瘾 50.00%
	H. 充当网络推手 0.00%	H. 充当网络推手 5.00%	H. 充当网络推手 0.00%
	I. 充当网络文化枪手 0.00%	I. 充当网络文化枪手 5.00%	I. 充当网络文化枪手 25.00%
	J. 私自从事网络文化经营活动 0.00%	J. 私自从事网络文化经营活动 0.00%	J. 私自从事网络文化经营活动 25.00%
网络空间（贴吧、QQ群）的粗俗语言	A. 没有 12.50%	A. 没有 25.00%	A. 没有 0.00%
	B. 有 50.00%	B. 有 70.00%	B. 有 100.00%
	C. 不太清楚 25.00%	C. 不太清楚 5.00%	C. 不太清楚 0.00%
	D. 其他 12.50%	D. 其他 0.00%	D. 其他 0.00%

注：后面的百分比为勾选该选项的辅导员人数的百分比。

在寝室从事最多的网络文化活动，从专科生到本科生，查找学习资料由低到高排列，看视频和上网聊天呈现出中部凸起的状态，打电游由高到低排列，说明学历层次越高，学习任务越重，学习压力越大，用于玩的时间越少，用于交际和涉猎多方面的视频文化资源时间最充裕的是本科四年。

从辅导员掌握的情况看，观看网络暴力色情视频，玩网络暴力游戏，阅读和创作网络低俗小说，在三个层次的大学生中都有此现象，在本科生中相对严重一点。

关于学生有牢骚、有怨言会不会到百度贴吧、腾讯微博、新浪微博上发布的问题，三个层次的学生的预期表现惊人地一致，说明大学生一般有保密意识、规范意识，不会随便到网络上发布个人的牢骚和怨言，但也不排除特殊情况。

关于当国家出现外交事件之类的大事时，学生会不会在班级 QQ 群、虚拟社区倡导游行示威活动的问题，大部分的专科辅导员根据自己掌握的情况作出了"不会"的回答，没有一个专科辅导员认为学生会去组织游行示威活动，但有 20% 的本科辅导员认为"会"，100% 的研究生辅导员对此事表示不确定：一方面说明本科生、研究生一般表现出了比较强烈的"天之骄子"情怀，领导欲、成就欲比较强，主人翁意识也比较强，"21 世纪的领军人物"的素质初露端倪，而专科生一般从众心理强，干预时事的心理能量较弱，比本科生、研究生更易被说服，更趋向于服从规范、循规蹈矩；另一方面也说明，专科学生人数少，辅导员更易管理到位，通过 QQ 群把学生关心的热点问题的真相第一时间告知学生，把学生思想情绪的命脉把握得牢牢的，一般不会出现游行示威方面的失范行为，而本科生辅导员所带的学生严重不均衡，有的只带了 50 多个学生，有的带了 500 多个学生，所以难免有思想命脉把握不到位的情况出现。本科生中部分满怀激情要组织示威游行活动的学生只要引导得好，也将在建设祖国和保卫祖国中发挥伟大的作用，作出杰出的贡献。因为对于硕士、博士研究生都是实行的导师负责制，研究生辅导员对硕士研究生只要管学术活动的组织、评优评奖、就业统计、党团活动、研究生会的活动指导，对博士研究生只要管评优评奖就业统计，所以研究生辅导员和学生的接触比专科生辅导员、本科生辅导员要少，对学生校外活动难以预测。加之随着研究生的扩招，硕士研究生总数占到本科生的 50% 以上，居住比较集中，也不排除组织聚众游行的情况发生，因此，100% 的研究生辅导员都选择了"不确定"。

网络恶搞行为在本专科生中存在，一方面表现出这个年龄阶段的学生创造欲望旺盛，另一方面也表现出这个年龄阶段的学生由于思想上不够成熟，价值判断容易出现偏差，对于网络文化规范的意识还有待加强。

关于发布虚假网络兼职信息或非法兼职信息，在专科生中和本科生中存在，在研究生中不存在，说明研究生平日对待信息表现得比专科生、本科生更审慎。随着年龄的增长和知识的积累，研究生群体表现得比专科生、本科生群体更具信息发布的责任意识，所以辅导员很肯定地选择"没有"。

网络抄袭现象从专科生到本科生再到研究生表现出递减的趋势，说明研究生中的学术诚信教育做得比较好，加之网络论文检测批红制度的执行，使得研究生很少有胆敢进行网络抄袭的，但也不排除个别情况下的个别行为，所以100%的辅导员选择了"不太清楚"。

有关严重网络文化失范行为的存在情况，在专科生存在得比较明显的是充当网络黑客、发布过分乐观或悲观的估计和网络成瘾。其中，网络成瘾在三个层次的学生中都比较普遍。在本科生中，发布过分乐观或悲观的估计，参与网络赌博，非法转载信息，充当网络推手，充当网络文化枪手为比较明显的失范行为。在研究生中，充当网络文化枪手和私自从事网络文化经营活动为比较明显的失范行为，说明三个层次的大学生各有各的特点，进而失范的侧重点不同。

网络空间（贴吧、QQ 群）的粗俗语言现象，在三个层次的学生中都存在，比例呈现出由低到高的态势。学历层次越高，越解禁语言优雅美，甚至反叛传统，以粗俗为美。

以上两个部分为辅导员调查问卷封闭选项题答案选择情况汇总分析。我们可以看出：大学生中的确存在着比较严重的网络文化失范现象。

③辅导员印象最深的网络文化事件。

为了深度挖掘大学生网络文化事件，把握大学生网络文化建设规律，让历史告诉未来该怎么做，我们在封闭式问卷的结尾附加了一道开放题：您的辅导员生涯中印象最深的网络文化事件是什么？收集到的答案汇总如下。

辅导员印象最深的网络文化事件都与学生的安危息息相关，与学校的声誉和形象息息相关，辅导员在保障学生安全、维护学校的声誉和形象中发挥着重要作用。

表 3 – 3   不同层次的大学生热点网络文化事件概览

项目	专科生辅导员回答的答案比例	本科生辅导员回答的答案比例	研究生辅导员回答的答案比例
印象最深的网络文化事件	A. 没有 75%	A. 没有 60%	A. 没有 100.00%
	B. 少数毕业生充当黑客，攻击学校主页 12.5%	B. 网恋引发刑事案件 5.00%	B. 恐怖活动 12.5%
	—	C. 因学校网速过慢而@市新闻媒体引来记者采访 5.00%	—
	—	D. 通宵玩电游猝死 5.00%	—
	—	E. 在贴吧抱怨学校制度或发表对个别老师不利的言论 5.00%	—
	—	F. 大一新生军训猝死引发网络风暴 5.00%	—
	—	G. 有些学生发布消极状态造成不良影响 5.00%	—
	—	H. 从网络上得知外交事件后引发的反日游行 5.00%	—
	—	J. 网上的类似传销的宣传 5.00%	—

注：答案项后面的百分比为回答该答案的辅导员人数的百分比。

（2）大学生答卷统计分析。

大学生的答卷也分为封闭式答卷和开放式答卷两部分。封闭式答卷的选项为科研工作人员给出的选项，开放式答卷的答案为学生根据自己的实际情况作出的回答。

①大学生封闭式答卷统计分析。

大学生封闭式答卷的统计情况如表 3 - 4 所示。

表 3 - 4　　　　　四个层次的大学生调查问卷选项数据整理分析

项目	专科生选项人数 百分比	本科生选项人数 百分比	硕士研究生选项人数 百分比	博士研究生选项人数 百分比
对待网络 暴力色情 内容	A. 退出、屏蔽、清除、杀毒、举报 26.67%	A. 退出、屏蔽、清除、杀毒、举报 65.28%	A. 退出、屏蔽、清除、杀毒、举报 67.74%	A. 退出、屏蔽、清除、杀毒、举报 66.67%
	B. 不予理睬 53.33%	B. 不予理睬 30.77%	B. 不予理睬 19.35%	B. 不予理睬 33.33%
	C. 欣赏、传播、分享、仿制、上瘾 16.67%	C. 欣赏、传播、分享、仿制、上瘾 0.00%	C. 欣赏、传播、分享、仿制、上瘾 0.00%	C. 欣赏、传播、分享、仿制、上瘾 0.00%
	D. 其他 3.33%	D. 其他 3.95%	D. 其他 12.91%	D. 其他 0.00%
微博吐槽 行为	A. 会 10.00%	A. 会 11.54%	A. 会 3.23%	A. 会 33.33%
	B. 不会 50.00%	B. 不会 58.06%	B. 不会 74.39%	B. 不会 66.67%
	C. 看情况而定 40.00%	C. 看情况而定 19.23%	C. 看情况而定 22.48%	C. 看情况而定 0.00%
	D. 其他 0.00%	D. 其他 11.17%	D. 其他 0.00%	D. 其他 0.00%
对网络恶 搞行为的 态度	A. 喜爱 16.67%	A. 喜爱 0.00%	A. 喜爱 5.26%	A. 喜爱 0.00%
	B. 讨厌 30%	B. 讨厌 23.08%	B. 讨厌 36.84%	B. 讨厌 0.00%
	C. 觉得没什么 53.33%	C. 觉得没什么 76.92%	C. 觉得没什么 57.90%	C. 觉得没什么 100.00%
	D. 仿制 0.00%	D. 仿制 0.00%	D. 仿制 0.00%	D. 仿制 0.00%

项目	专科生选项人数 百分比	本科生选项人数 百分比	硕士研究生选项人数 百分比	博士研究生选项人数 百分比
发布网络 虚假信息 的行为	A. 发布过，是有 意的 3.33%	A. 发布过，是有 意的 8.33%	A. 发布过，是有 意的 0.00%	A. 发布过，是有 意的 0.00%
	B. 没有 80.00%	B. 没有 66.67%	B. 没有 84.21%	B. 没有 100.00%
	C. 发布过，但不 是故意的 16.67%	C. 发布过，但不 是故意的 25.00%	C. 发布过，但不 是故意的 15.79%	C. 发布过，但不 是故意的 0.00%
	D. 其他 0.00%	D. 其他 0.00%	D. 其他 0.00%	D. 其他 0.00%
发送冗余 信息的 行为	A. 没有 86.67%	A. 没有 100.00%	A. 没有 84.21%	A. 没有 100.00%
	B. 发送过，但不 是故意的 3.33%	B. 发送过，但不 是故意的 0.00%	B. 发送过，但不 是故意的 15.79%	B. 发送过，但不 是故意的 0.00%
	C. 发送过，是有 意的 10.00%	C. 发送过，是有 意的 0.00%	C. 发送过，是有 意的 0.00%	C. 发送过，是有 意的 0.00%
	D. 其他 0.00%	D. 其他 0.00%	D. 其他 0.00%	D. 其他 0.00%
网上骂人 行为	A. 骂过，那人确 实该骂 53.33%	A. 骂过，那人确 实该骂 41.67%	A. 骂过，那人确 实该骂 31.25%	A. 骂过，那人确 实该骂 0.00%
	B. 没有 40.00%	B. 没有 58.33%	B. 没有 62.50%	B. 没有 100.00%
	C. 骂过，是误会 那人了 0.00%	C. 骂过，是误会 那人了 0.00%	C. 骂过，是误会 那人了 0.00%	C. 骂过，是误会 那人了 0.00%
	D. 其他 6.67%	D. 其他 0.00%	D. 其他 6.25%	D. 其他 0.00%

项目	专科生选项人数 百分比	本科生选项人数 百分比	硕士研究生选项人数 百分比	博士研究生选项人数 百分比
出售自己 生产的网 络文化产 品行为	A. 有，是实在逼 得没有办法了 才这样做 3.33%	A. 有，是实在逼 得没有办法了 才这样做 16.67%	A. 有，是实在逼 得没有办法了 才这样做 18.75%	A. 有，是实在逼 得没有办法了 才这样做 66.67%
	B. 没有 76.67%	B. 没有 75.00%	B. 没有 75.00%	B. 没有 33.33%
	C. 有，是为了好 玩和证明自己 的能力 20.00%	C. 有，是为了好 玩和证明自己 的能力 0.00%	C. 有，是为了好 玩和证明自己 的能力 0.00%	C. 有，是为了好 玩和证明自己 的能力 0.00%
	D. 其他 0.00%	D. 其他 8.33%	D. 其他 6.25%	D. 其他 0.00%
上课玩手 机网络游 戏、看 视频	A. 看 40.00%	A. 看 23.08%	A. 看 13.64%	A. 看 0.00%
	B. 不看 30.00%	B. 不看 7.69%	B. 不看 31.81%	B. 不看 66.67%
	C. 视情况而定 30.00%	C. 视情况而定 69.23%	C. 视情况而定 54.55%	C. 视情况而定 33.33%
	D. 其他 0.00%	D. 其他 0.00%	D. 其他 0.00%	D. 其他 0.00%
充当网络 黑客行为	A. 有，偶尔 15.62%	A. 有，偶尔 8.33%	A. 有，偶尔 0.00%	A. 有，偶尔 0.00%
	B. 有，经常 6.10%	B. 有，经常 0.00%	B. 有，经常 0.00%	B. 有，经常 0.00%
	C. 没有 78.28%	C. 没有 83.33%	C. 没有 100.00%	C. 没有 100.00%
	D. 其他 0.00%	D. 其他 8.34%	D. 其他 0.00%	D. 其他 0.00%

续表

项目	专科生选项人数百分比	本科生选项人数百分比	硕士研究生选项人数百分比	博士研究生选项人数百分比
网恋经历	A. 没有 60.00%	A. 没有 75.00%	A. 没有 75.00%	A. 没有 95.00%
	B. 有，时间短 30.00%	B. 有，时间短 25.00%	B. 有，时间短 10.00%	B. 有，时间短 5.00%
	C. 有，时间长 10.00%	C. 有，时间长 0.00%	C. 有，时间长 15%	C. 有，时间长 0.00%
	D. 其他 0.00%	D. 其他 0.00%	D. 其他 0.00%	D. 其他 0.00%
网络赌博	A. 没有 70.00%	A. 没有 100.00%	A. 没有 94.44%	A. 没有 100.00%
	B. 有，时间短 16.67%	B. 有，时间短 0.00%	B. 有，时间短 5.56%	B. 有，时间短 0.00%
	C. 有，时间长 6.67%	C. 有，时间长 0.00%	C. 有，时间长 0.00%	C. 有，时间长 0.00%
	D. 其他 6.66%	D. 其他 0.00%	D. 其他 0.00%	D. 其他 0.00%
上网的最长时间及事项	A. 2~4小时，课程学习 23.33%	A. 2~4小时，课程学习 25.00%	A. 2~4小时，课程学习 31.58%	A. 2~4小时，课程学习 0.00%
	B. 4~8小时，读小说看视频 36.67%	B. 4~8小时，读小说看视频 58.33%	B. 4~8小时，读小说看视频 55.00%	B. 4~8小时，读小说看视频 0.00%
	C. 12~16小时，打电游 33.33%	C. 12~16小时，打电游 10.00%	C. 12~16小时，打电游 0.00%	C. 12~16小时，打电游 0.00%
	D. 更长时间，其他事项 6.67%	D. 更长时间，其他事项 6.67%	D. 更长时间，其他事项 13.42%	D. 更长时间，其他事项 100.00%

项目	专科生选项人数 百分比	本科生选项人数 百分比	硕士研究生选项人数 百分比	博士研究生选项人数 百分比
未经许可 的转载	A. 没有 82.35%	A. 没有 25.00%	A. 没有 42.11%	A. 没有 66.67%
	B. 有，只偶尔 为之 10.58%	B. 有，只偶尔 为之 66.67%	B. 有，只偶尔 为之 57.89%	B. 有，只偶尔 为之 33.33%
	C. 有，经常这 样做 7.07%	C. 有，经常这 样做 8.33%	C. 有，经常这 样做 0.00%	C. 有，时间长 0.00%
	D. 其他 0.00%	D. 其他 0.00%	D. 其他 0.00%	D. 其他 0.00%
不合实际 的言论	A. 没有 53.57%	A. 没有 50.00%	A. 没有 64.70%	A. 没有 100.00%
	B. 有，只偶尔 为之 46.43%	B. 有，只偶尔 为之 50.00%	B. 有，只偶尔 为之 35.30%	B. 有，只偶尔 为之 0.00%
	C. 有，经常这 样做 0.00%	C. 有，经常这 样做 0.00%	C. 有，经常这 样做 0.00%	C. 有，经常这 样做 0.00%
	D. 其他 0.00%	D. 其他 0.00%	D. 其他 0.00%	D. 其他 0.00%
未经许可 非法代他 人进行网 络操作	A. 没有 44.00%	A. 没有 41.67%	A. 没有 61.11%	A. 没有 0.00%
	B. 有，但是是在 合法授权的情 况下 52.00%	B. 有，但是是在 合法授权的情 况下 58.33%	B. 有，但是是在 合法授权的情 况下 33.33%	B. 有，但是是在 合法授权的情 况下 100.00%
	C. 有，未经当事 人同意也未考 虑是否合法 4.00%	C. 有，未经当事 人同意也未考 虑是否合法 0.00%	C. 有，未经当事 人同意也未考 虑是否合法 5.56%	C. 有，未经当事 人同意也未考 虑是否合法 0.00%
	D. 其他 0.00%	D. 其他 0.00%	D. 其他 0.00%	D. 其他 0.00%

大学生答卷调研数据分析：从大学生自己勾选的选项来看，大学生对待网络文化的态度和行为有的先进、正确、规范，有的落后、错误、失范，有的摇摆、犹疑。

从数据显示的结果看，本科生、硕士研究生和博士研究生比专科生有更强的主动干预和防范网络暴力色情内容的意识，对此种内容，在行为习惯上趋向于退出、屏蔽、清除、杀毒、举报。有一小部分专科生坦言自己在这方面有严重失范的心理和行为，需要进行矫治。

从大学生的答卷来看，微博吐槽行为在四个不同层次的大学生中呈现出波浪起伏状。专科层次的学生中选择"会"的占10.00%，本科学生中选择"会"的占11.54%，硕士研究中选择"会"的占3.23%，博士研究生中选择"会"的占33.33%，说明微博是高学历人群重要的表达诉求、寻求社会支持的工具。

大多数大学生把网络恶搞行为当好玩，付诸一笑，并不十分在意，一方面说明传统文化、主流文化的根基已很深厚，不是恶搞就能动摇的；另一方面说明大学生具有比较宽容的文化心态。不过，网络恶搞对文化还是有一定的破坏性，对他人容易造成侮辱。例如，把雷锋大公无私的精神解读为自私自利的个人心理行为，把老师的肖像进行变形、夸张，都是对传统文化、主流文化及老师的不尊重，是绝不能容许的。

硕士研究生和博士研究生能够特别注意不发布虚假信息，小部分专科生和本科生在这方面表现得比较随便，折射出其网络文化规范意识的缺失。

在发送冗余信息方面，大部分大学生有自律意识，能够遵守网络的简洁明快规则，有版权意识，具备节约资源空间和自己以及受众的时间的意识。

关于网上骂人行为，从专科生到本科生呈现出递减现象，说明随着年龄的增长，知识阅历的增多，越来越认识到骂人不能解决问题，越来越趋向于以和平、文明、理性的方式解决问题。

关于在网上出售自己生产的网络文化产品行为，从专科生到博士研究生呈现出递增现象，说明年龄越大，经济责任越大，经济意识越强，生产网络文化产品所带的功利性就越强，在这中间，比较容易出现失范问题。例如，有的博士研究生为了谋生，放弃本职学业不做，去想方设法生产网络文化产品变卖成货币，结果得不偿失，给自己、家庭、学校、国家、社会风气都带来不良影响。这方面的失范行为很需要规制，要引导大学生用合情合理合法的方式满足对货币财富的需求。

上课玩手机网络游戏、看视频行为，从专科生到博士研究生呈现出递减现象，也许是因为越往上走，教育资源越稀缺，大学生也就越珍惜。

充当网络黑客行为，从专科生到本科生呈现出递减状态，有个别本科生在"其他"里注明"想"，说明网络文化规范意识教育中，专科生和本科生是重点，且要从端正其思想认识、加大伦理道德教育力度着手。

网恋经历从专科生到博士生呈现出递减趋势，说明年龄越大社会阅历越多，越懂得善识假面、善得真心，越不会沉溺于虚拟情感。

网络赌博在我们所调查的专科生和硕士研究生中有一小部分学生自己承认有此类行为，说明专科生和硕士生的法纪观念需要加强。

上网的最长时间及事项方面，博士研究生为了完成科研任务，有时连续上网超过 16 小时，电脑和自己都超负荷劳动，很不容易，应该制定出科学的科研方法，合理安排科研工作量，合理分配时间，制定合理的标准，让博士研究生既能出成果又不损害自身身体健康。在专科生中有 33.33% 的学生坦言自己有打电游的疯狂上网经历，本科生和硕士研究生则表示没有，而辅导员的答卷中则显示学生在宿舍经常做的事是打电游，调查结果的差异一是因为我们进行调查时，有游戏成瘾的学生在宿舍玩网络游戏，没到教学楼参加问卷作答；二是接受我们调查的学生即使有此类行为也持续时间比较短，可以忽略不计，我们可以看到大学生的用网时间及事项方面主流是正当的、合理的。

未经许可的转载在专科生和博士研究生中比较少，在本科生、硕士研究生中比较多，可能一是因为专科生觉得有些网络文化没意思，懒得转载；二是规范教育做得比较好。本科生和硕士研究生可能出于分享、利他的热心而此类行为相对较多，博士研究生则有比较强的规范意识，知道即使转载亦须注明出处，要对整个人类的知识创新有所贡献，要建立起自己的话语体系，不可抄袭和重复别人的话语。

不合实际的言论在专科生、本科生中比较多，在硕士研究生中相对较少，在博士研究生中几乎没有，这可能与博士研究生所受的规范教育有关，知道发布过分乐观或悲观的估计都可能给自己和他人造成损失，不可说出与实际不合的话语。

在代他人进行网络操作方面，博士研究生出现的比例比较高，可能社会各界人士或老师同学认为博士研究生水平高，有事愿意找博士研究生帮忙，博士研究生有时出于种种考虑就接受了任务。实际上，这中间存在着很大的风险，弄不好轻则耽误个人要执行的任务的完成进度，重则触犯纪律和法律，受到法纪的严惩。

总体而言，从大学生自述的数据进行分析，大学生中有网络文化规范意识的学生所占比例为专科 26.67%、本科 30.00%、硕士 44.44%、博士100.00%，呈现出学历层次越高规范意识越强的总体趋势，这可能与思想的成熟度有关。规范意识缺失的学生所占比例为：专科73.33%、本科70.00%、硕士 55.56%、博士 0.00%。

网络空间考查数据分析：通过对学生的 QQ 空间进行抽样调查，我们发现，在学生的 QQ 空间中，可能造成网络侵权的文化产品（转播没注明出处的文章、视频、图片）占网站文化产品的比例为98.14%，可能泄露个人信息的内容占网站文化产品的比例为44.44%，有错别字、不雅图片的文化信息内容占网站文化产品的比例为33.33%，有消极思想、谩骂语言的文化信息占大学生经常浏览的网站的文化产品的比例为10.00%，因不明真相误传而造成的网络谣言、网络风暴事件占网络文化事件的比例为1.97%。

宿舍考察调研数据分析：有网络文化失范行为的男女生比例为男生30.00%、女生0.78%；不同专业的大学生网络文化行为失范的学生占接受调查的学生总人数的比例为文科2.13%、理工科18.18%；不同家庭经济收入的大学生网络文化失范行为的学生占接受调查的学生总人数的比例为不困难1.57%、一般困难3.13%、困难7.14%、特别困难66.67%。

课堂考察调研数据分析：不同层次的学生上课使用手机上网的学生占接

受调查的学生总人数的比例为专科生 35.00% 、本科生 20.00% 、硕士生 13.64% 、博士生 0.00% 。考察结果与调查问卷结果基本吻合。

②大学生开放式答卷统计分析。

大学生开放式答卷的统计情况如表 3 - 5 所示。

表 3 - 5　　　　　　　　大学生印象最深的网络文化事件

项目	专科生选项人数百分比	本科生选项人数百分比	硕士生选项人数百分比	博士生选项人数百分比
印象最深的大学生网络文化事件	A. 没有 43.33%	A. 没有 66.67%	A. 没有 77.78%	A. 没有 100.00%
	B. 大学生传播熊猫烧香病毒 3.33%	B. 不属于大学生网络文化失范事件的无效答案 33.33%	B. 看色情类网络视频 8.33%	B. 其他 0.00%
	C. 不属于大学生网络文化失范事件的无效答案 53.34%		C. 不属于大学生网络文化失范事件的无效答案 13.87%	

第二次调查采用了行为量表进行调查，在内容上基本相同，只是进行了简化。因为本选题研究侧重于大学生网络文化失范，所以对大学生网络行为失范研究另行撰文报告，在此不赘述。

三、个案讨论

通过走访学生宿舍，与辅导员、大学生、任课教师、学生工作处工作人员、大学生的家长进行交谈，我们了解到大学生网络文化失范按照文化的接受、生产、传播、交际来划分主要包括以下四种类型：大学生网络文化接受失范、大学生网络文化生产失范、大学生网络文化传播失范、大学生网络文化交际失范。

1. 大学生网络文化接受失范方面的个案

网络小说、网络游戏、网络影视是一种客观存在，是大学生所生活的网络文化空间，大学生有自主选择权，大学生完全可以选择不去阅读网络暴力色情小说，不去玩网络暴力色情方面的游戏，不去观看教唆犯罪的影视作品。可是，有些大学生禁不住诱惑，出现了网络文化接受方面的失范。

案例一　网络小说阅读失范。

某高等职业院校一个大一女生不去上课，整天在宿舍读小说。我们在交谈中了解到，该女生第一次接触言情小说是小学五年级的时候，最初是从接触报刊亭的通俗杂志、小说开始的，随着手机网络的普及就转移到网络小说阅读上来了。初中、高中的寒暑假都是在偷偷读动漫、言情、武侠、修仙小说中度过的，从小学五年级开始视力急剧下降，从1.5降到了0.2、0.3。成绩也由遥遥领先下降到最后几名，家族关系也由其乐融融变成冲突不断。小学、初中、高中遗留下来的问题一直到大学都没有解决，就这样成了"养身病"，一天不读网络言情小说心里就像猫抓一样难受。现在，该生无论走到哪里都要带着手机读网络言情小说，即使上课也不放过，只要老师抓得不严，只要老师不敢管、不会管，就一次次地在看网络言情小说中打发时间。至于后果则不在考虑之列。是否学到知识，考试是否及格，那也是到临近考试再关心的事。

案例二　网络游戏失范。

某本科院校一个大四男生在宿舍打游戏，星期五晚上到星期六白天都是在打电游中度过，一次打电游可以长达16小时，中间可以不吃饭、不睡觉。他以为自己平时电子计算机技能学得好，通过考试绝对没问题，在考试之前还打游戏，宿舍里的同学也以为他自己会及时赶去参加考试就没叫他，结果考试时间过了他都不知道，错过了电子计算机考试机会，导致那门功课要补考。

案例三　网络影视作品观看引发的失范行为。

某高等职业院校一个大二男生看暴力影视之后抢夺初中生手机。该大二男生，和过去的高中同学现在的社会闲散人员还有联系，因羡慕奢靡生活意欲购买高档商品又没钱陷入了冥思苦想之中。偶然看到暴力影视作品之中的骗抢镜头，受到"启发"，和高中同学一起在国庆假期策划实施了在市中心的百联东方广场抢骗初一学生手机案。他对一个十二三岁的男生说："小朋友，借你的手机打个电话。"小男孩把手机借给他之后，他拿起手机就跑，在小男孩父母的呼叫之下，当地群众和保安合力抓住了他，立案进入了司法审判程序，后来他父母把他保释出来，学校给予他留校察看的处分。

2. 大学生网络文化生产失范方面的个案

大学生已经具备一定的计算机应用能力，在网络上发表作品比在纸质的报纸杂志上发表作品容易一些，而发表作品又能满足其成就欲，所以，网络作品发表成为大学生的首选渠道。大学生为了追求所谓的"成功"，出现了很多行为方面的失范，其中比较典型的是网络小说创作失范。

案例四　网络小说创作失范。

某高等职业院校一个大二女生不去上课，整天待在寝室创作言情小说。我们了解到，该生在读小学五年级的时候，就带着小说去上学，上数学课听不进去，在教材上画漫画人物，写漫画人物的语言"苦啊苦"。读初中的时候立下志愿要当小说家。在学习上，初中、高中勉勉强强混过去了，考上了一所专科学校。进入大学，虽然辅导员查课查寝个别谈话做得很勤，但她就是想留在宿舍写言情小说不去上课，旷课记录多到可以开除学籍程度，学校考虑到她没听课考试还是通过了就没开除她。有时，她会带着笔记本电脑到课堂上去，也是噼里啪啦地写小说，不顾影响其他同学听课。她开始写的是一部白狐与人恋爱的幻想小说，上传到了网上，欢迎老师和同学阅读。后来竟然写起了都市言情小说，光是题目就让人不忍卒读。模仿网络小说家"我吃西红柿"，起了个"我吃某某某"的网名，读了某作家写的《总裁，潜了我吧》，就模仿创作了一部赤裸裸地描写师生畸恋的黄色小说。一直密切关注她的动态的父亲看到之后，赶忙专程到学校帮她把小说删除了，另外下载了琼瑶的小说到 U 盘里，把 U 盘送给了她，教导她如果硬是要写就学习写琼瑶的言情小说。亲情的干预和呵护把失范的大学生及时从歧路上拉了回来。

不管我们多么不愿看到，也不管我们多么地难以置信，黄色小说的阅读和创作现象在大学生中就是客观存在着，让老师和家长为之担心、揪心、痛心。假如大学生的思想被色情文学作品同化，在现实生活中出现遭受性侵犯方面的悲剧，大学生以后的人生道路如何展开令人难以设想。网络色情是世界各国都主张打击的失范内容。色情曾导致雅典的衰落。色情作品就像鸦片一样，使吸食者沉迷上瘾，失去御敌能力。制黄贩黄是我们国家的法律决不容许的，可就在大学生中真切地存在。阅读和创作黄色淫秽读物是《大学生守则》《大学生日常行为规范》明令禁止的，可就是屡禁不止。并不是每一位大学生都有一位好父亲，所以，留给学校的思想政治教育任务很重。如何让大学生树立正确的性观念，优化性心理，讲究婚恋伦理，也是大学生思想政治教育不容回避的课题。

3. 大学生网络文化传播失范方面的个案

网络是文化传播的利器。文化信息通过网络能够得到快速传播和扩散，再聚集成网络风暴。大学生如果只图一时口舌之快，很容易给他人和自己带来永久的心灵伤害。大学生网络文化传播方面的失范主要集中体现在网络用语失范、网络信息发布失范。

案例五 网络用语失范。

某高等职业学院一个大二学生在学校百度贴吧上骂辅导员"TMD"。起因：该学生的辅导员查寝时没收了他的"热得快"，早上叫起床影响了他休息。该生的辅导员，看到网上发布的某高校学生因使用"热得快"没及时拔掉插头而酿成火灾并且导致三名学生死亡的事例之后，按照学校的安排与部署，加强了查寝，在查寝过程中发现学生有使用"热得快"的，一律没收。为了提高出勤率，看到学生赖床不去上课就到宿舍去叫学生起床上课。看到自己平时和学生私下交流多公开交流少，并且在查寝的过程中也发现了学校后勤管理存在着学生需求与后勤供应脱节的问题，就策划了"说出你的心里话"主题班会，邀请学校领导参加。没想到学生很害怕也很抵触，学生希望展示给学校领导看的是自己班级亮丽的一面，不希望学校领导看到自己班级中存在的矛盾和问题。另外，不希望老师占用自己的课余时间开班会，自己要利用课余时间到外面打工赚钱。学生在百度贴吧里发出了"请给我们换一个辅导员"的帖子，认为频繁地查课、查寝体现了老师对学生的不信任不尊重，叫学生起床更是幼儿园老师的做法，为了防止出现火灾而去没收"热得快"更是辱没了学生的智商，学校后勤供应方面出现的问题辅导员没有办法协调解决更是辅导员的无能。综上所述，要求换一个辅导员。应该说，这是一篇很有见地的帖子，直指辅导员职业行为、制度设计、工作理念、工作方式方法中出现的问题，引起了辅导员对自己的职能定位、工作规范的反思。但是后来有的学生因为泄私愤而出现了"TMD"之类的不文明网络用语。再后来，辅导员通过引导有意见的学生到辅导员办公室当面提出问题，到学生宿舍和班干部、普通同学交谈了解了学生的真实想法，了解到学生最希望辅导员怎样做。学生希望看到的是辅导员为维护学生的权益鼓与呼，多表扬学生，永远站在学生这一边。再接下来，学生请辅导员放心，老师平日的工作兢兢业业，一心为学生着想，两年的感情基础在那里，不是那么容易分开的。再后来又发生了一些事情，舆论热点转移，网络风暴平息。这一场大学生要求换辅导员的网络风暴是辅导员职责定位不清，没深入地思考自己的工作，没从社会、学校、系部、年级的框架中把握学生工作规律，没谨守工作规范所造成的。试想，辅导员如果不在假日发下个星期的开会通知，就不会引发这场网络风暴。很多时候是"只要不……，就不会……"体现出抓住关键节点进行控制、"自制""三思而后行"的重要性。当然，事情出现以后最重要的是澄清事实，厘清责任，分清是非，明确方向，不可糊涂地一错再错，更不可被大学生网络风暴牵着鼻子走，最重要的是引导好大学生的舆论。在这个过程中，既要让大学生的牢骚有地方发，又要实事求是避免群体只看到自己这一方面的感受，看不到辅导员那一方面的用心良苦。

过往，大学生不能理性对待自己发现的别人（包括老师）的错误的事例并不鲜见。2005 年 9 月，南京大学某教授发现一篇对自己进行辱骂的博客文章《烂人烂教材》，博客主人对教授用"烂人""流氓"等侮辱性语言称呼，并且指名道姓。该教授要求网站删除该文被拒，12 月，该教授将博客网站告上法庭，这就是"中国博客第一案"①。且不论大学生批评教授的学术错误和疏漏是否正确，单从其用语和行为态度来看，就存在过激问题。我们都希望自己在出现错误的时候，别人能温和指出，不希望别人把自己彻底否定。古人云："古之君子，待己厉而严，待人温且宽。"大学生在网络空间也需要君子风范，而且对教授的治学有意见，最好和教授单独联系，善意提出。网络博客的匿名性使得有些大学生以为自己可以对自己说的话不负责任，没有想到通过 IP 地址可以查询出是谁所发。此例中的博客用语失范构成典型的侵犯他人名誉权，即使对教授所编教材有批评意见，也应善意提出，不宜公开辱骂。

我们在调查和观察中还发现：大学生现实语言中，从中性的"犀利"到贬义的"你妹"再到夸张地形容自己的感受的"雷死"，以及极度贬义的"TMD"不绝于耳，几乎是一口一个，成为大学生的常用词汇。这些词语一方面丰富了语言的表现力，另一方面终归是一种有害于人际交往的高碳元素，有损于大学生自身的形象，要慎用，更不可养成习惯。

案例六　网络信息发布失范。

一个大二的女生把网络空间当 U 盘使用。她声明："我转播并不意味我完全同意作者观点。"笔者和她谈话，她说："网络侵权？不懂！别人都这样做，为什么我不能？法不责众。"笔者指出她博客文章中的错别字，她高调地说："有几个错别字有什么要紧咯？我不写行了吧？"这名大学生表现出对网络空间文化传播的影响力的小觑和网络空间文化传播权利、义务与责任意识的模糊。

随意转载他人发布的信息容易造成网络侵权。大学生网络侵权存在的主要现象有泄露科技信息，有曝光他人隐私，有侵犯他人著作权。把"扒"来的文章放入自己的网络日志，与众人共享，未经作者同意，也没注明出处，事实上构成了网络侵权。此外，把"扒"来的东西编辑成数据库、假冒他人

---

① 唐守廉：《互联网及其治理》，北京邮电大学出版社 2008 年版，第 151 页。

开设博客都是侵权行为①。再就是把学校图书馆的 CNKI 文档私自传给校外的人，也是一种网络侵权行为。这些，站在大学生的角度想，也许他们当时只是出于某种"善意"或本能。例如，想向世界宣布自己发现了有价值的文档，告知亲友自己找到的新观点、新事实、新理论，公布自己的研究成果和发现，表达自己的某种观点，表明一种支持该文档观点的态度，编辑相关资料，并不觉得自己侵权。

过去出现过因网络信息发布失范而造成不良影响获罪的大学生网络文化案例。2006 年 1 月，一个旅美博士在自己的博客上介绍了原子弹的制作方法，该方法简单粗糙，但确实能引发核爆炸，构成对公共安全的严重威胁。② 最低的惩罚是批评，要求删除原作，但网络上的东西一经发布，就容易迅速流传，造成难以逆转和回收的后果。"讲出去的话，泼出去的水"，古人在话语信息传播方面早已有此经验，今人处在话语信息传播速度和广度极为迅猛的时代，更要有规范意识，以免造成无法挽回的损失。

4. 大学生网络文化交际失范方面的个案

案例七　网络交友失范。

某高等职业学院一个大二女生被现在的男友即过去的网友砍伤，差点丧命。该女生在大一时与一男孩网恋，后瞒着老师、同学在校外同居，等老师、同学获悉此事时已经是该女生被男友砍倒在出租房向专业老师、班长、辅导员求救的时候了。该女生网恋的男友误以为该女生爱上了校外钢琴老师而要和自己分手，实际上该女生仅仅是想学琴而已。为了阻止该女生和自己分手，那名男子残忍地在该女生的面部、手臂部砍了几刀，还剁掉了该女生两根手指头。该女生网恋至同居的男友在电脑城上班，只有初中文化程度。该女生爱好音乐，经常和外面音乐培训机构的人来往，进行文化市场经营与管理的实践活动，如推票、写乐评，在圈子里小有名气。和网恋男友同居后，两人渐少共同语言，相互猜忌，经常发生口角。该女生的男友在将其砍倒之后，

---

① 唐守廉：《互联网及其治理》，北京邮电大学出版社 2008 年版，第 151~152 页。
② 唐守廉：《互联网及其治理》，北京邮电大学出版社 2008 年版，第 152 页。

畏罪自杀，后双方均被当地群众救下送往医院，救治成功。女孩失去了两个指头，身体受损；男孩银铛入狱，获刑十八年。

我们试想，如果当初女孩不在网上和陌生人说话，就不会节外生枝生出很多事来。在网络上，你永远不知道对方是什么样的人，交友要慎重，这一规范原则应该时刻牢记在每一个大学生心中。

从上述七个案例可以看出，大学生在网络文化消费、生产和传播（包括交往、交换）中都存在失范现象。当事人以及周围的人当时并不觉得问题的严重，以为没什么就放过去了。"风起于青蘋之末"，蝴蝶的震动翅膀都可能引发亚马孙飓风，"勿以恶小而为之，勿以善小而不为"，大学生网络文化失范问题应该引起高校教师、学生家长、学生本人的高度警惕。作为高校学生管理工作者，更要注意从大学生网络文化中发现蛛丝马迹，加强对大学生的思想政治教育，防患于未然。

第二节　现象分类

对大学生网络文化失范现象进行分类，除了可以按照文化的接受、生产、传播、交际分为大学生网络文化接受失范、大学生网络文化生产失范、大学生网络文化传播失范、大学生网络文化交际失范四类以外，还可以按网络文化的结构层次分为网络精神文化失范、网络物质文化失范、网络制度文化失范、网络行为文化失范四大类。

一、大学生网络精神文化失范现象

网络精神是指网络应有的无害、公正、先进、合法、科学等精神。大学生网络精神文化失范是大学生在网络空间表现出来的有害、偏私、落后、非法、反科学等与社会主义核心价值观、核心价值体系相偏离的文化精神状态。

当代大学生在网络文化接受方面，对网络暴力色情文学作品采取容忍、欣赏和上瘾的态度，是一种精神文化失范现象。大学生应该有一种自觉地抵制消极落后文化的精神状态。沉迷于低俗文学作品，只会使其斗志衰退。

大学生发布的消极状态，也是一种网络精神文化失范现象。例如，有位文学院的学生，意欲在文学院在线网站上发表这样的散文作品《雨成丝，思为忆》："总是莫名其妙地在想，岁月经过无数次亮丽后，终是无可奈何地枯萎凋零，那岁月的磨难终究是毫无意义，活在世上又有何意义。"敏感的辅导员发现了其文字后面的消极情绪，一方面嘱咐编辑有选择地发表她的作品，另一方面调取她的相关资料了解她的家庭情况、学习经历，再通过谈话了解她消极思想产生的原因，安排其勤工助学活动，在思想上进行帮扶教育，使其思想重回积极健康的轨道。① 我们试想，假如没有辅导员的积极干预，任其消极思想随意扩散，会对学生群体和学生本人造成多么不良的影响。马克思主义哲学告诉我们，物质第一性，精神第二性，精神是由物质决定的，精神世界是客观物质世界的反映，存在决定意识，意识反映存在并且能动作用于存在。大学生发布的消极状态，是其精神失范的表现，消极、伤感却又是一种不值得提倡的情绪。"以消极为美"，更不值得传播和扩散。这种大学生网络文化失范现象，其实质是大学生精神层面的颓废，是一种精神上的不自信。当然，爱哭的孩子有奶喝，则不在本文的讨论范围之内。

网络空间泄愤的词句的生产，也是一种网络精神文化失范现象。在不明真相的情况下随意发言，任意扩大知晓范围，一是违背实事求是、没有调查就没有发言权的原则；二是会导致矛盾的扩大化，不利于营造和谐文化氛围，不利于建设社会主义和谐社会。

恶搞很多时候只是轻微失范，但反映出学生主体精神世界中的一些糟粕，应该予以剔除。例如，中南大学有些学生为了让宿舍装上空调就编了一首歌《尧学哦爸去哪》，里面既有为张尧学校长所喜欢的句子"有你在清华北大算个啥"，又有荒诞不经的句子"遵守工大搞基传统"。大学生制作网络恶搞动画，例如，改编红色经典故事，把雷锋、潘冬子、董存瑞、红色娘子军的思想庸俗化，这是对革命传统文化不尊重；再如，恶搞学校老师照片，把老师的嘴巴放得很大以此来取笑老师，这是对老师的不尊重。总之，大学生网络恶搞文化呈现出精华与糟粕并存的现象，应该正确管理、引导和教育。

大学生网络精神文化失范根源于现实，形成于思想，表现为语言，传播于网络，影响于大众，是大学生所有网络文化失范现象中最核心的失范现象。

二、大学生网络物质文化失范现象

网络物质是指网络硬件、网络文化产品、网络虚拟财产等。大学生网络

---

① 夏智伦、徐建军：《大学生思想政治教育百佳案例》，湖南人民出版社2010年版，第4页。

物质文化失范是指大学生为谋求物质利益而出现的"无道"现象。古人云："君子爱财，取之有道。"我们的一些大学生却被眼前的物质利益蒙蔽了双眼，出现"无道"现象，结果败坏了社会风气，也断送了自己的前程。

在大学生中，流传着"只要能赚到钱就可以"的思想倾向。大学生大部分是成年人了，有经济上自立的需求。为了不伸手向父母要钱，大学生各尽自己的才能，想办法赚钱。赚钱要走正道，大学生都懂。不能违法乱纪，大学生也懂。可是为了独立生活，为了生存，大学生也钻法律的空子，冒险从事网络文化非法经营活动。主要有：私下在网上出售自己写的论文，私下通过网络从事非法兼职，私下通过网络达成自己的智力产品——课件的交易，私下通过网络达成代写其他文书的交易——传记、论文。这些，学校监管不到，虽然缓解了大学生一时的经济窘迫和精神困顿，但大大地浪费了大学生宝贵的从事正规学习的时间和精力，延缓了其学习进度，从整体上看这些致使大学生得不偿失。最铁的是规律，大学生做别人的事去了自己的事就落下了。"不做别人的事"应该成为大学生的铁律。

考试成绩与大学生评优评先评奖评助直接挂钩。有的大学生平时花很多时间从事社团活动去了，为了考试过关，不惜利用手机网络进行舞弊，使用手机接收考试答案的手段，结果被发现受到严厉惩处。这也是一种大学生物质文化失范现象，大学生要追求自己的物质利益没错，但应该平时注意安排好时间、分配好精力，不可犯上述低级错误。此外，上课无视课堂纪律，拿着手机看视频、玩电游，也可看作网络物质文化失范。

对网络低俗小说创作的乐此不疲，既是一种网络精神文化失范现象，也是一种网络物质文化失范现象。"不食嗟来之食"，"贫贱不能移，富贵不能淫，威武不能屈，此之谓大丈夫"。坚守精神底线，是我们民族的优良传统和气节。颜回安贫乐道，朱自清饿死也不领美国的救济粮，体现出我们民族对物质的超然态度，也正是这种超然态度，使人文知识分子拥有一股上达天庭、下达地府的浩然正气。"千金散尽还复来"，不为功名利禄所动，不附庸风雅，始终拥有自己的独立人格。而大学生对当下的网络小说的低俗、媚俗倾向缺乏清醒的认识，以为网上发布的小说都值得仿效，并以创作低俗小说为生财之道，大量生产出毒害青少年的精神鸦片，是对中国传统人文精神的亵渎，实不可取。

大学生网络物质文化失范根源于思想认识，形成于网络文化实践，表现为网络文化交往（交易），传播于群体，影响于社会，是大学生所有网络文化失范现象中最基础的失范。

三、大学生网络制度文化失范现象

网络制度是指网络法律、法规、制度、守则、规范等。大学生网络制度文化失范是指大学生自我约束机制（包括积极心理暗示）缺乏或失灵，而消极的违反社会正道和主流的思想意识大行其道的现象。

在日常的情境中，规范和制度可以过滤掉不良处理方式，让人朝着正确的方向前进。最有效的是他律，最长久的是自律。大学生网络制度文化失范的实质是自律精神的缺失，突出地表现为网络违法乱纪现象。

网络抄袭是一种大学生网络制度文化失范现象。世界上任何国家都鼓励学术创新，反对学术抄袭和剽窃。很多艺术家都把创新作为自觉的追求。川剧《潘金莲》的作者魏明伦，要求自己一部戏一个样，既不重复别人也不重复自己。我国著名评剧艺术家新凤霞，更是意识到如果自己一再地使用一种炫技，就会致使观众背离自己，也是要求自己一场戏一个样，避免观众产生审美疲劳。可我们有的大学生只图快速完成学习任务，不动脑筋，能抄则抄，不愿修改，结果学术水平总是难以提高，论文总是被拒。

网络黑客也是一种大学生网络制度文化失范现象。为了好玩，就运用自己掌握的电子计算机信息技术，攻入别人或某个机构的网站，破坏别人或某个机构的网络系统，全然不顾及道德效应及法律后果。诺贝尔发明炸药之后，看到自己发明的炸药不是用来开山辟路，而是用于战争摧毁人类的血肉之躯，痛感科技发明误用带来的损失，就设立了诺贝尔奖金，奖赏对人类文明进步有杰出贡献的文学家、经济学家、自然科学家以及为维护人类和平作出了杰出贡献的机构和个人。网络技术发现者的初衷也不是让人类相互破坏和困扰，而是让人类和谐、进步、团结。大学生人文视野的狭窄，人文精神理念的落后，致使其不可能站到推动人类进步的思想高度来考量自己行为举止的功用。思想上没为自己立法，任由自己的破坏欲横冲直撞，结果撞伤了别人也撞伤了自己，自己也得不到来自正规网站的信息滋养。

网络虚假信息也是一种大学生网络制度文化失范现象。发布网络谣言，发布虚假网络兼职信息，参与商品网评灌水，发布不合实际的言论（含过分乐观或悲观的估计）容易对公众造成误导，浪费公众宝贵的时间和精力，致使公众作出错误的决策，给公众造成巨大的经济损失。这些损人不利己的行为，都是大学生不应有的，大学生应该把"真实"作为自己网络信息发布的原则。可是，我们有的大学生就是缺乏"真实"这一道德底线，很多信息没经过这一道德律令筛选就发布出去了，结果给自己和他人带来了麻烦。

网络赌博既是一种大学生网络精神文化失范现象，又是一种大学生网络物质文化失范现象，还是一种大学生制度文化失范现象。说网络赌博是一种大学生网络精神文化失范现象是因为赌博违反安全稳妥的现实主义原则，在虚幻的将会赢得多少钱的幻影中驱动自己的作为。说网络赌博是一种大学生网络物质文化失范现象是因为网络赌博与经济利益密切相关，是一种货币资本拥有权转移的游戏。说网络赌博是一种大学生网络制度文化失范是因为网络赌博是我们国家的《社会治安综合治理条例》明令禁止的，也是《大学生守则》所明令禁止的，大学生胆敢触犯法纪的底线，说明了自律的缺失、侥幸心理的大行其道、法纪观念的淡化，没有"天网恢恢，疏而不漏"的畏惧感。

网络侵权越位现象也是一种大学生网络制度文化失范现象。网络侵权越位包括未经允许的转载、越俎代庖的操作。当代大学生最普遍的心态是急躁，对效率的需求超乎前几代人，连网速稍微慢了一点都要@市新闻电视台，遇到自己认为值得转载的文章或自己认为要进行的操作就急不可耐地转载和操作，无形中增加了侵权越位的风险，给自己和所属机构带来损失。在已经参加了工作的社会群体之中，因为沟通不畅和管理无序造成巨大的经济损失的事例很多。例如，大连的一位工人在给船加油时忘了放一种阻燃的添加剂，结果造成大型火灾；再如，一位银行职员在下班后未请示上司就把巨款打入了另一家银行，他的工作任务是以前的工作任务，他并不知道新近的情况——这家银行倒闭了，把巨款打过去就会冻结。网络侵权越位习惯的养成对大学生今后的工作极为不利，大学生在读期间就应该有规范意识和素养，按程序办事，不做好第一步决不做第二步。

网络成瘾也是一种大学生网络制度文化失范现象。大学生过分沉溺于网络文化活动，在网络空间流连忘返，乐不思蜀，导致做其他事的时间被挤占了。说大学生网络成瘾是一种大学生网络制度文化失范是因为大学生本应顺应事物发展的规律：事物（货币资本、生产资本和商品资本）应该在空间上并存，在时间上继起，这是资本循环的保证，而在一个环节停留过久，必然会导致下一环节的中断，整个资本循环周期延长，年剩余价值量降低，人生健康发展受阻。大学生应该根据学习成果生产流程的需要，自我规制出在什么时间之前生产出什么物品（例如，学位论文初稿、期刊论文初稿、专著的初稿），为下一个生产环节提供好物料，避免超时延时、玩忽职守现象出现。

网络信息泄露也是一种大学生网络制度文化失范现象。保密意识是大学生应有的规范意识之一，而大学生保密意识缺失，有意无意地泄露个人关键信息，容易被不法分子利用，给自己和利益相关者带来麻烦。大学生在网络空间晒个人电话号码、个人身份信息、个人肖像、亲友信息的行为并不值得提倡，因为"非宁静无以致远，非博学无以广才"，大学生要善于保护自己宝贵的时间和精力，不被电话所骚扰。另外，大学生的个人身份信息与大学生的财产、名誉密切相关，更要防止被坏人利用，不宜在网上公布。大学生自己要把好自己的安全关，给自己制定个人信息安全管理制度。

大学生网络制度文化失范起源于安全思想意识的缺失，形成于大学生的网络文化实践，表现为大学生网络行为举措的失当，传播于社会网络空间，影响于自己及利益相关者，是大学生网络文化失范中最关键的失范。

四、大学生网络行为文化失范现象

网络行为是指网络交易、交谈、交流等行为。大学生网络行为文化失范是指大学生在网络空间表现出来的有损自身形象、危害社会的行为文化现象。谈到行为文化，我们就容易联想到企业中要求员工统一着装、使用规范语言和规范的迎宾动作。一个企业特有的行为文化反映出企业文化的凝聚力，一个国家的人民特有的行为文化也反映出一个国家的文化特有的凝聚力，而我们的一些大学生，不遵守网络行为规范，不礼貌，表现出对学校行为文化的离散。

大学生在网络上表现出来的对人的不尊重、不礼貌、不诚信，属于大学生网络行为文化失范现象。大学生实施的网络诈骗、非法集资行为是违法行为，是危害社会的行为，也有悖学校的诚信文化精神。

此外，发送网络冗余信息，如垃圾邮件、重复信息，是对别人时间的不尊重。再则，使用网络粗俗语言、网络极端语言，也是对别人人格的不尊重。这些行为，即使从公民教育的角度看，也需要加以规制。

大学生网络行为文化失范和大学生网络精神文化失范、物质文化失范、制度文化失范联系紧密，很难截然分开。大学生网络行为文化失范根源于思想逻辑的混乱，凝聚为精神的偏离，作用于网络物质世界，受制于社会制度文化，表现为网络交往实践，是最直接最外显的失范。

第三节　主要危害

分析受众是媒介与文化研究的重要方法①。由于大学生网络文化的受众有父母、兄弟姐妹、亲人朋友、老师同学以及社会上的陌生人，所以大学生网络文化失范的危害也是巨大的。大学生网络文化失范主要有如下三大危害。

一、亵渎文化文明要义　搅乱正常文化秩序

所谓的"黑客技术文化"亵渎了文化文明要义，搅乱了正常文化秩序。调查了解到，某高职院校大学生使用黑客技术对学校学生工作处网站进行攻击，致使学校学生工作处网站瘫痪了半年，中间重建过三次，又遭遇黑客攻击，后来请教专业技术专家，才解决网站受攻击的问题，网络得以正常运行。所谓"黑客技术文化"的滥用，致使师生之间、学生与学校之间成了一种对立的状态，破坏学校学生工作处网站的大学生成了需要学校对其打击的"敌人"。破坏学校学生工作处网站同时是在破坏学校网络文化建设、社会主义现代化建设，严重搅乱了学校的教学、科研、管理工作秩序，也搅乱了文化秩序，无纸化办公难以执行，行政效率降低，经济损失和声誉损失不可估量。没有了学生工作处官网，师生在文化上"挨饿"、学校在办学实践上"挨骂"而无发声的通道。正常的文化秩序应该是"上传下达"，所谓"黑客技术文化"的滥用破坏了这一秩序。

所谓的"网络恶搞文化"也亵渎了文化文明要义，搅乱了正常文化秩序。

---

① ［英］斯托克斯：《媒介与文化研究方法》，黄红宇、曾妮译，复旦大学出版社 2006 年版，第 157～190 页。

我们国家自古以来有"尊卑长幼"的文化伦理秩序，对一个学校的校长应该是极端尊重和敬畏的，对一个学校的学生工作处老师也应该是极端尊重和敬畏的，对逝去的英雄模范人物也应该是极端尊重和敬畏的，而"网络恶搞文化"打破了这种"尊卑长幼"文化伦理秩序，摒弃了尊重和敬畏，只释放了一己一时之娱乐需求。恶搞学校学生工作处的学生资助管理干事，把她照片的嘴巴扩大到硕大无朋放到班级 QQ 群，因为助学金没按时发放到位，尽管是银行要求办卡而部分学生不愿意的原因以及部分学生银行卡号码数据上报错误的原因；编段子恶搞学校校长，因为宿舍没装空调，尽管是因为有同学吹不得空调，有同学不愿出空调租赁费、电费；恶搞历史上的英雄模范人物，尽管这些英雄模范人物没招谁惹谁还为后辈的幸福生活作出了杰出贡献。"天地国亲师"是每个人心中应有的天伦之序，先辈的德行应该永远铭记在心，流传千古，而所谓的"网络恶搞文化"颠覆了这种老师和革命先辈、英雄人物在人们心目中应有的崇高地位，颠覆了尊卑长幼的文化伦理秩序，遮蔽了历史与社会真相。进行网络恶搞的学生看不到：学校学生工作处学生资助管理干事在与银行协调助学金发放银行卡的办理，组织数据上报错误的同学更正数据；学校的校长在与后勤集团、空调公司联系，把后勤推向市场，满足同学对空调的不同需求；历史上英雄模范人物为了祖国、人民以及子孙后代的利益与幸福舍生忘死，没有他们就没有我们今天的幸福生活。有利益诉求不通过正当途径表达而采用所谓"网络恶搞文化"表达，是对文化文明要义的亵渎，对正常文化秩序的搅乱。

二、诋毁先进文化理念　离散社会主义核心价值观

贴吧是大学生随意诋毁"整洁""守时""诚信""尊敬师长"等先进文化理念，离散"富强、民主、文明、和谐，自由、平等、公正、法治，爱国、敬业、诚信、友善"社会主义核心价值观的重灾区。调查验证了"贴吧成为网络文化的重要源头之一"[①] 这一说法。贴吧里，大学生贴出要求更换辅导员

[①]　李文明、季爱娟：《网络文化教程》，北京大学出版社 2016 年版，第 90 页。

的帖子，因为辅导员要求宿舍整洁、按时到课，学生不到教室上课辅导员甚至到宿舍叫起床；贴出请人代课、代寝、代考的帖子，因为自己要到外面打工挣钱、要到外面留宿、参加考试会通不过。好在先进文化理念是诋毁不了的，社会主义核心价值观也是离散不了的，宿舍还是要整洁，学生还是要按时到课；出席不了课堂就出席不了课堂，不能在宿舍就寝就不能在宿舍就寝，辅导员该到宿舍叫学生起床还是到宿舍叫学生起床，考试通不过就通不过，诚信的原则违反不了。

QQ 群也是大学生随意诋毁"整洁""守时""诚信""尊敬师长"等先进文化理念，离散"富强、民主、文明、和谐，自由、平等、公正、法治，爱国、敬业、诚信、友善"社会主义核心价值观的重灾区。在学生 QQ 群里，大学生随意表达自己想要随便放东西、不收拾宿舍、睡懒觉不去上课、写论文偷懒不查原著的思想；随意咒骂学校的后勤服务工作人员，只是因为宿舍经常跳闸停电、开水供应不上。好在后来学校把学生宿舍改造成了幼儿园，解决了电脑和大功率电器同时使用，电压负荷过重引起跳闸，开水不再使用老式的锅炉加一排热水龙头供应而采用先进的电动步式开水器供应，每层宿舍一个，24 小时供应开水。好在先进文化理念是诋毁不了的，社会主义核心价值观也是离散不了的；宿舍东西还是要收拾，课还是要去上，如果论文中脚注标注的原著页码不对被专家查出来会被定为不合格；后勤服务工作人员不在 QQ 群里，咒骂他，他并不知道，只有将意见通过 QQ 群里老师和同学的传达他才知道。

三、扰乱经济社会秩序　妨碍大学生自身成长

网络文化失范通过对劳动力的损伤扰乱经济社会秩序，阻碍经济社会科学发展。一是损伤语言的接收者、承载者，二是损伤语言、动作、行为的发出者。

不规范的、过多的表达加重语言信息接收者（受众）的负担，成为交流的致命伤。微博及微博评论本来是有利于经济社会科学发展的通信、交际工具，但失范的网络文化会使微博及微博评论停摆。有大学生出于好奇与极大

的参与热情，在电视剧《延禧攻略》反派人物太监袁春望扮演者王茂蕾的微博下留言，过多使用"脑残""SB""人狠话不多""心机男"等不规范语言评论反派人物太监袁春望，致使王茂蕾不堪这些对角色的负面性评价，暂时关闭了微博评论。

网络谣言误导人的行为，导致不必要的经济活动产生。例如，谣传很快会没食盐出售了导致大家都去抢购盐，又导致食盐价格非正常飙升，直到谣言被澄清食盐价格才回落。谣传板蓝根可以防治"非典"，导致抢购、高价购买板蓝根行为。

微信朋友圈转发含教唆割喉杀人的信息也扰乱了经济社会秩序，必须坚决予以删除。

网络文化失范通过心灵伤害、健康损害、学业荒废妨碍大学生自身成长。

（1）网络文化失范给大学生自身带来了心灵伤害。网络论坛以及聊天室里的低俗网络用语、网络互骂，给大学生自身造成心灵伤害。网络游戏成瘾的学生容易产生心理障碍，经常玩暴力游戏的学生在现实生活中更具攻击性。网络色情成瘾的大学生往往嗜痴如命、人性异化。长期阅读网络色情文学作品接受色情信息不利于建立正确的性观念和婚恋伦理道德观念。个别大学生在唯我独尊的网络文化作品的影响下，道德沦丧，人性变异，不知道自己的生存是建立在什么基础之上，日趋专横、冷酷、自我中心甚至以身试法去骗抢中小学生手机。

（2）网络文化失范给大学生自身带来了健康损害。大学生网络游戏沉迷、网络交往沉迷、网络色情沉迷对自身健康伤害很大。作用于脑垂体的网络色情文化信息使青少年早熟，相应地容易出现未老先衰的现象。长久观看网络言情、动漫武侠、奇幻修仙小说，玩暴力色情游戏，造成视力下降，脊柱弯曲，身材矮小，头昏眼花，食欲下降，免疫系统功能随之下降。再加上电脑对人体的辐射，早生华发，未老先衰。长期熬夜上网的学生，体力透支，睡眠严重缺乏，走出校门时带回家里的是一个病恹恹的身体。

（3）网络文化失范给大学生自身带来了学业荒废。上网的时间多了，课程学习的时间就少了。有个网络小说阅读成瘾的学生，五门功课不及格，被学校劝退。有个从事网络小说创作的学生，以暴力、色情、冷艳、奇幻、穿越为卖点，不吃饭、不睡觉、不上课不停地创作，最后小说是完成了，但多门功课挂科。某本科生通过 QQ 和陌生人谈论同性性行为，无节制地阅读所谓的"同人小说"，结果脑子里全是不良信息，学习复杂的高等数学知识就学不进去了。某高等职业院校学生因长期打游戏，推迟吃饭、不上课、不交作业而导致三年下来并无一技之长。

正如李超民所说："有些网民受自由主义大肆宣扬所影响，错误地认为'网络无主权、网络无政府'、人民权利的行使和维护要依靠个人意志、政府不应对网络文化进行管控，要任由网络文化自由发展，人们有自由选择创造与享受什么样的网络文化，但这些无视法律和道德规制的网络行为最终将导致网络文化无序发展。"[①] 网络空间需要思想、道德、法律的进一步规制。

---

① 李超民：《建设网络文化安全综合治理体系》，《晋阳学刊》2019 年第 1 期，第 101 页。

第四章
大学生网络文化失范成因分析

研究大学生网络文化失范的成因及其过程机理，是规制大学生网络文化失范的基础。只有通过对大学生网络文化行为失范的成因及其过程机理的透彻分析，才能制定出正确的规制策略和方法。大学生网络文化失范的原因既有内因又有外因，还遵循着一定的过程机理。

第一节　内　因

辩证唯物主义和历史唯物主义告诉我们，事物的内因是第一位的，内因决定外因，外因通过内因起作用。因此，分析大学生网络文化失范的原因，首先要看大学生本身存在的问题。

一、思想上盲目崇尚西方

说大学生网络文化失范的主观原因之一是思想上盲目崇尚西方，是因为有网络文化失范行为的大学生存在以下几方面的思想行为表现。

1. 对西方物质文化的盲目崇尚

随着市场经济体制改革的深入开展，商品、货币、资本在当代生活中扮演着越来越重要的角色。当代大学生崇尚西方高度发达的科技物质文化，自觉地学习西方的科技物质文化，这种主观愿望是有利于大学生成才的。但是，学习西方物质文化的落脚点在有的大学生身上有着根本的错误。在关于出国留学的目的调查中，我们了解到有的大学生出国留学只是为了好玩，有的只是为了开开眼界，有的只是为了实现小时候的一个愿望，很少有大学生立足于回来更好地建设自己的祖国，更很少有大学生深入到在思想文化层面学习和借鉴西方。

回顾我们国家的文化先驱者们学习西方的历程，首先是在器物层面学习西方。从魏源的"师夷长技以制夷"到曾国藩、李鸿章的洋务运动都是想通过这一层面的努力解救中国。接下来，是在制度层面学习西方，从康有为的戊戌变法、君主立宪到孙中山的辛亥革命即企图通过这一层面的努力解救中国。再接下来，从李大钊在《新青年》上介绍马克思主义到毛泽东的马克思主义中国化，开启了从思想文化上学习西方的历程，很好地把握了西方文化的精神实质，起到了鼓舞人民斗志，为人民大众的反帝反封建任务的完成提供思想武器、精神动力的作用。

而我们当代大学生学习西方，有的就抱着"外国的月亮比中国圆"的错误思想认识，带着盲目崇尚西方物质文化的心态在学习西方。这就必然导致对西方的文化不加选择地全盘吸收，对商品、货币、资本盲目崇尚，甚至形成商品拜物教，买东西偏好网购国外的产品，在世界观中形成金钱至上的观点，在人生观中有着运用货币资本购买别人的劳动力的思想，看不到商品是为交换而生产的产品的本质，看不到货币是充当一般等价物的商品的本质，看不到资本的无限扩张超过劳动人民的实际购买能力的时候资本主义生产方式就会崩盘的危机，看不到人与人之间的相互依存关系，也看不到中国的实际国情。这就必然导致在思维方式上存在着单纯追求剩余价值的片面性，职业取向上趋向于当大老板、总经理，在行为上比较容易出现网络物质文化失范。

2. 对西方精神文化的盲目崇尚

由于一个国家的经济快速平稳发展的"黄金期"同时也是"人民内部矛盾凸显期"，因此因分配不公导致贫富悬殊以及社会腐败等问题而将日益尖锐化。西方的个人主义、利己主义思想受到崇尚。钱理群曾经在北京大学的一次研讨会上作出了令人振聋发聩的论断："我们的一些大学，包括北京大学，正在培养一些'精致的利己主义者'。"大学生的利己主义思想很大程度上又来源于对西方个人主义、利己主义精神文化的盲目崇尚。从鲁迅《伤逝》里涓生在处理和子君的关系时的"先救活自己"，再到当代大学生喜欢读的《飘》里的主人公郝思嘉的"明天又是另一天"，都是人物在困境中作出的自我拯救、自我宽解的选择。利己本身并没有错，问题在于要取得利己与利他的平衡。西方精神文化中并不全是个人英雄主义，更多的是利他精神、团结协作精神，如南丁格尔的护卫精神、白求恩精神、《泰坦尼克号》中的舍己救人精神，可我们有的大学生取的是西方精神文化的极端个人主义、极端利己主义甚至损人利己的精神，如资本家为了追求剩余价值而对工人进行残酷剥削和压迫、对资源与环境肆意地进行破坏，看不到这些必然导致发展的不协调、不全面、不可持续。

对西方精神文化的盲目崇尚，必然导致对西方精神文化的全盘吸收。有的大学生特别欣赏日本的动画片，尽管里面包含暴力恐怖内容，也不顾一切地要看，全然不顾里面的暴力内容对自己的身心健康可能有的不良影响。网络中的色情明星成为大学生崇拜的对象。对西方影视文化也偏向于吸收其偏离常轨的部分，例如，我们在谈话调查中了解到，在婚恋伦理观方面，有的大学生比较崇拜伊丽莎白·泰勒，崇拜她一生结过九次婚离过八次婚，而且每次都是嫁的大富豪。也许只是一句玩笑话，却透露出大学生对西方精神文化的盲目崇尚，大学生看不到多次婚姻对女性的伤害，只有足够坚强的人才能挺过去。有的大学生没有学习到西方文化中独立、自主、互助等人文精神，却学习到了其糟粕，恋爱观中带有严重的实用主义、潮流主义和游戏主义色彩。有的大学生对耽美小说情有独钟，无论走到哪里都要拿着手机阅读此类小说，在网络上也毫不避讳地公开声明自己的性取向。

西方和美国的精神生活，都始于三种来源："希腊文化——从希腊得到文学、艺术、哲学和纯数学；犹太人的宗教和伦理——从犹太人那里得到狂热的宗教信仰、道德的热诚和罪恶的观念，还有宗教的不宽容精神，以及民族主义的一部分；由近代科学产生的现代工业主义——从科学和工业主义得到力量和对力量的知识，也得到了所有知识必须应用的经验主义的方法。这些力量，使得西方人自信是上帝，可以公正地替尚无科学的种族决断生死。"① 大学生却由于自身知识的浅薄，对西方思想文化的三大来源了解甚少，因而容易出现不加辨别地盲目地崇尚西方的现象，进而出现网络文化失范问题。

3. 对西方制度文化的盲目崇尚

对西方制度文化的盲目崇尚表现在不加批判地接受西方资本主义意识形态文化，对西方政治制度更是膜拜。有的大学生对西方打着"民主""自由"的幌子恶意攻击我国的民主政治制度和人权状况缺乏清醒的认识，误以为我

---

① 费孝通：《乡土重建》，绿洲出版社1967年版，第14页。

们国家可以仿效西方的政治和经济模式，实行多党轮流执政、议会制、总统制和所谓的"直接选举制"，甚至反对任何形式的政府管制，主张完全自由化、彻底私有化、全面市场化。有的大学生对西方的某些制度思想观点缺乏辨别能力，有的大学生无知地担当不适合我国国情的错误制度文化思想的传播者，在虚拟社区论坛和个人博客、QQ 空间里转载各种未经辨析、与事实不合、非常片面的思想政治言论，否定近现代以来的一切革命，反对社会主义制度，主张"全盘西化"，认同所谓的"普世价值"，主张中国走资本主义道路，表现出与党的二十大精神格格不入的论调，也表现出其对中国近现代史的了解极为粗浅，思想简单幼稚。

4. 对西方行为文化的盲目崇尚

对西方行为文化的盲目崇尚表现在不加批判地接受西方颓废行为文化和消费行为文化。有的大学生盲目认同西方后现代文化思潮：叔本华悲观厌世学说、尼采超人学说。受西方颓废行为文化的影响，有的大学生对自己的行为极端不负责任，出现恶搞传统文化、充当网络黑客等行为。有的大学生对西方影视中出现的一些明星或社会名流的行为盲目模仿，甚至盲目崇尚西方的"一夜情""多性伴""同性恋""性虐待"等所谓的"性爱自由"方式。20 世纪 40 年代美国出现过"消费取代生产成为人们日常生活兴趣的中心，也表明物质消费取代精神生活，追求享受与舒适取代劳动与创业成为人的生活目标"的现象，而我国现在有的大学生在步西方的后尘，无节制地进行网购，出现"网上包裹日日来，袋里银子日日去"的现象。

从上述四个方面的思想表现可以看出，思想上盲目崇尚西方是造成大学生网络文化失范的内在原因之一。

二、道德上责任意识淡薄

说大学生网络文化失范的主观原因之二是道德上责任意识淡薄，是因为有网络文化失范行为的大学生存在以下几方面的思想行为表现。

1. 对自己的责任意识淡薄

对自己的责任意识淡薄表现在缺乏"勿以恶小而为之"的警觉，罪恶感、耻感、敬畏感缺失。具体表现为精神懈怠、放任自流，自我经济、学习、工作、家庭、生命责任意识淡薄。我们在访谈中了解到，有网络文化失范行为的大学生往往存在道德自律失灵的现象："父母的叮咛？忘了！""亲友的资助？忘了！""求学的初衷？忘了！"父母含辛茹苦供大学生读书，大学生当初也答应父母学成找到工作，连本金带利息把父母供自己读书的钱还给父母，因为自己是成年人了，不能再让父母供养自己了，但一进入网络文化环境，时间上的自我规制就不起作用了，沉溺于网络文化产品的消费中，自己出科研成果的时间一再推后。心理学认为，人的主体性是一切道德活动的内在依据，思想道德又是心理发展调节的中枢，影响一个人作出道德抉择的是良心和责任感，网络道德情感过程是一个网络羞耻感、责任感、理智感和审美感相互发挥作用的过程。假如大学生责任心强一点，把自己要做的事看作一个整体，从100%做到0%，哪怕累死在书桌前也做完，绝不分心，大学生就可能以丰硕的科研成果被用人单位录用，如期把自己读书的本金和利息还给父母。

2. 对他人的责任意识淡薄

对他人的责任意识淡薄表现在自我中心，只考虑自己的需求，没考虑对别人的不良影响。具体表现为对他人财产、时间、生命、前途、家庭责任意识淡薄。根据我国《公民道德建设实施纲要》有关要求，大学生应该遵循爱国守法、诚信无害、文明友善、自律自护的网络道德规范，可有的大学生就是极不自律。有关调查研究的结果表明：只有19.90%的学生认为自己在网络生活中态度认真，有6.00%的学生认为自己在网络生活中较不认真，有0.00%的学生认为自己极不认真。[①] 这种不认真的态度本身就会给自己和他人带来麻烦。过分沉溺网络文化生活，放逐自己对工作、家庭的责任是一种道德败坏的行为。在科研工作中，也许就是因为一个人没有按时完成工作，延

---

① 胡凯：《大学生网络心理健康素质提升研究》，中国古籍出版社2013年版，第76页。

缓了整个团队的工作进度，致使团队的服务对象不能得到及时有效的服务，进而给他人财产、时间、生命、前途造成损失。

因为对自己的责任意识淡薄，对他人的责任意识淡薄，大学生就容易出现各种网络文化失范行为。

三、文化上人文底蕴较弱

吕思勉在《中国文化史》绪论中说过："在理论上，虽不能将一切人类行为，都称为文化行为，在事实上，则人类的一切行为，几无不与文化有关系。可见文化方位的广大。能了解文化，自然就能了解社会了。人类的行为，源于机体的，只是能力。其如何发挥此能力，则全因文化而定其形式。"① 说大学生网络文化失范的主观原因之三是文化上人文底蕴较弱，是因为有网络文化失范行为的大学生存在以下几方面的思想行为表现。

1. 中国历史文化修养不足

缺乏对高雅大气有思想深度的经典作品的阅读耐心。有个大学生，从小学五年级起就爱读报刊亭出售的言情杂志、言情小说，上网也专挑言情小说看，父母拿中国四大名著《三国演义》《水浒传》《西游记》《红楼梦》给她读，她说看不懂，弃之不读。长期养成的阅读喜好上的偏颇造成了大学生对厚重的中国历史文化接触较少，吸收的是通俗小说中描写的中国历史文化中非人的部分、糟粕的部分：消极遁世、及时行乐、无法无天或隐忍退让、耽于幻想、玩弄异性。

缺乏对中国历史文化中丑的部分的辨别力和自觉的抵制力。中国现代作家（包括鲁迅、郭沫若、老舍、巴金、茅盾等）曾对我们民族的国民性进行过反思和批判，找出其中的不抵抗主义、安于现状等问题。当代作家在对我们民族的文化传统进行反思的时候，也找出了我们民族文化传统中的五种毒素：精神上的复古主义、做人的唯上主义、认知的独断主义、行政的人治主

---

① 吕思勉：《中国文化史》，北京大学出版社 2010 年版，第 1 页。

义、政体习惯的专制主义①。后来，这五种毒素都随着中国民主进程的加快、中国政治经济体制改革步伐的加快得到了有效的矫治。不理解中国历史文化就难以理解深入改革的必然性和紧迫性，就难以做到真正拥护中国共产党的领导，坚决执行改革开放的政策，也难以做建设法制中国的自觉践行者，从而出现大量的网络文化失范行为。

2. 西方历史文化修养不足

缺乏对西方文化精神的历史底蕴的深度理解。"一切'灾祸'中最大的，是由于含恨造成的勉强接受西化的态度，使我们一直只愿接受西方文化的成果，而不甘心接受产生成果的来源，这些来源包括西方的现代意理、方法、纯知精神和智慧。"② 大学生对西方外来文化一方面崇尚其高度发达的物质文明，另一方面有着一种本能的抵触心理，不愿深究西方文化之所以高度发达的原因。石书臣、张杰 2013 年对上海市八所高校的在校本科生进行调查发现，当代大学生受西方思想文化影响增多，但了解不深而易受误导，对当代西方社会思潮的了解程度，除了"民主社会主义思潮"一项选择"比较了解"和"了解一些"的比例达到 50.20% 以外，其他的如"新自由主义""消费主义""普世价值""后现代主义""历史虚无主义"等思潮选择"比较了解"和"了解一些"的比例基本上都只有 30.00% 左右。③ 高职高专的学生的西方历史文化修养更薄弱，我们在访谈调研中也发现：只有 21.56% 的大学生说得清自由、平等、博爱观念的来由，读过巴尔扎克的《人间喜剧》、海明威的《老人与海》的学生人数比例只有 6.67%。当代大学生了解西方文化的途径主要是网络、影视媒体，占到 56.70%；其次是"课堂学习"，只占19.90%；再次是"阅读相关书籍"和"社会交往"，各占 19.30% 和占

---

① 贺雄飞：《中国为什么不高兴：中华复兴时代知识分子的文化主张》，世界知识出版社 2009 年版，第 1 ~ 200 页。

② 韦政通：《中国文化与现代生活》，中国人民大学出版社 2005 年版，第 5 页。

③ 石书臣、张杰：《当代大学生思想文化素养状况的调查及对策》，《学校党建与思想育》2013 年第 7 期，第 4 ~ 7 页。

3.20%；最后是"其他"，占0.90%①。由此可以看出主渠道发挥作用低于辅渠道，所以了解得比较粗浅。而且辅渠道中充斥着西方历史文化中非人的部分：萎靡、自私、极端、放任、暴力、色情。我们的有些大学生缺乏对西方历史文化中丑的部分的自觉的抵制力，吸收的是西方历史文化中的糟粕，所以自身建构出来的人文精神不是厚重的、经得起风雨考验的人文精神。

文化本身对人有规制作用，有网络文化失范行为的大学生普遍地存在文化上人文底蕴较弱的问题，人文底蕴较弱是造成大学生网络文化失范的内因之三。

四、心理上从众趋新求异

说大学生网络文化失范的主观原因之四是心理上从众趋新求异，是因为有网络文化失范行为的大学生存在以下几方面的思想行为表现。

1. 从众心理

大学生由于没有真正认同社会主义核心价值理念，一遇到大是大非问题就缺乏独立思考和判断能力，受本能驱动、社交压力等因素影响而从众。大学生网络集群行为很多情况下出于从众。例如，参与外交事件引发的游行，一方面出于宣泄心理，宣泄道德感、正义感产生的义愤；另一方面出于从众心理，在未弄清事实真相没冷静思考的情况下随意发言或行动。国外学者的研究表明："同侪交往和同侪增援对个人参与越轨网络性活动的意愿有很大影响。"② 同侪交往，参与同侪增援本身就是从众心理在起支配作用。

2. 趋新心理

大学生中存在着比较严重的"赶时髦"心理，即追逐时尚，追逐时尚本

① 石书臣、张杰：《当代大学生思想文化素养状况的调查及对策》，《学校党建与思想育》2013年第7期，第4~7页。

② Klein，Jennifer L.；Danielle Tolson Cooper. Deviant Cyber-Sexual Activities in Young Adults：Exploring Prevalence and Predictions Using In-Person Sexual Activities and Social Learning Theory. *Archives of Sexual Behavior*；New York Vol. 48，2019（2）：619.

身后面又有深刻的社会心理原因，而且容易引发网络文化行为失范。在趋新心理的驱动下，大学生对物质利益的追求远甚于精神成长，定力缺失。例如，大学生对于新的电子科技产品（如手机）以及其他高档商品的追求过于强烈，网络购物成瘾就是受趋新心理的影响，把网络、电视上出现的手机或其他商品的广告当成现实生活中应该达到的范例或标准而不懈追求，甚至不顾自己的实际收入状况，导致自己债台高筑。

3. 求异心理

大学生课业负担重，家庭学校社会对大学生（尤其是攻读高层次学位的大学生）期望值高，大学生在沉重的经济压力和学业压力下为了寻求解决途径容易出现横冲直撞的失范行为，特别是对突发性压力容易采取非理性的无效应对方式。例如，出现的高学历高智商的大学生从事网络黑客现象、开设网络色情网站现象、创作网络色情小说现象、网络恶搞现象、充当网络文化枪手现象等违法犯罪行为，很大程度上出于"走异路，投异地，去寻求别样的人们"的反叛、求异心理。问题在于大学生没有理智选择正确的人生。

从众心理、趋新心理、求异心理成为大学生网络文化失范的直接动因，大学生往往自身难以察觉自己已进入了这样一个社会文化心理构成的圈套，等他们醒悟时，过错业已酿成，失去的光阴回不来，留给他们的是深深的后悔与自责。

第二节 外 因

外因是构成事物发展的外在环境条件。没有外因，内因就难以表现出来，现象也无法形成。因此，分析大学生网络文化失范的原因，必分析外在环境条件对其所产生的作用。

一、国外反动文化的侵蚀

国外反动文化的侵蚀是造成有大学生网络文化失范行为的外因之一，主要体现在以下方面。

1. 西方不良政治经济文化思潮对大学生的冲击

自"冷战"结束以来，西方列强对中国的遏制由军事威胁转入文化软化与军事威胁并行，大力推行文化霸权主义。西方列强对社会主义意识形态的颠覆始终没有停止，不断向中国输出西方政治经济文化思想，不断向中国渗透普世价值观，不断向中国大众灌输恐怖主义、自由主义，不断进行反共宣传活动，并且借助所谓的人权纵容违法乱纪行为，给中国和世界造成不可挽回的惨重损失。知识就是权力（福柯语），由于西方科技文化比较先进，生产力强，传播力强，中国加入世贸组织以后，由于文化处于弱势地位，因此竞争力较弱，在文化交流中付出了高昂的代价，很容易签下不平等条约，实行不等价交换。

西方政治经济文化思潮中对大学生思想冲击最大的是庸俗政治经济学。法兰克福学派曾有思想家说过："资本主义大众文化的特征是通过为人们提供一个不同于现实世界的幻想的精神世界而平息社会的内在否定性和反叛欲望，通过使人们在幻想中得到满足而美化和证明现存秩序，为现存辩护。"① 西方列强为资本主义剥削经济生产方式辩护，大力推行不劳而获的剥削阶级思想，维护资产阶级政治统治，并且妄图让中国改旗易帜，实行和他们一样的政体，因而通过建立不公正不合理的国家政治经济文化秩序对发展中国家进行政治干涉、经济制裁和文化侵略，给我们国家的人民（包括大学生）造成了思想意识的混乱，延缓了大学生成长成功成才的进程，也在一定程度上延缓了我们国家现代化的进程。

2. 西方不良社会文化思潮对大学生的影响

西方列强除了向中国强势推行其霸权政治经济思想以外，还向中国强行推行其享乐主义、颓废主义等社会文化思想。西方后现代主义文化思潮不停地宣扬生存的焦虑、无奈、自暴自弃、末世情结、性解放等消极颓废思想，冲击和蚕食着大学生高尚的理想、自强不息的奋斗精神、高品位的审美情趣。西方商品文化以一种无聊的歌舞升平式的日常生活样态消解着促进社会进步发展的追求高尚和卓越的动力。

大学生网络文化失范中的恶搞与后现代主义有着一脉相承的关系。"后现代主义代表了在一个发达的和变形的资本主义社会条件下，一般文化生产和商品生产的最终结合。"② 在改革开放进一步深入的今天，在市场经济向文化产业与个体精神生产全面渗透的今天，大学生作为市场经济的主体之一，特别容易接受后现代主义的思想和艺术手法。在自由的网络空间中，网络的匿名性使大学生能够无所顾忌地将自己的想象表现出来，丝毫不顾忌对传统的严肃的思想内容和精神实质的遵循。例如，把雷锋恶搞成投机钻营的兵痞，把蒙娜丽莎恶搞成留着大胡须的男人，把《吉祥的一家》通过篡改歌词恶搞成超生游击队。这种恶搞是以对原有文化形象的破坏来实现创新，运用了后现代主义的游戏风格，自我戏仿，混合、兼收并蓄和反讽。西方学者的调查

---

① 衣俊卿：《历史与乌托邦》，黑龙江教育出版社 1995 年版，第 127 页。

② ［英］特里·伊格尔顿：《致中国读者》，载《后现代主义的幻象》，华明译，商务出版社 2000 年版，第 1 页。

也发现：社会网站没有措施针对不道德的视频和照片的道德规制，也自动地鼓励了社会的不道德活动和大学生的失范行为①。这说明西方反动文化是大学生网络文化失范的外因。

我国民族文化和西方宗教文化争夺青年的斗争将长期存在。西方反动文化有着侵略和腐蚀中国人的文化心理的特质。近代，西方列强对中国发动战争，迫使中国签订不平等条约、割地、赔款，西方传教士在坚船利炮的保护下，到中国的各地传教，禁止中国教民敬祖、祀孔祭天，妄图切断中国人的文化命脉。在以和平与发展为主题的今天，国际反动文化采取的和平演变与强势推行手段并存，成为大学生网络文化失范的外因之一。

二、社会低俗文化的污染

社会低俗文化的污染是造成大学生网络文化失范行为的外因之二，主要体现在以下方面。

1. 社会虚假信息对大学生的不良示范作用

社会信息文化发布门槛放低不但给社会虚假信息的网络发布提供了便利，而且给大学生带来了不良的示范影响。我国是世界上进入现代化比较迟的国家，"迟发效应"是造成人们行为失范的重要原因，虚假信息即社会失范现象之一。塞缪尔·P. 亨廷顿有一个著名的论述："现代性产生稳定，而现代化导致不稳定。"② 现代化不可避免地给我国社会带来了以下不稳定因素：任务空前繁重，目标迷失，自然环境危机，自身矛盾和危机，依附性发展，不切实际的期望，期望不能兑现而萌生的对社会的不满，期望的恶性膨胀导致社

---

① Ahmad Sardar, Ullah Asad, Shafi Bushra, Shah Mussawar. The Role of Internetuse in the Adoption of Deviant Behavior among University Students. *Pakistan Journal of Criminology*；Peshawar Vol. 6，2014（1）：138.

② 塞缪尔·P. 亨廷顿：《变动社会的政治秩序》，张岱云等译，上海译文出版社 1989 年版，第51 页。

会成员的行为失范或越轨①。有的人为了满足自己让货币无限增殖的欲望而坑蒙拐骗，网络上的虚假中奖信息即为一例。社会虚假信息的网络发布并没有受到严厉惩处无疑给了大学生一个不良示范，觉得在网上撒撒小谎、造造谣言没关系。

2. 社会色情文化对大学生身心健康的损害

商家为了追逐利润，不断在网站上传播色情信息，制造色情小电影，要求浏览者先付款后浏览，并且竞相出版通俗、庸俗、低俗甚至恶俗的文化产品，为大学生网络文化失范提供了对象、诱因和仿效的样本。例如，网络文学中的"魅丽文化桃夭工作室"中的"桃夭小说"是大学生比较喜欢看的。在网络界面上使用的语言都是很不文雅的。以"最美不过摄政王"系列小说为例，描述的是摄政王与女帝、与太后乱伦的故事情节及其心理发展变化过程。内容介绍的用语句句涉嫌色情，其描述的故事情节涉嫌暴力，全然不顾中华民族的礼义廉耻。大学生对低俗的语言不但不抵制，反而习以为常、喜爱倍增、疯狂阅读，全然不顾校纪校规以及其他各门功课的学习，也不体恤父母挣钱供其读书的不易。此外，动画片分级制度的缺乏，致使低俗暴力色情动画片通过网络流入青少年的电脑中。据我们的调查，对网络色情信息采取欣赏、传播、分享、仿制、上瘾态度的学生在专科生调查对象中的比例达到 16. 67% 。网上信息莠不齐，网络立法又相对滞后，大学生反低俗的意识和能力不强，所以出现了很多文化失范行为，如参与创建网上色情网站从事非法经营活动、与人合伙创作和出版低俗小说。

3. 社会暴力文化对大学生身心健康的损害

社会暴力文化的存在，对大学生的人生观、价值观和世界观构成潜在的威胁，有的大学生因为接触过多的暴力文化而精神受损、心理变异、情感淡漠。杀害同寝室同学的马家爵对暴力游戏情有独钟，他经常通宵达旦地去网

---

① 汪信砚：《全球化、现代化与现代社会发展》，载《全球化、现代化与马克思主义哲学中国化》，武汉大学出版社 2010 年版，第 48~55 页。

吧玩暴力游戏①，暴力游戏成为其心理变异的外在构成因素。此外，看多了网络暴力小说，学生的心理和精神极易产生变异。"2009 经典完整玄幻系列"《坏蛋是怎样炼成的》（六道著，中原出版社出版），封面人物为男性，有的戴着锁链和镣铐打着赤膊，有的戴着十字项链打着赤膊，有的穿着夹克用打火机点燃香烟，有的三两个叼着香烟成掎角之势靠在一起，有的穿着黑皮衣戴着黑手套手指缝夹着香烟，全部是二十来岁的青年男子，神情淡漠，一副不走正道的黑道模样。这些形象一旦被大学生所模仿，其所体现的价值观被大学生所复制，后果不堪设想。

社会低俗文化远不止上面列举的三种。正如国防科技大学马永富教授等所指出的："社交媒体带来的网络话语平权使得人人都可以在网络空间中自由发声，但是，由于当前关于'实名制上网'的政策法规制定和执行还不够严格完善，因此，在社交媒体平台上依然存在着大量负面信息。例如，一些'网络大 V'利用其所谓的'影响力'，或散布不当言论，妄图挑动广大人民群众对党和政府的不满情绪；或散布所谓的'西方民主''普世价值'，妄图颠覆马克思主义在我国社会中的指导思想地位。再如，一些媒体机构任由一些低俗、媚俗、恶俗的娱乐信息在其平台上传播，试图通过色情、暴力、游戏等内容来吸引用户，进而实现其商业利益。这些信息在社交媒体平台上经过一系列的裂变传播，往往会'发酵'成种种负面舆论环境，而这种环境对于涉世未深的大学生群体来说却具有极强的煽动性和诱惑性，处于思想观念和价值取向尚未定型的大学生群体极易深陷这种负面舆论环境，导致理想信念丧失、道德品质败坏、一心追求娱乐至死、虚荣拜金之风甚嚣尘上。"② 列宁说过："在分析任何一个社会问题时，马克思主义的绝对要求，就是要把问题提到一定的历史范围之内。"③ 这一告诫启示我们从社会历史的纵深处观察

---

① 赵云梅：《网络文化对我国高校思想政治教育的影响及对策——以网络游戏对高校思想政治教育的影响为例》，《改革与开放》2012 年第 10 期，第 172 页。

② 孙晓楠、马永富：《基于社交媒体的高校德育工作研究》，《教育文化论坛》2018 年第 6 期，第 102 页。

③ 列宁：《论马克思主义》，载《列宁专题文集》，人民出版社 2009 年版，第 302 页。

和认识问题。正如当代政治研究者们所看到的那样，进入 21 世纪的人类社会，一方面享有以前各个历史时代特别是 20 世纪积累、创造的丰富的物质和精神财富；另一方面也面临长期遗留的和现实中不断出现的诸多突出问题和复杂矛盾。① 社会低俗文化是我国社会主义初级阶段出现的问题，是长期遗留和现实涌现的问题的综合体，这一问题长期没有得到解决，是大学生网络文化失范普遍存在的原因之一，这一问题解决的长期性、艰巨性也决定了解决大学生网络文化失范问题的长期性、艰巨性。

三、学校教育管理的疏漏

学校教育管理的疏漏是造成大学生网络文化失范行为的外因之三，主要体现在以下方面。

1. 学校教育管理体制上的疏漏对大学生的影响

学校教育管理体制上的疏漏在于没有专门的机构实体监管大学生校园网络文化。据调查了解，即使在大学图书馆电子阅览室的登录版面上都存在网络色情暴力游戏的宣传窗口，且长久得不到治理。以某大学图书馆为例。虽然图书馆电子阅览室的电脑屏幕上有"读者须知"，明文规定："1. 本室是读者查阅数字图书文献资料的学习场所。2. 严禁玩任何网络游戏，禁止浏览黄色网站和色情影视。3. 读者不得拆卸和挪动室内设备。4. 请保持安静、清洁，勿将零食带入本室。"而且，电脑屏幕上还有《网络安全管理知识竞赛题》的 Word 文档，供读者学习。可是，非常滑稽的是，在用户登录按钮上方出现了暴力色情游戏广告画面，还出现了恶搞红色革命口号的画面，如图 4 – 1、图 4 – 2、图 4 – 3 所示。

我们不知道上述广告是大学生所为还是某些网络文化商家所为，抑或是某个大学生受某个商家指使所为，既然出现在大学图书馆电子阅览室的电脑

---

① 《中国马克思主义与当代》编写组：《中国马克思主义与当代》，高等教育出版社 2012 年版，第 1 页。

图 4 - 1 某图书馆出现的恶搞图片

图 4 - 2 某图书馆出现的暴力游戏广告　　图 4 - 3 某图书馆出现的奇幻游戏广告

屏幕上就应该及时地被删除，可就是没人管。这不能不说是学校教育管理的一大疏漏。而且，在图书馆电子阅览室的登录界面上还出现了"开学了，《梦三国》火爆迎新生，iPad mini 天天抽，注册抽奖""八大活动两亿元狂送"的极富诱惑性的话语以及色情游戏画面。如果是校园外的游戏厂商使用病毒入侵学校图书馆，那么学校图书馆就应该有专门的机构和人员予以杀毒消除，而且，图书馆是莘莘学子求知的神圣殿堂，应该采用最先进的电子计算机防病毒反病毒技术，可是没有。这些广告存在一天，本来没有玩游戏恶习的纯洁的大学生就存在误入雷区的危险，本来有玩游戏的恶习的学生可能会忘记了自己到图书馆来是干什么的，我们不能不说学校教育管理体制存在疏漏。

2. 学校教育管理机制上的疏漏对大学生的影响

在调查中我们还了解到，学校教育管理机制上存在着疏漏，纵容了大学生的网络文化失范行为。一是没创立对家庭经济困难学生帮扶教机制，不能全程关心家庭经济困难学生的健康成长，不能及时发现其存在的思想问题和行为问题，不能积极帮助解决问题，导致家庭经济困难大学生容易出现网络物质文化、行为文化失范的问题。主体对象（学生）也趋向于把自己的问题藏在自己心里，等家庭、学校介入时为时已晚。例如，据网络报道，大学生刘某为了赢利而用刺激性图片来赢得点击量，再联系广告客商，不到一年的时间就从广告客商那里挣得了 2 万多元钱，最后以涉嫌传播淫秽物品谋利罪被检察机关批捕。这样的大学生网络文化失范行为如果被早发现早制止就不会酿成悲剧，可是学校缺乏这样的发现问题、分析问题、解决问题的机制。二是没设立有效的自动监管防控大学生网络文化失范的机制。当前，高校处在既要保证大学生享受信息社会的便利、让大学生了解我们国家网络文化产业逐步发展的生产力、保护大学生言论自由权和隐私权，又要进行内容控制的道德两难境地，且仅靠辅导员、学生干部监管，消息不灵，防患不力，防控危机事件发生的能力弱，经常因为监管方式方法不对而遭到学生误解，与学生发生矛盾冲突。三是没创设大学生网络文化失范家庭学校社会联管机制。高校往往在思想观念上轻视高等教育中父母作为德育主体作用的发挥，忽视和学生家长的沟通交流，一个学期下来，学生的成绩都没告知家长，网上家校信息沟通平台没搭建好，更遑论利用家庭、社会的力量对大学生进行思想管教和精神扶持。

如果学校教育管理在体制机制上加强建设，很多大学生网络文化失范的悲剧事件完全可能被消灭在萌芽状态。

四、家庭教育思想的滞后

家庭教育思想的滞后是造成大学生网络文化失范行为的外因之四，主要体现在以下方面。

1. 管教义务责任澄清滞后导致大学生责任意识淡薄

高等教育阶段家长对孩子的管教义务责任澄清滞后导致大学生责任意识淡薄，容易造成大学生网络文化失范现象主要表现在如下两点。第一，家长普遍认为自己对孩子"管"和"带"的阶段过去了，对孩子的在校思想行为可以放任不管了。在学生家长的圈子里，一直以来都有着"带好小学，管好中学，放好大学"的说法，家长认为大学生是成年人了，要学会自己管自己，就没再想尽好自己可以履行好的思想辅导的责任和义务。学校也等学生出事以后才通知家长，像上例中的偷建色情网站挣钱的行为，如果父母平时加强对孩子的教育，教育孩子，"孩子，咱再怎么穷，也要人穷志不穷，不可干违法乱纪的事，要通过正当途径挣钱"，可能孩子就不会在自己的人生中留下可耻的犯罪记录。第二，家长对孩子在经济上无限制地供给与溺爱，是造成大学生网络物质文化失范的重要原因。鉴于大学生已经是成年人但经济上尚不能自立的事实，有的家长就把学费借给了学生，声明毕业参加工作以后要连本带息还。有的家长则没有这样澄清，导致大学生无休止地向家里要钱，用于网购学习生活用品，特别是家庭比较富裕的学生家长，对孩子经济上的纵容更多。这无形中给了孩子钱来得很容易的错觉，没有还债的责任意识，加剧了其网络物质文化失范的严重程度。

2. 管教内容方法规划滞后导致大学生心理成长断乳

高等教育阶段家长对孩子的管教内容方法规划滞后导致大学生心理成长断乳，容易造成大学生网络文化失范现象主要表现在以下两点。第一，在内容方面，家长还停留在只管孩子学习成绩的阶段，没注意对孩子综合素质的有意识地引导和培养。进入大学以后，需要关心孩子的不只是学习，大学生孩子的思想、交往都需要关心，而且更重要的是关心其思想、人际交往。当大学生在思想、人际交往方面出现障碍，遇到困境的时候，家长绝不能不管不问。在国外，也有大学生被同学引诱吸毒，甚至被社会上的犯罪分子拐带到深山老林面临生命威胁的事例。放任不管的父母最终失去了自己的孩子，孩子因吸毒而失去了生命。主动干预、想方设法挽救孩子的父母则最终战胜了坏人，赢回了孩子。第二，在方法方面，有的大学生家长对孩子仍旧单纯采用管卡压的方法，没把自己的大学生孩子当朋友进行循循善诱地教导。单纯的管卡压只会引起孩子的逆反心理，难以收到理想的效果，孩子太需要尊重和引导了。孩子就要进入大学学习了，这时候父母就该更新观念，及早规划对孩子的管教内容和方法。在国外，同样有离异家庭，但父亲往往通过给孩子写信谈和他（她）的母亲离婚的真正原因，让孩子接受关于劳动、创造、家庭责任的重要性的价值观教育。我国现代著名音乐家、文学家傅雷也是通过家书教育孩子的。我国近代的曾国藩也写出了有名的教育后代的家书。这些都说明了和成年子女用亲切诚恳的方式交谈的重要性。当代社会的微博、微信不啻是和大学生沟通、了解大学生思想的重要途径，可有的父母和孩子任何途径的沟通联系都没有，电话都很少打一个，这样，就造成了对孩子的放逐，没及时把握孩子的思想动态，等孩子出事时已经迟了。

大学生表面上看是高级知识分子，实际上人生阅历远不如父母，每个大学生的父母都是人民群众，大学生和父母联系就是和人民群众联系，大学生父母以新的方式继续管教孩子就等于继续给予孩子心理上的哺乳。高等教育阶段，父母如果不自觉培养起参与学校对学生的管理教育的意识和能力，树立管教大学生孩子的自信，养成和孩子沟通交流的习惯，孩子就容易因心理成长断乳而误入歧途。

第三节 机 理

在明晰大学生网络文化失范原因的基础上，我们可以进一步深刻探析大学生文化失范现象形成的过程机理。机理是指为实现某一特定功能，一定的系统结构中各要素的内在工作方式以及诸要素在一定环境条件下相互联系、相互作用的运行规则和原理。大学生文化失范现象形成的过程机理可以从精神、物质、制度、行为四个方面去考察，对应着大学生网络文化失范的萌芽阶段、形成阶段、发展阶段和深化阶段。

一、萌芽阶段：网络精神文化从思想异化到价值涣散

萌芽阶段是大学生网络精神文化失范的阶段。大学生网络精神文化失范遵循着以下演变的过程机理。

1. 文化思想的异化是大学生网络精神文化失范过程机理的第一步

我们以一个网络文学阅读和创作失范的学生为例。这个学生最初是读小学五年级的时候父亲在报刊亭给她买了一本同学中间流行的漫画杂志，她无意中瞥见了报刊亭的其他校园流行杂志，就买了回来，再按照杂志封二、封三、封底的介绍买了上面推介的网络小说纸质本。后来读初中、高中就迷上了看网络小说，而且只看言情类，最爱看的是耽美类小说。到了读大学的时候就连上课也要通过手机、iPad读网络小说，甚至不去上课，在宿舍写作言情小说。有时去上一节课，也表现得精神萎靡。在这里，我们可以看出她网络精神文化失范的过程，文化思想的异化是其网络精神文化失范过程机理的第一步。

把大学生培养成大器是我们的初衷，但大学生网络文化失范扭曲和改变了这个初衷。大学生思想才致使大学生不再是一个直奔"满足人民群众对美好生活的向往"目标的纯正的开放的人，而是成为所谓的"精致的利己主义者"，只追求一己之感官享受，成为一个向颓废消极反动精神演化的人。

大学生文化思想异化的过程如图4-4所示。

图4-4 大学生文化思想异化过程

2. 文化精神的演化是大学生网络精神文化失范过程机理的第二步

国际反动文化侵蚀导致大学生文化精神演化。大学生本来接受的是以"爱国主义"为核心的民族精神和以"改革开放"为核心的时代精神，但是在国际反动文化的侵蚀下，演化成了以"自我中心"为特征的极端个人主义精神、以"自私自利"为特征的极端个人主义精神、以"坐享其成"为特征的享乐主义精神、以"消极懒惰"为特征的颓废主义精神。资本主义意识形态凭借全球化和网络化对我国发起"和平演变"，实施"西化"和"分化"，将资本主义价值观和社会意识形态渗入我国，企图进一步遏制和彻底扼杀社会主义，实现政治全球化。西方国家通过网络文化在潜移默化中渗透其主体精神和价值观念，凭借其经济和科技优势，强化文化产品的生产和输出，使其文化以耳熟能详的形式（网络影视作品、文学作品、歌曲动漫、政论文章）、较强的娱乐性、极强的观赏性和较深的知识性吸引中国青年一代。西方文化价值观念和生活方式迅速地在大学生中传播开来，成为大学生文化消费的主要内容，使大学生在潜意识里产生"亲美""亲西"的感觉。这种感觉逐步固化，为享乐主义、消费主义、拜金主义等非主流意识形态的泛滥敞开了方便之门，给"和平演变"提供了可乘之机。这样，国际反动文化就比较轻易地实现了其腐蚀中国青少年精神的目的。如图4-5所示。

大学生在文化思想异化、文化精神演化之后，由于没有受到干预，不知不觉又走向了第三步，文化价值涣散的阶段。

图4-5 大学生文化精神演化过程

3. 文化价值的涣散是大学生网络精神文化失范过程机理的第三步

网络文化的多元性，使具有多重价值判断标准，特别是不符合社会主义核心价值观的思想、观念的流行及传播，对大学生的正向的核心价值观的凝聚构成潜在的威胁。大学生接触到的网络文化内容丰富，但良莠不齐。西方意识形态和国内低俗网络文化都以网络为平台，大肆散布封建、迷信、色情、暴力、反党、反政府、反人民、反科学、反社会主义的言论。大学生在西方意识形态的冲击和国内低俗网络文化的污染下，以马克思主义理论、中国特色社会主义思想、社会主义荣辱观为核心的价值涣散成反党、反政府、反人民、反科学、反社会主义与美丑不分、以丑为美，荣辱不知、以耻为荣，两者共同构成大学生网络精神文化失范现象。如图4-6所示。

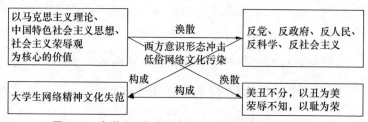

图4-6 大学生文化价值涣散至大学精神文化失范过程

二、形成阶段：网络物质文化从"载体"观看到"景观"创建

形成阶段是大学生网络物质文化失范的阶段。大学生网络物质文化失范遵循着以下演变的过程机理。

1. "文化"载体的观看是大学生网络物质文化失范过程机理的第一步

我们以偷建色情网站挣了2万多元的北京某高校学生为例，刘某是在看到色情网站有广阔的市场前景，光是在校大学生中都有相当一部分人（特别是男生）经常光顾淫秽信息网站才萌生创建色情网站的念头的。还有，大量的网购成瘾、网络色情暴力游戏成瘾、网络色情暴力小说阅读成瘾、网络赌博成瘾的大学生最初都是在看到同学这样进行网购、玩色情暴力游戏、读色情暴力小说、进行网络赌博的情况下逐步发展到网购超量、网络色情暴力游戏成瘾、网络色情暴力小说阅读成瘾、网络赌博成瘾的。看到别人进行网络物质文化消费，自己就产生了从众心理。从众心理使自己原有的对负面的网络物质文化的憎恶心理减弱甚至消除，进而对某些低俗甚至恶俗的网络物质文化——色情图片、视频、小说，色情暴力游戏、赌博游戏发生兴趣。

"观看"意味着一个人关注什么、对什么有欲求、渴望拥有什么权利、反观自身对比出什么结果。大学生对负面网络文化物质的观看意味着大学生开始关注网络负面物质文化，为其行使某些权利，实现某些欲求，改变自身原来的某些做法奠定了基础。

2. 文化"时尚"的模仿是大学生网络物质文化失范过程机理的第二步

刘某观看了网络色情文化之后，认定网络色情文化将成为一种时尚，而且社会上创建色情网站的不止他一个，就大胆地开始模仿创建色情网站。"模仿"是一种从众行为。正如哲学家齐美尔所说，时尚根除了羞耻感，因为时尚代表着大众行为，在参与大众犯罪时责任感就消失了，而当个人单独这样做的时候他就会感到畏惧①，正是社会上创建色情网站成为时尚，有此范例，才让大学生误入歧途。我们有时在网上搜到一个提供名著电子书免费下载的网站，一点击进去就是引诱你的动态色情视频，并且留出空白位让你张贴有关广告，这说明"刘同学现象"现在在社会上还很普遍。可以说，偷建色情网站的刘同学被依法逮捕只是一个正义得到伸张的个案，还有很多建造色情网情败坏社会风气的违法者没有受到法律的严惩。正是这样一种"大家都看，大家都建，网络空间无人监管净化"的局面，致使部分大学生走向实质性的网络物质文化失范——建造淫秽网络文化"景观"。

3. 文化"景观"的创建是大学生网络物质文化失范过程机理的第三步

我们继续看刘同学的案例。他在学校用自己的笔记本电脑设计了一个网

---

① ［德］齐奥尔格·西美尔：《时尚的哲学》，费勇译，文化艺术出版社 2001 年版，第 85 页。

页，又在一个网络公司申请了多个域名，租用了一个大容量的托管空间，就开始下载、收集和上传淫秽色情照片到这个空间。这些淫秽色情照片组成了一个色情文化"景观"，吸引了很高的点击率。可以说，刘某是自己网站的淫秽物质文化"景观"的发明建造者，监察机关就是依据其上传了500多张淫秽图片的事实而批准逮捕他的。如果他不迈出第三步，他可能可以顺利完成学业，找到一份正规的工作，成为建设祖国和保卫祖国的有用之才，可是，他迈出去的决定性的第三步已经改变了他原本可以有的美好的人生轨迹。

"创建"是一种主体建构行为，也是一种改造客观世界的行为。马克思认为，人们在改造客观世界的同时改造主观世界。刘某正是把纯洁的客观世界改造成了充满淫秽色情的客观世界，把自己纯洁的主观世界改造成了充满金钱与罪恶的主观世界。后来者不可不引以为戒。

综观刘同学以及其他网络物质文化失范的同学的失足过程，我们可以总结出大学生网络物质文化失范的过程机理（见图4-7），还可以以这个过程机理为依据，制定出有效干预大学生网络物质文化失范的策略。

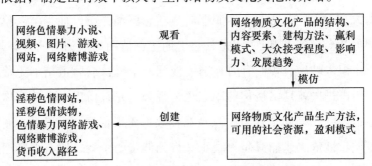

图4-7 大学生网络物质文化失范过程机理

三、发展阶段：网络制度文化从法纪漠视到自律废弃

发展阶段是大学生网络制度文化失范的阶段。大学生网络制度文化失范遵循着以下演变的过程机理。

1. 文化法纪的漠视是大学生网络制度文化失范过程机理的第一步

我们从所有有网络文化失范行为的大学生身上都可以看出其对法纪的漠视。正因为大学生看到社会上的人创建色情网站没有受到惩处才胆敢自己创建色情网站，法律在该作为时不作为，或者只对一部分人作为而对另一部分人不作为，致使大学生失去了对法的信仰。纪律也是如此。老师对课堂上对看手机网络视频、玩网络游戏的行为不管，没建立起课堂行为考评机制，没遵循教育的规律组织课堂活动，没让学生动起来，学生当然会漠视课堂上不准看手机网络视频、玩网络游戏的纪律规定。再就是失范行为没有及时的遏制和惩处机制也是致使大学生漠视法纪的原因之一。网络成瘾没人管，不受惩罚，即使实施了危害他人生命的行为也是事后才惩处，所以造成了当事人对法纪的漠视，或者不顾后果逞一时之勇，或者一再地放松自己。实际上，"天网恢恢，疏而不漏"，"最铁的是规律，最严的是纪律，最高的是法律"，违反规律者必然受到规律的制约，违反纪律者必然受到纪律的约束，违法者必然受到制裁。当事人因为有了对文化法纪的漠视，所以才连法纪的基础——道德规范一起否定。

2. 文化规范的弃置是大学生网络制度文化失范过程机理的第二步

网络社会也被称为虚拟社会，它和现实社会一样，是人们交互活动的产物。强大的社会文化心理推力，致使浮躁无依的个体心理转向"大家都这样"的从众调适，甚而利用大众对低俗甚至恶俗的网络文化的偏好，解决自己的经济困境。从众心理造成了大学生个体对网络负文化的戒备消失，低俗网络物质文化的泛滥导致大学生个体浸淫其中不知其害，泛化的网络物质文化娱乐活动导致大学生个体无力招架，进而转向认同、欢迎、追随甚而走向利用，就弃置了网络文化规范。拿QQ空间的"说说"来说，QQ空间的"说说"每天都自动地在引诱大学生："亲，来说点什么吧""来，说说你在做什么在想什么"。至于该不该说，该说什么不该说什么，说了会不会暴露隐私、暴露行踪、会不会给犯罪分子以可乘之机则需由大学生自己全权负责，没有人替大学生承担风险和责任。网络视频、网络日志为了扩大传播面，增强影响力，设置了"分享"功能，可自由点击分享，也无形中增大了大学生构成网络侵权和暴露个人喜好的概率。有些大学生在漠视法纪进入色情视频网站以后，参与转播色情视频的违法活动，弃置了网络空间建设应有的不得转载色情视频、不得泄露有关机密的规范，结果给自己带来了麻烦。有些大学生对某些低俗甚至恶俗的网络物质文化——色情图片、视频、小说，色情暴力游戏、赌博游戏发生兴趣之后，也开始了参与观看、成为一角，甚而模仿制作、运用、利用，网络文化规范被抛到了一旁。

3. 文化自律的废弃是大学生网络制度文化失范过程机理的第三步

"君子立志常，小人常立志"，很多大学生正是这样，只有短期目标没有长期目标，导致很容易放弃自律。"人无远虑，必有近忧"，所以经常处于一种要给自己定规范定规矩定目标解决自己的一些小问题的状态，尤其是当短期目标没有实现的时候，容易走向极端——自我放逐，随波逐流，自由泛滥，任性而为，或者只图一时之快，白白地把自己宝贵的时间、精力、机会浪费掉了。我们了解到，很多大学生，包括部分博士研究生都是这样，在学习上、工作上遇到困难和挫折的时候容易见异思迁，对目标没有"咬定青山不放松"的坚持精神，结果，承诺的事项不能如期兑现，耽误下一道工序，这是导致他们失败的决定性因素。因为放松了对自己的要求，放松了对原来的目标的坚守，所以给了不良念头、异端邪说、低级目标以可乘之机。例如，有个博士研究生和导师约定，博一第一个学期要发一篇文献综述，但后来她沉迷于海量文献资料的下载、阅读和整理，再加上个人毅力不够就没完成。"怀抱六弦琴的人，不会去作恶。"假如她先把国家的法纪放在心里，要参加年度考核，无论如何要发一篇论文；再就是牢记和遵守规范和约定，无论如何要把论文写完、写好，发出去；最后是加强自律，咬住自己要发表文献综述这个目标不放松，她就不会出现网络信息下载过量的网络文化失范行为，也不会出现其他令她后悔和自责的失范行为。最长久的是自律，自律是法纪、规范之后的第三条防线，这条防线崩溃了，大学生就走向网络制度文化失范了。

因此，我们说大学生网络制度文化失范的过程机理是：从漠视法纪，到弃置规范，再到废弃自律。

大学生网络制度文化失范的过程机理可以如图 4 - 8 所示。

图 4 - 8　大学生网络制度文化失范过程机理

四、深化阶段：网络行为文化从行为偏差到行为悖逆

深化阶段是大学生网络行为文化失范的阶段。大学生网络行为文化失范遵循着以下演变的过程机理。

1. 第一步：文化行为的偏差

"媒介文化是比真实还要真实的'超真实'，是类像世界"，"媒介文化已成为一个自主生命能力的本体世界"①，很容易发生失控事件。我们举一个网恋的硕士女大学生事例来说明这个问题。这个学生因读本科的时候父母总是叮嘱她，读书期间要专心读书，不要谈恋爱，平时很听话的她就产生了逆反心理："国家法律都规定大学生可以谈恋爱，为什么我不能？"于是一到攻读硕士学位的时期，她就想找一个终身伴侣，父母和其他人给她介绍的男孩子她一个也看不上，她要自己找。在现实生活中找不到，她就到网上找。她在网上找了一个看似面善的男孩子，加为 QQ 好友，谈天说地，开始了她的网恋之旅，也开启了她的恋爱悲剧。很多大学生的网络文化行为都始于悖逆，对父母师长的悖逆。也许是父母师长对大学生的期望值过高，大学生达不到要求，感觉活得很累，一方面觉得自己已经尽力，但还有些地方做得不够好；另一方面觉得父母师长不够理解自己，心里想着："还有别人比我更差的"，

---

① 陈龙：《媒介素养通论》，中南大学出版社 2007 年版，第 92 页。

或者"我给你们一个更差的结果试试看喽",或者"我努了这么多力下了这么多工夫付出了这么大的代价也没用,我不干了"。学生出现偏差心理和行为是危险的开始,偏差心理使得学生自暴自弃,错失良机,走向下坡路,对学生的学业危害极大。这时,如果父母师长能及早发现其悖逆心理和行为,及早予以批判和痛斥,使其彻底清醒,看到放弃或者干得更差的后果,使其树立对自己负责的人生态度,尚可逆转。如果父母师长放纵孩子的放弃、退缩,孩子就会在很长一段时间都处在失败带来的不良后果中。只有当孩子在心理和行为上都按照父母师长的指示去干,并且干好的时候,孩子才不会在人生旅途上栽大的跟头。

文化行为偏差是大学生行为文化失范的第一步。出现文化行为悖逆的大学生往往存在人际沟通不良、自我心理行为失调的现象,表现在言行上反社会文化规范,反原来的约定,反学校制度,反平时的行为路径,反父母师长,激烈地批判父母师长的言行,而不是努力去理解父母师长的良苦用心。文化偏差的学生往往缺乏清醒的自我意识,需要父母师长、同学朋友多多关心才能安然度过叛逆期,才不致酿成严重的不良后果。

2. 第二步:文化行为的放纵

我们继续以网恋女孩为例。后来,她觉得与男网友很谈得来,出于好奇心和对自己身材自信心的驱使,竟然接受了其提出的网络裸聊要求。后来,她又接受了男子提出的实际见面的要求,虽然实际见面之后对方只是一名40多岁的男子,但出于好胜心的驱使,她想把这场恋爱谈好。她想着国外都有老夫少妻的现象,国内杨振宁80多岁还娶了一个28岁的女硕士研究生呢。她就接受了其一起吃饭的邀请,又接受了其在宾馆玩牌的安排。假如她遵守校纪校规,不在外留宿,她还能够全身而退,遗憾的是她没有。行为的放纵是大学生网络行为文化失范过程机理的第二步。

3. 第三步:文化行为的悖逆

我们继续以网恋女孩为例。她处的对象比较有钱,但结发妻子没给他生儿子,他就想找一个人代孕,结果就碰上了这个女大学生。后来,这个女大学生真的怀上了他的儿子,他在孩子出生后给了女大学生一笔可观的赔偿费就和女大学生分手了。由于分心婚恋，导致了女大学生的学业延误，更重要的是其身心健康受到了严重损害，这时，她很后悔没听父母的话好好学习，专心学习，但错过的学习时机不再有。女孩的行为严重偏离了我们国家的计划生育政策，也偏离了《中华人民共和国婚姻法》，是非常糊涂的行为。迷途知返，一般人忍忍也就过去了，相同的错误不再犯，重新开始自己的人生，可她还是认定现实生活中无真爱，想到网上去找，又开始了她的网络征婚之旅，不知道等待她的是什么，也不知道她将来如何处理自己和自己私生的儿子的关系。

从整个事例我们可以看出网恋女孩真是何苦、何必走这一遭。她悖逆了传统婚恋伦理，放纵了自己的行为，偏离了网络婚恋道德和法律规范，伤害了别人（她的儿子），也伤害了自己。网络文化行为本应是遵循着"无害、公正、先进、合法、科学"的行为文化原则，可她留给世界的是一个"有害、偏私、落后、违法、不科学"的实际行为后果，我们不能不说她所造成的现象是网络文化行为失范的现象。

我们来总结一下大学生网络行为文化失范的过程机理，如图4-9所示。

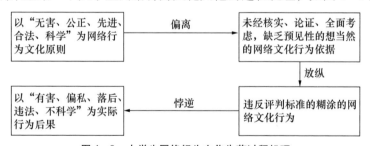

图4-9　大学生网络行为文化失范过程机理

第五章
大学生网络文化失范的规制策略

　　大学生网络文化失范现象虽属局部现象，但不能任其泛滥，必须以未雨绸缪的战略眼光、在分析其成因以及机理过程的基础上，通过"规制"将不良现象或消除或转化。政策和策略是我们党的生命。正确的规制策略是消除大学生网络文化失范现象的根本保障。针对大学生网络文化失范现象的成因，我们可以采取一系列的策略。

第一节　加强思想引领

根据人的思想品德形成发展规律以及思想政治教育过程规律①，规制大学生网络文化失范首先要加强思想引领。人的行为的直接根源是人的思想，同样的事物存在因人们思想观点的不同而会采取不同的态度和措施。要消除大学生网络文化失范现象，必须尽可能地统一其思想认识，加强对大学生群体的思想引领。如何加强大学生的思想引领呢？

一、以马克思主义理论统领大学生网络文化的精神

说以马克思主义理论统领大学生网络文化精神能够规制大学生网络文化失范的原因如下。

第一，以马克思主义理论统领大学生网络文化精神能够规制大学生网络文化失范是由马克思主义理论的先进性所决定的。马克思主义理论是思想政治教育学科的重要组成部分，思想政治教育学科本身具有规范性功能②。马克思主义理论是关于无产阶级解放的理论，高瞻远瞩地把握了人类发展的趋势，具有先进性特征。恩格斯曾经指出："马克思的整个世界观不是教义，而是方法。"③ 大学生深入学习马克思主义，能够树立起历史唯物主义和辩证唯物主义观点，把握人类发展的总体趋势，从而坚定共产主义信念，在纷繁复杂的

---

① 陈万柏、张耀灿：《思想政治教育学原理》，高等教育出版社 2015 年版，第 130 ~ 131、145 ~ 146 页。

② 刘强主编：《思想政治学科教学新论》，高等教育出版社 2009 年版，第 43 页。

③ 《马克思恩格斯文集》第 10 卷，人民出版社 2009 年版，第 691 页。

网络文化现象面前保持清醒的头脑，不为利诱，政治上不跟风、不盲目。

第二，以马克思主义理论统领大学生网络文化精神能够规制大学生网络文化失范是由马克思主义理论的科学性所决定的。马克思主义理论是关于人的全面发展的理论，是建立在历史考察和辩证思考的基础上的，具有科学性特征。大学生深入学习马克思主义，能够理解"资本主义必然灭亡，共产主义必然胜利"的原因，能够理解资本家剥削工人的秘密，也能够知晓现阶段如何采用各种有效手段解放和发展生产力，在改造客观世界的同时改造主观世界，正确处理各种经济关系，恰当地运用网络，遵守网络文化规范，不沉溺于虚拟网络世界。

第三，以马克思主义理论统领大学生网络文化精神能够规制大学生网络文化失范是由马克思主义理论的人民性所决定的。马克思主义理论是关于实践的理论，站在人民群众的立场维护广大人民群众的根本利益，具有人民性的特征。大学生深入学习马克思主义，能够理解人民群众是历史的创造者的观点，自觉地保持和人民群众的血肉联系，自觉地接受人民群众的监督，从而能够正确对待网络文化信息，不做出损害祖国和人民的事来。

所以，以马克思主义理论统领大学生网络文化精神能够规制大学生网络文化失范。

以马克思主义理论统领大学生网络文化精神要具体做到如下几点。

首先，要以历史唯物主义和辩证唯物主义帮助大学生树立正确的人生观、世界观，掌握实践方法论。马克思主义的历史唯物主义精神与辩证唯物主义精神是大学生认识网络精神文化的指南。大学生学习马克思主义，任务之一是要学习科学的思维方法，科学认识网络文化，掌握网络文化规律，从而从源头上预防和消灭失范。

其次，要以马克思主义政治经济学理论帮助大学生从宏观上认识到网络文化产业资本的逐利性。马克思主义政治经济学理论是大学生认识网络物质文化的法宝。大学生学习马克思主义，任务之二是要了解低俗网络文化产品屡禁不绝的原因，了解资本主义的魔咒，了解社会主义的前景，从而在思想上建筑起预防网络物质文化失范的防线。

最后，以科学共产主义理论让大学生认识到人与人之间的相互依存性进而树立共产主义理想。科学共产主义理论是大学生认识网络制度文化的法宝。大学生学习马克思主义，任务之三是要认识社会存在决定社会意识，经济基础决定上层建筑，树立起对规律的尊重，对法纪的敬重，对自律的推崇。

综上所述，通过马克思主义理论统领大学生网络文化精神加强大学生思想引领就是通过对马克思主义理论三个重要组成部分的解析，让大学生牢固树立起历史唯物主义和辩证唯物主义观点，进而有效预防和矫治大学生网络文化失范。

二、以中国特色社会主义理想凝聚大学生网络文化意志

说以中国特色社会主义理想凝聚大学生网络文化意志能够规制大学生网络文化失范的原因如下。

第一，中国特色社会主义理想是两千多年中国人民为之奋斗的理想。中国特色社会主义理想来源于中华祖先厚重的期望，中国特有的文化背景，起源于中国早有的大同理想。中国特色社会主义理想最新最生动具体表现形式是中国梦。中国梦是劳动人民意志的集中体现。广大劳动人民的愿望是拥有一个美丽的中国、民主的中国、法治的中国、平安的中国、和谐的中国，而中国梦正是富强之梦、民主之梦、文明之梦。

第二，中国特色社会主义理想是近百年来中国人民逐步明确的奋斗目标。我们民族经历了百年屈辱的历史，是社会主义给人民带来了解放的曙光，从我国 1956 年基本完成社会主义改造至今，取得了辉煌的建设成就。党和人民在长期艰苦的革命和建设实践中意识到：只有社会主义才能救中国，只有社会主义才能发展中国。中国的路要靠中国自己走，不能照抄照搬外国经验。所以，我们要建成中国特色的社会主义。

第三，中国特色社会主义理想能够凝聚起大学生的网络文化意志。大学生在网络中出现的认同西方资产阶级生活方式和政治经济体制的思想，根源在于没有树立起中国特色社会主义理想，没有意识到只有有特色的事物才能

拥有强大的生命力。中国特色社会主义理想是以"中国"为主体的理想，是中华民族自立于世界民族之林的根本保障，无论什么时候，中国特色社会主义理想的旗帜决不能丢，在网络文化中尤其要弘扬中国特色社会主义理想。

通过对中国特色社会主义理想的含义的具体生动地阐释，可以让大学生把中国特色社会主义理想内化为自己的行动指南，进而努力打造求真、向善、唯美的网络文化。

以中国特色社会主义理想凝聚大学生网络文化意志要具体做到以下几点。

首先，大力宣扬中国特色社会主义网络法治理想。依法治国是党领导人民治理国家的基本方略。在大学生网络文化实践中，法治观念是规范其行为的重要文明规约。如果大学生树立了中国特色社会主义网络法治理想，就会有一种以治理天下为己任的豪情壮志，就会自觉抵制各种网络空间的违法乱纪活动，对失范现象会有一种发自本源的识别力和抵抗力。

其次，着力阐述中国特色社会主义网络民主理想。列宁曾经说过："生机勃勃的创造性的社会主义是由人民群众自己创造的。"① 建设社会主义民主政治是建设中国特色社会主义的总体要求之一。建设社会主义民主政治就是在中国共产党领导下，立足基本国情，建成和运行好有中国特色的社会主义民主制度。人民代表大会制度是我们国家的根本民主政治制度。此外，中国共产党领导的多党合作和政治协商制度、民族区域自治制度以及基层群众自治制度是我国的基本政治制度。我们国家不搞西方的多党轮流执政，是基于中国历史文化基础和传统民族文化心理作出的合乎中国国情的正确选择。中国特色社会主义民主制度有利于发挥人民主人翁精神，最广泛地动员和组织人民依法管理国家事务和社会事务、管理经济和文化事业、积极投身社会主义现代化建设，更好保障人民权益，更好保证人民当家作主。大学生理解中国特色社会主义民主理想的含义，理解中国特色社会主义民主制度的优越性，就能有效抵御网络界面上西方各种反动政治思潮的侵蚀，自觉维护社会主义

① 中共中央马克思恩格斯列宁斯大林著作编译局：《列宁全集》第33卷，人民出版社1985年版，第53页。

民主制度的尊严，拥护中国共产党的领导。

最后，努力渗透中国特色社会主义网络生态理想。建设社会主义生态文明是建设中国特色社会主义的重要方面。西方国家生态环境保护在有些方面做得比我们国家好，但西方国家走过了一条"先污染后治理"的道路，而且资本主义的无限追求剩余价值的扩张本性决定了西方国家不可能在保护环境方面比社会主义倾注更多的时间、精力和资金[①]。社会主义制度决定了在生态环境保护方面比资本主义制度有更大的优越性。我国的社会治理目标之一就是："社会管理体系更加完善，社会秩序良好；资源利用效率显著提高，生态环境明显好转。"同时，建设生态文明是我们国家实现以人为本、全面协调可持续的科学发展的重要手段。通过多种途径努力向大学生渗透中国特色社会主义的生态理想教育特别是网络生态理想，有利于大学生在网络空间自觉抵制西方国家对我国社会主义制度的攻击，树立社会主义制度自信。

中国特色社会主义理想是中国人民的共同理想，以中国特色社会主义理想凝聚大学生网络文化意志能够规制大学生网络文化失范。

三、以民族精神、时代精神激励大学生网络文化创新

说以民族精神、时代精神激励大学生网络文化创新能够规制大学生网络文化失范的原因如下。

第一，以爱国主义为核心的民族精神能够为大学生网络文化创新提供目的指导。民族精神是我国传统文化精神的精华。爱国主义历来是激励无数仁人志士舍生忘死保家卫国的重要精神支柱，也是激励无数仁人志士奋勇向前刻苦攻关的重要精神支柱。从我们的祖先炎帝、黄帝到爱国主义诗人屈原、陆游、文天祥，到爱国主义文学家鲁迅、郭沫若，再到无产阶级革命家毛泽东、周恩来、朱德、邓小平，以及江泽民、胡锦涛、习近平，还有无数的革命志士，都表现了为中华之崛起而奔走呼告、刻苦学习、攻克难关的民族精

---

① 陈学明：《资本逻辑与生态危机》，《中国社会科学》2012年第11期，第4～23页。

神。往哲先贤们以祖国和人民的需要为第一需要，以祖国和人民的荣辱为第一荣辱，以祖国和人民的哀乐为第一哀乐，为了祖国的富强、民主、独立而抛头颅、洒热血、前赴后继，这种精神值得当代大学生继承和发扬。有了以爱国主义为核心的民族精神，大学生就能树立为中华之崛起而深化网络文化学习、刻苦攻关、自觉抵制不良思想侵蚀的精神理念，在芜杂的网络文化中谨遵有利于祖国和人民的规范，从而有效避免网络文化失范。

第二，以改革开放为核心的时代精神能够为大学生网络文化创新提供方法指导。时代精神是我国现代文化精神的精华。"一代有一代之精神"，从"改革开放"到"三个代表"到"科学发展观"再到"中国梦"，体现了我们国家时代精神演化的历程，改革开放始终是我们国家时代精神的核心，是我国长期坚持的基本国策。大学生也应该具有改革开放精神。改革开放精神能够为大学生提供方法指导，在大学生网络文化创新的过程中，有来自内部和外部的困难，对内实行改革，对外实行开放，能够为大学生网络文化创新增添活力，减少和避免因信息壅塞而带来的精神变异。有了以改革开放为核心的时代精神的方法指导，大学生的性格将更阳光，大学生的人格将更健康，进而，可以让大学生的网络文化创造权力在阳光下运行，有效接受人民群众的监督，减少网络文化失范行为。有了以改革开放为核心的时代精神的方法指导，大学生能够有效革除自身的一些陋习，振奋精神，为了我们国家的网络文化在国际上更有竞争力而刻苦攻克学习难关，从而有效避免网络文化失范。

以民族精神、时代精神激励大学生网络文化创新要具体做到如下几点。

首先，加大以爱国主义为核心的民族文化精神教育力度，激发大学生为国家强盛而攻克网络文化难关的责任感。在全球化的浪潮中，大学生应该有对自己民族文化的自信心和自豪感。张汝伦先生说过："'民族认同'应该被理解为'民族认异'，即一个民族确定自己不同于别人的差异或他性。"① 我们的民族文化及其核心价值的守护，是我们民族在普遍化和趋同化的全球化

---

① 张汝伦：《经济全球化和文化认同》，《哲学研究》2001年第2期，第5页。

时代的一种寻根固本的活动。有了对自己民族文化的自信心和自豪感，大学生就能正确认识和有效应对当代全球化过程中出现的风险共担的社会问题——借助网络得到传播、扩散与关联的跨国组织犯罪、毒品文化、暴力文化、失衡心态等，不致对自己构成诱惑，甚至可以通过网络举报来保护人民群众的根本利益。

其次，加大以改革开放为核心的时代文化精神教育力度，激发大学生赶超先进的竞争意识进而拥有创建先进网络文化的持续精神动力。大学生是创建社会主义先进网络文化的生力军，创建社会主义先进网络文化需要大学生发扬以改革开放为核心的时代文化精神，因此，教育者要把以改革开放为核心的时代文化精神教育渗透大学生学习生活的方方面面，让大学生在困难面前不低头，在暂时的失意面前不颓废，开拓先进网络文化建设新境界，通过开放看到自己国家网络文化和别的国家网络文化的差距，进而学习先进、赶超先进，建设好有中国特色的社会主义先进网络文化。

四、以社会主义荣辱观念导引大学生网络文化行为

说以社会主义荣辱观念导引大学生网络文化行为能够规制大学生网络文化失范的原因如下。

第一，社会主义荣辱观念反映了中华民族的优良道德传统。我们中华民族历来具有热爱祖国服务人民、崇尚科学辛勤劳动、团结互助诚实守信、遵纪守法艰苦奋斗的优良道德传统。著名爱国主义诗人屈原，为了楚国的强盛虽九死而无悔；大禹为了让人民免除洪水的祸患，三过家门而不入；鲁班、墨子以发明工具、服务国家和人民而著；邻里和睦，以"仁"为本、团结互助更是墨子、孔子、孟子共同主张的伦理道德，也是我们耳熟能详的民族和乐图景；"一诺千金"的季布代表着中国自古以来的诚信精神；遵纪守法、艰苦奋斗更是我们民族在长期的社会斗争和征服自然开拓生存疆域的斗争中形成的伦理道德精神。这些优良道德传统，对于指导和引领当代大学生的网络文化行为具有十分重大的意义。而社会主义荣辱观"以热爱祖国为荣、以危

害祖国为耻""以服务人民为荣、以背离人民为耻""以遵纪守法为荣、以违法乱纪为耻"等观念更是值得崇尚、继承和发扬。

第二，社会主义荣辱观念反映了先进的社会主义道德要求。社会主义荣辱观，是全党全国各族人民团结奋斗的共同道德伦理思想基础。以热爱祖国服务人民为荣，以危害祖国背离人民为耻，是社会主义建设的根本道德要求。社会主义建设的根本目的是人民群众能过上更加幸福美好的生活。以崇尚科学辛勤劳动为荣，以愚昧无知好逸恶劳为耻，是社会主义建设的基本道德要求。社会主义要赢得比资本主义更大的优势，需要大力发展生产力，而科学技术是第一生产力，人是生产力中起决定作用的因素，所以，要崇尚科学辛勤劳动，不要愚昧无知好逸恶劳。以团结互助诚实守信为荣，以损人利己见利忘义为耻，是社会主义社会处理人际关系的基本道德要求。社会主义制度的优越性在于生产资料集体公有，消灭剥削和压迫，劳动不再是人剥削人、人压迫人的手段，而是实现人全面发展的自觉需要；人与人之间是平等互助的关系，劳动成果共同享有，各尽所能，按劳分配。团结互助诚实守信是社会主义社会正常运转的伦理道德保障。以遵纪守法艰苦奋斗为荣，以违法乱纪骄奢淫逸为耻，是建设社会主义和谐社会的基本道德要求。只有遵纪守法才有正常的社会秩序，只有艰苦奋斗才有足够的劳动产品可供分配。有了正常的秩序并且让每个人丰衣足食了社会才和谐。

以社会主义荣辱观念导引大学生网络文化行为要具体做到如下几点。

首先，以热爱祖国、服务人民的观念导引大学生抵制网络空间危害祖国背离人民的行为。通过网络和其他途径渗透爱国爱民的伦理道德思想文化教育，激励大学生做到：为国强化信息更新意识，为民提高文化信息素养；为国强化信息技能学习，为民提高信息筛选能力；为国提高信息评价能力，为民锤炼信息保真品质。

其次，以崇尚科学、辛勤劳动的观念导引大学生抵制网络空间愚昧无知好逸恶劳的思想言行。要求大学生接触和创造网络文化的过程中做到：拒绝盲从和轻信，扎扎实实开展调研工作；拒绝抄袭和重复，调动知识积累大胆创新；拒绝片面和停滞，坚持全面协调持续发展。

再次，以团结互助、诚实守信的观念导引大学生抵制网络空间损人利己见利忘义的行为。主要途径有三：一是教师课堂教学借助先进文化陶冶学生情操，二是学校建构社会实践活动机制保障全面发展，三是父母更新教育理念营造良好家庭文化氛围。

最后，以遵纪守法、艰苦奋斗的观念导引大学生抵制网络空间违法乱纪、骄奢淫逸的思想言行。主要途径有：重塑个体精神风貌、社会道德风尚，抵制拜金主义、享乐主义、个人主义，打造文明健康现代社会生活方式。

第二节　注重制度规范

思想政治教育中的"导""堵"和"疏"存在着辩证关系："导"和"堵"是"疏"的前提和基础；"疏"是"导"和"堵"的后续与深入。三者相辅相成，保证着受教育者的思想沿着执政党所要求的方向发展。"导""堵"和"疏"三者缺一不可。尽管如此，本文的侧重点在于强调"堵"的作用，即围绕"规制"的作用加以重点阐述。如何以制度规制好大学生网络文化失范？可以从以下四个方面努力。

一、加强法纪教育防止自由主义泛滥

说加强法纪教育防止自由主义泛滥能够规制大学生网络文化失范的原因如下。

第一，法纪教育能够为大学生网络文化提供心理导向，从而有效规范大学生网络文化失范。大学生网络文化失范现象的产生，与大学生不学习规章制度、法纪规范，从而不知法、不懂法、不守法密切相关。大学生往往不懂得利用纪律约束自己和他人的言行，不懂得利用法律武器保护自己和他人。如果大学生稍微有一点法纪意识，都不会在课堂上用手机看视频、打电游，都不会去浏览黄色淫秽信息，都懂得远离黄、赌、毒，更不会去参与色情暴力游戏、网恋、裸聊、创建淫秽色情网站、赌博等活动，也不会充当黑客，恶搞传统文化、红色革命文化，更不会参与网络群体事件、散播网络谣言。因此，法纪教育应该作为一种网络文化素养教育抓好抓实。

第二，法纪教育能够为大学生网络文化提供法纪援助，从而有效规范大学生网络文化失范。当大学生遭遇愤恨不平的事情时，有相当一部分大学生选择到微博上吐槽，或者在网络社区骂人，这无助于问题的解决，反而体现了大学生文明素养不高，而且容易制造更多的事端。而法纪教育能引导学生出现问题时向哪个部门通过何种途径得到有效解决。

第三，法纪教育能够为大学生网络文化提供衡量标准。大学生网络文化的规范性特征就是合法性。当大学生明白自己的行为不合法时，可以及时中断，进而有效防止失范。当大学生明白自己的行为将导致自己的权益受损，而法律又不会提供相关保护的时候，可以自己给自己预警，同时借助老师同学、亲人朋友的力量及时退出权益受到侵害的场域。例如，适当加强对网恋学生的法纪教育，使其树立牢固的法纪观念，坚守法纪底线，该生就可以避免自取其辱，圆满完成学业，走上健康的人生发展轨道。

加强法纪教育防止自由主义泛滥要具体做到如下几点。

首先，建立健全法纪，用发布的法纪教育学生。我国已有互联网新闻服务、互联网出版服务、互联网电子公告服务以及其他互联网信息服务，但还没有专门针对大学生的网络文化法纪规范，特别是对于一些常见的大学生网络行为失范问题没有提到法纪的高度去考量。如裸聊问题，也许会被认为是公民的自由权，但对当事人及社会风气危害极大，可以考虑立法禁止。对于浏览网络色情信息的行为，在学生守则里有禁止性语言，但无妥善的处理办法。国家早在 1996 年就规定："从事国际联网业务的单位和个人，应当遵守国家有关法律、行政法规，严格执行安全保密制度，不得利用国际联网从事危害国家安全、泄露国家秘密等违法犯罪活动，不得制作、查阅、复制和传播妨碍社会治安的信息和淫秽色情等信息。"[①]《中华人民共和国计算机信息网络国际联网管理暂行规定》第十三条制作、查阅、复制和传播妨碍社会治安的信息和淫秽色情等信息的现象屡禁不绝，当时的问题在于立法中没有规定发现上述行为的相应的惩戒措施。后来规定了传播淫秽物品谋利定罪处

---

① 国务院：《中华人民共和国计算机信息网络国际联网管理暂行规定》（国务院 1996 年 2 月 1 日发布，1997 年 5 月 20 日修订），载毕耕：《网络传播学新论》，武汉大学出版社 2007 年版，第 304 页。

罚的标准："（一）向 100 万人次以上传播的；（二）违法所得 1 万元以上的；（三）造成严重后果的。"① 但现在网络空间淫秽色情信息很多，出现了"法不责众""民不畏法"的现象，成为虚拟社会空间治理的难题，问题还在于法律的不完善，不切合社会发展的现状，因而起不到应有的规范作用，所以首先需要建立健全法纪，做到有法可依。法纪的存在是教育的前提和基础，对大学生的法纪教育首先是用法纪去教育。有的高校能够针对大学生用网、建网过程中可能出现的失范问题，制定和发布相关的规范，对大学生建网、用网起到了很好的规范作用。例如，湖南网络工程职业学院制定了《湖南网络工程职业学院职教新干线网络学习平台学生个人空间建设管理办法（暂行）》(2011)，明确了学生个人空间建设的要求，并且言明："对于违反本办法的学生将给予公开批评、取消空间使用资格或其他处分"，有效地减少和遏制了学生网络空间建设的不规范问题。

其次，加强法纪的执行，用行动教育学生。规范制定以后，湖南网络工程职业学院学生工作处、教务处的工作人员和任课教师就按照学生个人空间建设管理办法检查学生的空间。一是看学生是否严格执行了实名制。上述办法已经规定了学生在个人空间必须使用真实姓名、真实头像，使用真实身份发表博客、视频、评论、留言等，辅导员和任课教师就对照办法对学生的空间进行检查，发现没有建设好的要求及时建设好。二是看学生发布的内容是否坚持了正确的思想导向。发现学生在空间中发布有违反党和国家的路线、方针、政策的言论，违反《互联网电子公告服务管理规定》，败坏学校声誉，恶意毁谤、污蔑的言论，立即找到学生了解核实有关情况，从根本上解决问题，勒令其删除。三是看学生的空间是否有制作和含有害信息的网站，如果发现了，就及时处理。在学生个人空间建设管理办法中规定了空间用户单独承担发布网络信息内容的责任。四是检查学生个人空间是不是主要用于学习

---

① 中华人民共和国最高人民法院：《关于办理利用互联网、移动通信终端、声讯台制作、复制、出版、贩卖、传播淫秽电子信息刑事案件具体应用法律若干问题的解释》（中华人民共和国最高人民法院 2004 年 9 月 3 日发布），载毕耕：《网络传播学新论》，武汉大学出版社 2007 年版，第 352 页。

和交流，学生在空间中是否相互尊重人格，文明交往。发现有侮辱、诋毁他人或进行低级趣味的互动的现象，立即找到学生本人进行了解、说服、批评教育，直到其删除有关不良言论为止。五是看学生是否经常到教师空间进行访问并进行自主学习，看学生空间是否展现了其学习过程，看与教师进行空间互动答疑的情况，认真完成教师空间布置的作业的情况。按照学生在空间上传的作业给学生打作业分。六是鼓励学生积极支持、参与学校教学、学习方式、内容等方面的改革创新，培养创新精神。规定了学生在遇到网络故障时可以采取其他方式方法开展学习活动。七是看学生个人空间是否使用了原创内容，使用他处的资源是否指明了出处，对学生进行尊重知识产权的教育。八是看是否有涉密内容。已告知学生世界大学城为完全开放平台，学生不得将涉密内容放入空间，并且规定了学生应严格遵守世界大学城发布的居民应该遵守的条款。通过这样严格地对规定的执行，学生网络文化失范行为大为减少。

最后，赏罚并重，用事例教育学生。湖南网络工程职业学院在校领导的重视下，在学生处的负责组织实施下，成立了学生个人空间监管队伍，定期对空间建设进行检查和评议，对于做得好的学生及时给予表彰奖励，对于做得不好的学生及时提出批评教育。奖励让学生有正面榜样可供学习，惩罚让学生有负面案例不敢仿效。宣布表彰奖励和惩罚处分的过程本身就是一个教育的过程，防止了事态朝恶化和劣化的方向发展，有力地减少了失范行为。

二、提高规制水平防止文化管理弱化

说提高规制水平防止文化管理弱化能够规制大学生网络文化失范的原因如下。

第一，规制是管理的重要手段，规制水平高则文化管理科学性强。纠正和防止大学生网络文化失范现象的发生，主要是靠教育和疏导，但必要的"堵"也必不可少。"堵"是应急手段，虽不是长久之计，但实践证明，它在使用过程中效果显著。所谓"堵"，就是思政学上所讲的"强力制止"：面对某些人思想觉悟不高、私心很重，讲道理又不听，不良习气反复发作，一般的说服教育已不起作用。为了实现思想纠偏，必须采取果断措施予以强力干预，这种强制干预就称之为"堵"。"堵"可以倒逼优良风气的养成。组织管理过程中借以约束全体组织成员行为，确定办事方法，规定工作程序的各种规章、条例、守则、规程、程序、标准以及办法等的总称即规章制度。规制就是通过规章制度来弘扬正面行为，遏制反面行为。完善的制度规范是组织文化的重要组成部分，是组织文化软实力的重要体现。保证组织工作稳定性、连续性，避免随意性，需要规章制度从根本上予以保障。规章制度是组织领导机构在法律规定的职权范围内为了保证整个组织良性运行而集中民意、汇聚民智制定出来的，是规范组织成员行为的法宝，是组织工作科学化程度高低的重要标志。进一步加强制度设计，全面认真梳理现有制度，继续坚持行之有效的制度，尽快修订不合时宜的制度，抓紧完善不够健全的制度，是提高规制水平的首要工作。文化也需要规制。没有边界的文化是自由泛滥的文化，是随意的文化，是不能体现事物的本质与现象、形式与内容统一之美的文化。规制是管理的根本策略，规制的过程也就是管理的过程，规制水平高则文化管理科学性强。

第二，规制水平高、文化管理强则大学生网络文化失范现象少。规制水平高，规制的内容就能够得到有效实施，文化管理过程中的错误就能够有效预防。事先防范重于事后纠偏。文化管理水平高的重要表现之一是"技防"。通过先进的网络技术自动过滤掉"法轮功"的歪理邪说、"电子黄毒"和色情内容，通过程序设计预防网上犯罪、隐私泄密，拦截垃圾信息，是高水平文化管理的重要表现之一。高水平文化管理的重要表现之二是"人防"。通过对大学生规定完成学业的时限和要达到的标准，使大学生没有时间和精力去涉足黄赌毒，不啻为规制的一条重要途径。不管是"技防"还是"人防"，都渗透了规制思想，规定了我们允许大学生接触和接受什么信息，隔绝和抵制什么信息，以保护大学生宝贵的时间和精力。规制思想境界高是规制水平高的前提和基础，规制水平高又是文化管理水平高的基础。规制水平高则管理水平高，管理水平高则大学生网络文化失范现象少。

提高规制水平防止文化管理弱化要具体做到如下几点。

首先，法纪规制与道德规制相结合。以前的规制单纯依靠法纪，经常引来学生的抵制，以致造成师生关系紧张。大学生网络文化失范现象本来就成因复杂，单纯依靠法纪规制往往难以收到好的效果，而法纪规制与道德规制相结合，则可以弥补硬性法纪规制之不足，软硬兼施，相得益彰。特别是一些网恋方面的严重失范行为，如果单纯采用法纪手段，则会流于简单粗暴。制度规约、强化法纪观念有利于遏制失范，道德规范则可通过灌输社会主义道德观念，在学生心中形成道德判断和道德律令，让学生在良心上知道什么可以做什么不可以做，什么应该怎样做，什么不应该怎样做。两者的结合比单纯用一种威力大、效果好。

其次，内容规制与空间规制相结合。内容规制是防治大学生网络文化失范的根本，空间规制是防治大学生网络文化失范的关键。如果单纯只有内容规制，没有空间规制，大学生网络文化规制就没有特定场域，就无法打造大学生网络文化工作的平台，进而难以给大学生网络空间建设提供引导和规范。因此，不但要对大学生网络文化进行内容规制，而且要对大学生网络文化进行空间规制，让大学生到指定的正式的网络空间进行学习、交流。世界大学城空间建设是一个比较成功的大学生网络文化建设项目，是大学生网络文化内容规制与空间规制的成功典范之一。空间中有针对大学生文化学习的课程空间管理，有针对大学生文化创新的作品发布，有网络文化交流，可以满足大学生上网的多种需要。

最后，时间规制与经济规制相结合。大学生之所以会出现这样那样的失范行为，是因为闲暇时间（自由时间）"过多"。自由时间"过多"导致大学生可以花大把的时间上网玩网络游戏，阅读网络小说和作出其他一些失范行为来。而把大学生要完成的学习任务和学习时间明确规定好，完成了有相应的奖励，没完成有相应的处罚，可以减少大学生的失范行为。特别是大学生的经济奖惩直接与大学生完成的工作量挂钩，让大学生不得不沿着正确的轨道行进。在实行时间规制与经济规制相结合的政策之后，对于网络文化失范的大学生来说，能够将学生多余的时间和精力引回学习的正轨。

三、做好制度阐释增进制度文化自信

说做好制度阐释增进制度文化自信能够规制大学生网络文化失范的原因如下。

第一，做好制度阐释是增强制度文化公信力的基础。通过接受我国社会主义制度阐释，理解我国确立中国特色社会主义制度的思想基础、群众基础、历史情境和现实需要之后，可以把握制度文化产生的根基，避免盲目崇尚西方。很多网络精神文化失范的大学生的软肋在于思想上盲目崇拜西方，而盲目崇拜西方又是由不了解资本制度确立的依据以及资本主义制度的必然走向引起的，更是由不理解生产关系要适应生产力的发展引起的。本国的制度是最适合本国国情的，因而是最好的，是值得每一个国人遵守的。

第二，做好制度阐释可以从根源上消除对制度的对抗。只有理解了制度创设的目的和根源，才能自觉遵守制度。很多网络制度文化失范的学生的失范根源在于不理解学校的制度，以为学校的制度是故意为难自己的，是不人性、不科学、不道德的，殊不知制度创设的目的在于通过奖勤罚懒，奖励合乎规律的做法、惩罚违反规律的做法，挖掘每一个人的潜能。

第三，做好制度阐释，可以凸显制度文化精神实质，避免教条主义错误。法律和制度的精魂都在于弘扬浩然正气，惩前毖后，治病救人。规制大学生网络文化失范，并不是要大学生都不上网了，把网络视为洪水猛兽，而是希望大学生能谨慎地对待网络平台的信息发布和信息接受，避免给自己、家庭、学校、社会造成损失。很多出现网络行为文化失范的大学生的根本原因在于逆反心理，而逆反心理又是由对制度的悖逆和反感所造成的。做好制度阐释，可以让大学生从心理上理解和接受制度，达到给制度文化心理"正形"的目的。

做好制度阐释增进制度文化自信要注意三个重要环节。

首先，制度出台之前加大宣传力度。加大宣传力度，能够使制度入耳入脑入心。当前有些大学生对网络色情文化、暴力文化等低俗文化表现得容忍、顺从甚至欣赏、传播，是没深入理解好制度文化的精髓——维护网络文化的健康发展，从而进一步维护用网、建网者的身心健康，营造和谐的虚拟社会局面。

其次，制度执行当中做好解释说服工作。做好解释说服工作，让制度变得进一步可为大学生所接受和乐意遵从。制度的解释和说服不一定要用生硬的说教，有时候，文艺表演、网络 Flash 短片、图片、故事，都能让大学生理解在网络文化中遵守学校有关制度的重要性，进而自觉执行和遵守学校有关网络文化的规章制度。制度的生命在于能保护行为主体不因自己的愚蠢行为惯性而受损伤，就像铁匠脑子里出现想摸烧红的铁的冲动，就摸了烧红的铁一样，一句"不要摸烧红的铁"的箴言就是制度。这种制度首先是口耳相传，后来是写成文字，再后来是变成铭文铭在铁匠铺显眼的位置，起安全提示的作用。这样一个过程就是制度完善的过程，是这样一句简单朴素的话不断被阐释的过程，也是这样一句话的制度文化自信逐渐被确立的过程。

最后，制度运行之后做好制度完善工作。实践出真知，制度运行一段时间之后，制度的弊病就暴露出来了，此时要做的不是废除制度，不要制度，那样会导致失范，而是要完善制度，让制度变得更加切合此时此地以及未来一段时间大学生的需要。做好制度完善工作，最关键的是与时俱进。宿舍里同学们都在看网络色情小说玩网络色情暴力游戏，好像他不看就显得 OUT（落伍）了，于是也看起来玩起来。边看边自我宽解——网上的东西都是好的，都是经过国家审查了可以放心大胆浏览使用的，网络界面出现色情小说标题时是正常的，是允许被点击的，我不看，我不玩，国家生产了这么多网络小说、图片和游戏干什么呢？由于思想上没建筑起反色情的防线，点击之后发现不对没有及时退出，在一次一次的侥幸心理与自我宽解之中，大学生就网络色情小说阅读成瘾、网络色情暴力游戏成瘾、网络色情暴力视频浏览成瘾了。学生管理教师组队突击到学生宿舍检查，辅导员到学生网络空间检查学生上网内容。如果有一种自动过滤软件，不让色情暴力信息流到大学生使用的校园网上，或者，大学生有浏览色情暴力信息达到几分钟就要扣掉日常操行分多少分，与奖勤助贷补挂钩，也与学生的升学、就业挂钩，那样就好了。辅导员在查房发现问题时应及时对学生进行教育引导，在教育引导中阐释和运用好学校奖惩制度。

四、创设考核机制促进行为规范强化

说创设考核机制促进行为规范强化能够规制大学生网络文化失范的原因如下。

第一，考核机制能够让大学生明了国家人才培养的目的和目标，明确自己在网络文化建设中的使命和责任，进而自觉遵守大学生网络文化规范。考核机制的制定遵从《国家中长期人才发展规划纲要（2010—2020 年)》的指导方针，服务于国家人才队伍建设的主要任务：突出培养造就创新型科技人才，大力开发经济社会发展重点领域急需紧缺专门人才，统筹推进各类人才队伍建设。着重考察学生的网络科技文化创新能力、服务经济社会发展的网络文化应用能力和其他各类人才应具备的网络文化创新创造的能力。考核机制明确了大学生在网络文化建设中要达成的具体目标，硬性指标达到多少才算合格，优秀有何奖励，不合格有何处罚，对大学生网络文化自律能够起到导向和促进的作用。

第二，考核机制能够让大学生明白自己具体应该怎样做，如果行为背反会出现怎样严重的后果，进而巩固网络文化规范意识，严格规范自己的网络文化行为。考核机制的制定，立足于既有实践经验和组织的战略目标，是管理 PDCA 流程的第一环。在管理 PDCA 流程中，P 代表 Plan（计划），D 代表 Do（实施），C 代表 Check（检查），A 代表 Assessment（评估）。Plan 是以往的实践经验的凝结，是对未来的实践活动的指南，是 Do 的直接依据，是 Do 成功的重要制度保障。而大学生网络文化失范，是 Do 走样了，违背了教育者的初衷和教育的目的意图，所以需要一个新的合乎实际的 Plan 来保障 Do 的成功，让 Do 的结果有效率、有效益、有效应。大学生的学习时间本来就极为有限，即使学习能力很强的学生，要达到跻身世界先进文化创造者行列也不容易。只有对自己要求低、易于满足的学生才会听任学习时间的流逝不去创造高品质的学习成果。考核机制的存在起到了甄陶的作用，迫使大学生去学习应该学习的、去创造应该创造的。

第三，考核机制能够让大学生明白谁对自己的思想和行为特别在意，谁对自己的成长特别关心，自己要对谁负责，要和谁联系，进而减少因目无组织纪律而出现的失范行为。考核机制兼顾大学生网络文化建设"德能勤绩"四个方面，把大学生在网络虚拟世界的表现和现实世界的表现结合起来考察，把过程与结果结合起来考察，体现考核的全面性、公正性和客观性，合乎网络文化的规范性特征。教育教学督导评估领导小组、辅导员、学生会、团委会、班委会组成多层面多级别的督查小组，通过查课查寝查网了解学生的学习和思想动态、建网用网的实际情况，并把检查结果及时反馈给学生，起到一个预警作用。班级网络文化空间建设小组长是直接关注大学生网络文化行为和网络文化建设成果的人，学生感到自己被关注，遇到困难和问题时不仅有百度等公用网络可供查询，而且有现实生活中的人脉网可以提供帮助，学习生活更有安全感。熟人社会监管机制的存在也使得大学生不敢失范。

创设考核机制促进行为规范强化要具体做到如下几点。

第一，加强学校学习型、民主型、卓越型组织网络文化阵地考核机制的创设和运行，借助团队的力量和整体氛围促进大学生网络文化学习效率的提升。目标是网络文化建设的指南，团队的战略目标是个体发挥聪明才智的保障。团队有了战略目标，才能凝心聚力，获得长远的生存和发展。团队有协助个人达成学习目标的责任和义务。通过网络文化建设提高学校这样一个组织团队的知名度、美誉度，是每一个学校都希望能达成的战略目标。对组织机构网络文化阵地建设的考核制度的创设，能够为规范组织网络文化阵地建设提供依据，进而能够营造出强大的正能量整体氛围，能够为大学生个体的网络文化学习提供精神动力和智力支持。随着学习目标的不断达成，大学生的网络文化建设成就感也不断增强，网络文化建设的自信心也不断增强。因此，要加强学校学习型、民主型、卓越型组织网络文化阵地考核机制建设，借助团队的力量和整体氛围促进大学生网络文化学习效率的提升。

第二，加强大学生个人网络文化建设空间动态考核机制的创设和运行，借助个人的力量和独创精神促进大学生网络文化建设品位的提升。创新是网络文化建设的灵魂。个人的聪明才智是团队的聪明才智的基础。个人有了专长，才能被团队所接纳，获得团队内的生存和发展。个人有为团队达成战略目标贡献力量的责任和义务。通过网络文化建设提高个人的网络文化创造和创新能力，以便将来能在社会上立足，是每一个大学生个体都希望能达成的愿景。大学生个人网络文化建设空间动态考核机制的创设和运行，对确保大学生网络文化创造和创新能力的提升有重要的保障作用。在班级网络文化空间建设小组中发现组员网络文化空间建设中存在的问题之后，会开展一对一的指导谈话，这种谈话能够对组员的思想起到正面导向作用。同时，为了达成网络文化建设目标，个人不断学习新技能，不断改进学习方法和操作流程，进而不断取得成功与进步。因此，要加强大学生个人网络文化建设空间动态考核机制的创设和运行，借助个人的力量和独创精神促进大学生网络文化建设品位的提升。

第三节　强化实践养成

"提高教育素质"是 21 世纪高等教育的新课题，要培养担当民族复兴大任的时代新人，需要以体现中国先进文化的前进方向为根本导向，以满足人民的"文化利益"为根本出发点，十分关注文化多样化的现实，以推进人的全面发展为根本目标，凸显创新意识、创新实践①。实践是联系主体和客体的桥梁，是检验真理的唯一标准，也是培养人的主要途径。规制大学生网络文化失范，归根结底要把制度文化和大学生的实践需要结合起来，在实践中养成规范意识，实现个体与社会的同步健康发展。

一、优化网络文化学习　提升网络文化底蕴

说优化网络文化学习、提升网络文化底蕴能够规制大学生网络文化失范的原因如下。

第一，优化网络文化学习提升网络文化底蕴能够让学生养成一种鉴别网络文化的独特眼光。学校通过制订培养方案，系统教授大学生有关网络文化的历史知识、人文社会科学知识和先进科技知识，推介丰富有序的图书馆网络文化资源数据库，深化专业网络文化知识学习，形成网络文化专长，可以培养起学生对专业网络文化知识的敏感，下定朝高、精、尖的科技领域进军的决心。例如，学生在教师指导下，开始作为通识教育的马克思主义理论的网络文化学习，可以培养起对马克思列宁主义、毛泽东思想、邓小平理论、

①　顾海良：《高校思想政治教育导论》，武汉大学出版社 2006 年版，第 85～90 页。

"三个代表"重要思想、科学发展观、习近平新时代中国特色社会主义思想的敏感度，激发其探究兴趣。学生在学校图书馆这样一个机构的指导下，通过学习《超星浏览器使用手册》，学会选择图书分类，逐层进入各级分类，可以促进知识的体系化。再则，学生在学校文件的指导下，参加微博大赛活动，和辅导员进行微博互动交流，可以避免社会低俗网络文化的不良影响，始终走在学校先进网络文化的正轨上。

第二，优化网络文化学习、提升网络文化底蕴能够让学生养成一种甄别网络文化的独特能力。大力弘扬先进网络文化精神，努力打造社会主义和谐网络文化氛围，让学生在社会主义先进文化的指引下走向卓越，在社会主义和谐文化的指导下为满足人民群众日益增长的物质文化需要作出贡献，不但能增强我国网络文化软实力，而且能在现实生活中促进中国梦的早日实现。有了先进网络文化、和谐网络文化的引领，就会有对落后网络文化、低俗甚至恶俗的反人类反人性的文化的自觉抵制和消解能力。而有对落后网络文化、低俗甚至恶俗的反人类反人性的网络文化的自觉抵制和消解能力，反过来又能促进对先进网络文化、和谐网络文化的学习和领悟，进而提升网络文化底蕴，形成甄别各种网络文化的能力，形成学习先进网络文化、建设先进网络文化、乐于引用先进网络文化的良性循环。

优化网络文化学习、提升网络文化底蕴要具体做到如下几点。

第一，通过筛选机制阻挡当代低俗网络文化进入校园网，让大学生只接受正面的高尚的网络文化的熏陶，牢固树立先进文化理念，增强对低俗文化的识别力和抵御力。为学有先后，术业有专攻，大学生并不是什么都需要借助网络去学习，但辨别网络文化中的真假、是非、美丑的能力是每一个大学生都需要拥有的。通过筛选机制阻挡当代低俗网络文化进入校园网，只让优秀民族传统文化、世界先进文化、现代科技文化在校园网上流传，让学生接受高尚的人文社会科学著作、高雅的文化艺术以及高端的自然科学知识的熏陶，牢固树立先进文化理念，自然能够辨别真假、是非、美丑，进而即使离开校园也能自觉地抵御低俗网络文化的侵蚀。

第二，通过宣传教育引导大学生自觉去除浪费自己时间和精力的无益的网络文化活动，精益求精地完成规定的培养实训环节，高质量地完成学习任务，避免沉迷于低俗网络文化而造成学业荒废。大学生在读期间可以首先只学习培养方案中规定的科目，只完成指定的实训环节，通过精益求精达到以少胜多的目的。如果学有余力，可以学习大学校园网推介的以厚重的网络文化底蕴为基础的网络物质文化，为自己的成才奠定坚实的自然科学知识基础。再就是浏览中华优秀传统文化网站，浏览世界优秀文化网站。这样做，有利于提升自己的网络文化创新的知识底蕴，避免网络恶搞等低俗行为的发生，更加可以避免因接受低俗网络文化误导而造成的学业荒废。最佳的防守是进攻，以学业精进对待因网络文化失范造成的学业荒废是最佳的良药。

二、激活网络文化交流　增强网络文化效应

说激活网络文化交流、增强网络文化效应能够规制大学生网络文化失范的原因如下。

第一，网络文化交流能够使大学生形成竞争意识、效率意识，进而克服网络成瘾等行为文化失范现象。网络使得人类精神生产领域的交往增多，人们之间在文化上的互相往来和互相依赖代替了自给自足和闭关自守，一个民族的精神产品可以瞬间被分享为全人类的共同财富。网络虚拟社会的文化是现实社会的文化在网络虚拟空间的演绎，精神文化具有满足人的精神需要的使用价值。相对于现实世界来说，网络文化主要是一种精神文化。网络文化产品主要是一种精神产品。它可以是商品，也可以只是产品。当它是为交换而生产的时候，它就成了商品，因为商品是用于交换的劳动产品。即使是在网络文化交流中，不存在货币作为衡量价值的尺度、交换的媒介等职能，也要遵循等价交换规律。与别人交流是每一个自然人的根本需要。而要能够与高尚的人交流对话，首先就必须具备与高尚的人交流对话的物质基础和能力基础——自己能生产出物质产品，否则处于弱势地位，就只有任人宰割了。这就是文化帝国主义入侵之后中国一段时间的状况。现在，我们国家的网络

文化产品异军突起，但还没有形成大的品牌，很少有迪士尼、好莱坞那样全世界闻名的文化精品制作基地，有限的资金消耗在生产一些降低传统文化品位、空耗青少年的时间的网络游戏上了。要真正和迪士尼、好莱坞等世界级文化精品生产基地对话，中国要走的路还很长，而每位大学生都肩负着弘扬中华优秀文化、赶超西方先进文化的重任。因此，需要从激活网络文化交流增强网络文化效应这样的小事开始做起，先和身边的老师同学交流，和校内的老师同学交流，和校外的老师同学交流，和社会各界成功人士交流，让自己的网络文化产品产生良好的社会效应，增强赶超世界先进网络文化的自信心。

第二，网络文化交流能够让大学生得到成就感安全感，减少因孤独而出现的微博吐槽、引发网络舆情等群体性网络文化失范事件。我们的民族传统文化有很多值得世界各国学习和借鉴的精品。例如，中国的《花木兰》故事被迪士尼公司学习借鉴，改编成了精美的有着不屈不挠的人文精神与谐趣和智慧的英语动漫故事；中国的《红楼梦》被韩国的剧团改编得更加有声有色，然后到中国上演，赚取了极高的票房纪录；中国的歌曲《好一朵美丽的茉莉花》被国外的艺术家放入歌剧《图兰朵》中，给人一种耳目一新的清新之感。倒是我们自己对自己祖先的文化重视和研究得不够，更遑论把优秀经典文化艺术作品化入当代网络文化之中，形成高端大气的世界级的网络文化精品了。激活网络文化交流，不是盲目崇尚西方，而是洋为中用，提升中国网络文化作品的境界和格局，扩大中国网络文化作品的受众范围，改变中国网络文化的贫弱地位。当前，大学生网络文化失范除了盲目崇尚西方引起的思想政治方向错误以外，还存在着孤芳自赏、盲目排外、封闭保守、不思进取的"宅"主义导致的大学生网络物质文化产品庸俗化、低俗化倾向，需要通过激活网络文化交流增强网络文化效应来反庸俗、反低俗。真正经得起时间和市场考验的网络文化产品是高尚的网络文化产品，而不是低俗、庸俗的网络文化产品。

激活网络文化交流增强网络文化效应要具体做到如下几点。

首先，变散为聚，成立大学生网络文化协会组织机构，作为开展对外进行网络文化交流的组织平台。对内凝聚力量，对外提升形象。生产力的发展、产品的增多是扩大对外交往的基础。网络文化交流，可以以熟人社会为安全起点。成立大学生网络文化协会这样的组织机构，可以把大学生散兵游勇式的网络文化生产和交流逐步形成产业运作模式，可以把大学生多余的时间和精力引导到做于人于己、于国家社会有益的事情上来，这也是大学生社会化的一种途径。协会秉承"以科学理论武装人，以正确的舆论引导人，以优秀的作品激励人"的宗旨，对内"明政治、守纪律"，对外推荐"格调雅、网民喜"的网络文化作品，打造健康、阳光的大学生网络文化品牌。

其次，变权为责，发挥大学生网络文化协会交流协调大学生网络文化生产运营争端、服务大学生和行业自律的功能，以较高的网络文化产品数量及良好的社会反响度赢得社会的认可和赞许。开始，协会可以以协会成员有把握的网络文化交流活动为突破口，凝聚大学生网络文化创造之力，有奖征集大学生优秀网络文化作品，展出大学生优秀网络文化作品，最后扩大到能契合大众需要，生产出大批"格调雅、网民喜"的网络文化作品，在完成大学阶段的网络文化生产实训中提升思想境界，为成为高素质高技能的现代职业人奠定良好的基础。

三、参与网络文化管理　体验网络文化风纪

说参与网络文化管理、体验网络文化风纪能够规制大学生网络文化失范的原因如下。

第一，参与网络文化管理、体验网络文化风纪能够使大学生看到网络文化全貌，明白失范行为造成的严重后果，从而彻底消除对法纪的抵触情绪。每一位良知未泯的大学生都希望自己的祖国越来越好，自己所生活的社会环境越来越好。只是当大学生处在网络文化失范者的立场时，往往对自己的过错采取轻描淡写、不以为然的态度，只有当他们看到其他人的类似行为带来了危害社会、国家特别是青少年、儿童的严重的后果时，才感到类似的网络

文化失范行为应该受到法纪的严惩。只有当他们看到有类似网络文化失范行为的人受到了法纪的严惩时，才感到法纪的威严，进而进行自我教育，约束和改变自己的行为习惯。

第二，参与网络文化管理、体验网络文化风纪能够使大学生产生换位思考，明白管理者为国为民除害的决心，进而知道站在管理者的处境和立场，为了国家的安全与健康发展，规制大学生网络文化失范。大学生参与网络文化管理、体验网络文化风纪对于今后的参与民主政治生活具有特别重大的意义。大学生从网络文化民主管理的实践中学会如何开展民主式的网络文化管理，也是其走向社会前的准备工作。"事非经过不知难"，大学生参与网络文化管理之后才知道依法依规管理的重要性，进而树立起法纪观念。

参与网络文化管理、体验网络文化风纪要具体做到如下几点。

首先，引导学生直面网络文化法纪规范不健全的局面，发扬主人翁精神，为完善我国网络文化立法献计献策。可以让大学生担任辅导员的网络文化管理助手，协助辅导员对腾讯微博、新浪微博上发布的信息进行管理。对于好的网络精神文化，给予表扬激励性的评价。对于有害信息，及时进行清除。对于新的苗头，及时给予良性引导。在学校有大的活动之前，协助辅导员完善有关驾驭网络文化的应急预案和应急机制，化解同学们的紧张和焦虑，让同学们感受到来自学校领导、老师、同学的真情。通过参与网络文化管理，让大学生找到发挥自己特长的人生价值感、意义感和幸福感。大学生有了网络文化立法方面的意见，也可以在辅导员指导下通过学术论文投稿的方式进行有序表达。

其次，引导学生直面当前我们国家存在的网络文化空间执法不严、违法不究的现象，发挥聪明才智探究如何解决执法中法律规范与人情关系的两难问题。由于社会的飞速发展，很多原来的法律规范问题被降格为伦理道德规范问题，如浏览淫秽色情信息的问题，依靠学生自觉抵制和学生家长发现了及时制止。对于网络空间出现的色情广告，也没有法律给予及时地制止，很多时候依赖行业自律。学校也仅仅是对网络空间可见的现象进行规制，对网下的活动缺乏约束机制，如网恋女孩违反计划生育政策的问题，学校虽然签订了计划生育责任状，也往往出于人道主义考虑，在学生出了事情以后要求学生自己回家乡解决好，不造成不良影响，处理好了不造成不良影响就不会给予纪律处分。在遵守婚恋伦理道德规范方面，并不像以前一样通过行政处分手段解决，而是依靠学生的道德良知，这一方面使管理更加人性化，另一方面让学生缺乏对法纪的敬畏，误以为法纪是松弛的而肆意妄为。当然，学生是受害者，如果再给予惩罚，无疑是在他们伤口上撒盐，如果有实现的防控措施，不让这样的悲剧发生，就对为国家培养中国特色社会主义建设者和接班人有利。此外，在网络空间文化安全监管方面、数字成果知识产权保护方面、网络空间文化环境整治方面都有很大的法纪完善及应用的空间可供大学生探究。引导大学生必须首先学习网络法规教育网站内容，严谨自律。另外，让大学生在日常的网络文化学习中做好自我管理，战胜自己，防范和戒除网络成瘾；严明法纪，不做黑客；维护网络空间的洁净，不抛垃圾；维护自己和他人的身心健康，不染黄毒，不散黄毒；从事正当的网络文化活动，不侵权越位，不信谣造谣，不承诺做自己做不到的事。引导专科生和本科生积极建设和管理世界大学城（又名职教新干线）之类的有利于自己身心健康的学习网站，更高学历层次的大学生则需管理好自己的研究生教育管理系统里的网页，定期进系统查看学校的有关通知，及时录入自己取得的科研成果。积极浏览自己的学院网站主页，使自己通过阅读在文化素质、人生价值、道德标准、政治倾向等方面得到全面提升。

这样，人人都是自己的网络空间的文化管理者，人人都参与到了网络文化管理、体验网络文化风纪的时间活动中，对规范大学生网络文化失范起到了实践验证作用。

四、创造网络文化精品　养成网络文化自觉

说创造网络文化精品、养成网络文化自觉能够规制大学生网络文化失范的原因如下。

第一，倡导和组织大学生创造网络文化精品可以让大学生养成用马克思

主义理论指导网络文化生产的自觉。没有完美的个人，只有完美的团队，倡导和组织大学生创造网络文化精品，可以避免大学生"独学无友，孤陋寡闻"的现象出现，可以促进大学生养成开放型人格，自觉革除自身的一些弊病。马克思主义理论中关于真理的一元性的理论，关于实践是检验真理的唯一标准的理论，关于事物是普遍联系永恒发展呈现出螺旋状上升的观点，关于价值既不在流通中产生又不能离开流通产生的观点，都对大学生创造网络文化精品有指导作用。实践出真知，要辨别和驳倒网络文化中有关颠覆中国特色社会主义意识形态的谬论，要摒弃网络文化空间中的黄、赌、毒信息，需要学生具备辩证思维的头脑和极强的实践能力。而倡导和组织大学生创造网络文化精品可以在潜移默化中提升大学生的实践水平，改造大学生原来的唯心主义世界观和方法论。

第二，倡导和组织大学生创造网络文化精品可以让大学生养成融入主流文化占领网络文化阵地的自觉。网络文化生产的目的应该是满足人民群众日益增强的物质文化生活需要。对大学生开展的普及高雅文化艺术的实践活动，可以满足大学生求知的热切愿望，而让大学生参与的普及高雅文化艺术的实践活动的成果，经提炼以后可以直接用来发布在网络上提升人民群众的文化艺术欣赏水准，产生巨大的社会效益。大学生完全可以而且应该成为建设社会主义先进网络文化的生力军。教给大学生创造网络文化精品的方法，多推介一些网络文化精品让大学生去揣摩，可以养成融入主流文化占领网络文化阵地的自觉。

第三，倡导和组织大学生创造网络文化精品可以让大学生养成网络文化伦理道德和网络文化法制观念的自觉。马克思主义理论告诉我们，是存在决定意识，是实践先于理论，而不是相反。网络文化伦理道德和网络文化法制观念，从整个人类历史发展过程来看，不是先在地存在着的，而是在人类社会实践的组织中为了协调人与人之间的关系而逐步产生的。大学生创造网络文化精品，需要学习网络文化创造的规则，需要掌握选材的方法技巧、用料的数量和程序、制作的原理和方法、创新的原则和技巧，不知不觉中就通过为谁而生产的教育领悟到了"心中有人民群众"的道理，不知不觉中就学会了鉴别网络文化，知道传统文化、西方文化的精髓在哪里，不知不觉中就受到了人文精神的熏陶。选择了善，就能自觉避免恶。

创造网络文化精品、养成网络文化自觉要具体做到如下几点。

首先，坚持网络文化的中国特色社会主义方向。在指导大学生创造网络文化精品时，有意识地灌输中国特色社会主义意识形态教育，让大学生自动吸收传统文化和西方文化中的精华，自动识别传统文化和西方文化中的糟粕，自觉删除网络文化产品中的低俗内容，真正做到"古为今用，洋为中用，推陈出新"。中国特色社会主义建设事业是全新的事业，中国特色社会主义文化也是全新的文化，坚持网络文化的中国特色社会主义方向是规范的网络文化的应有之义，所以，真正的网络文化精品是中国特色社会主义的网络文化精品。中国特色社会主义方向在网络文化实践中不是一个抽象的政治概念，而是像"中国梦"一样形象、具体、美好，"中国梦"是中国特色社会主义的具体化。"中国梦"是善良之梦，坚持网络文化的中国特色社会主义方向，也是坚持网络精神文化应有的良善之心、无害之心。

其次，坚持网络文化为人民群众服务的方针。大学生网络文化之所以失范，很大程度上在于脱离人民群众，进行"网络恶搞"，散播"黄、赌、毒"，造谣生事，扰乱人民群众幸福安宁的生活。不管网络文化怎样推陈出新，都要始终紧靠人民群众的现实需要，都要不背离人民群众的根本利益。网络文化精品作为大学生网络物质文化产品，应是人民群众喜闻乐见的精神食粮。网络文化精品应该"急人民之所急，想人民之所想，为人民群众代言"，用科学的理论武装人，用高尚的情操陶冶人，用美好的形象愉悦人。

最后，坚持网络文化的新颖性艺术性。网络抄袭是比较严重的大学生网络文化失范现象。网络文化的生命力在于创新。因此，必须杜绝抄袭。如果把学术论文看作文化传承的载体，学术论文有自己的规范，对抄袭是实行"零容忍"的，在时间上先于别人，在内容上和别人相异，在理论上事实上可信，在逻辑上严密，才可以发表。如果把学术论文看作一门艺术，学术论文更是讲求形式之美、逻辑之美、语言之美、内容之美、真实之美。大学生应该把学术论文打造成网络文化精品，而不是拼凑之作。

规制大学生网络文化失范的策略图示如图 5 - 1 所示。

图 5 - 1　规范大学生网络文化失范策略层次

第六章

大学生网络文化失范的规制方法

　　策略解决的是战略方向的问题，方法则解决具体战术的问题。针对大学生网络文化失范现象的出现场域，可以从现实和虚拟两个维度对其进行规制，形成双向规制的方法体系。

第一节　网下方法

网下方法即现实方法。现实方法则是落实"全过程""常态化"的基本方法。现实方法是我们党的思想政治教育的传统方法，具有针对性强、成熟度高、反馈调节容易、与教育对象的贴切度高等优势，是规制大学生网络文化失范的根本方法。

一、制度规训

制度规训方法是指：思想政治教育工作中有目的有意识地运用法律、制度、纪律、方针、政策、规定、办法、注意事项、约定等形式对教育对象开展训导，以促使其思想和行为按正确方向发展的方法。说制度规训方法能有效规制大学生网络文化失范的原因如下。

第一，从理论渊源上看，制度规训方法有着深刻的理论渊源。孔子曰："道之以德，齐之以礼，有耻且格。"（《论语·学而》）朱熹释曰："礼，制度品格也。"[①] 两千多年前的中国思想家、教育家孔子看到了制度规训的巨大作用。马克思主义否定之否定规律哲学原理、政治经济学原理告诉我们：旧的不合理的制度应该被推翻，新的合理的制度应该被建立和遵从，因为旧的不合理的制度是与生产力的发展不相适应的，是反人民的，是反人的基本生理需要和心理需要的，是贬低人的尊严、贬损人的崇高精神追求的，是造成人的不和谐、不团结、停滞落后的根源；而新的合理的制度则是保护生产力，

---

① 朱熹：《四书章句集注》，中华书局 2006 年版，第 54 页。

导引生产力，促进生产力发展的，是人民性的，是满足人的基本生理需要和心理需要的，更是能提升人的尊严，满足人的崇高精神追求的，是促进社会和谐、团结、进步的。这就为制度规训法的运用奠定了理论基础。制度属于规范中的硬规范，道德属于规范中的软规范。制度直接与人的行为相联系，规定了人在一定的范围框架内可以做什么，不可以做什么。这也是一种后天习得。而行为科学恰好认为：人的一切行为（正常的和不正常的，健康的和病态的）都是日常习得，并不断强化巩固的。列宁在《国家与革命》中说："我们并不'幻想'一下子就可以不要任何管理，不要任何服从；这种由于不懂得无产阶级专政的任务而产生的无政府主义幻想，与马克思主义根本不相容，实际上只会把社会主义革命拖延到人们变成另一种人的时候。我们不是这样，我们希望由现在的人来实行社会主义革命，而现在的人没有服从、没有监督，没有'监工和会计'是不行的。"① 大学生正是现在的人，是中国特色社会主义建设者和接班人，正需要监督。"实行人民民主专政"是新中国的政治架构②，就包含了制度规训的意味在里面。曹清燕博士指出："社会性质：规定了思想政治教育以人为根本"，"人的全面发展是社会主义的本质要求"。③ 用中国特色社会主义制度规训人，是思想政治教育目的和根本要求的体现。思想政治教育方法理论中有用管理载体寓教于管④的方法，制度规训应该是管理人的第一步。制度规训方法的运用有着深厚的马克思主义理论依据、思想政治教育依据和直接的行为科学理论依据。

第二，历史的实践证明，思想政治教育的制度规训方法对规制不良思想行为非常有效。思想政治教育的制度规训方法由来已久。中国古代有"人生八岁，则自王公以下，至于庶人之子弟，皆入小学，而教之以洒扫、应对、进退之节，礼乐、射御、书数之文；及至十有五年，则自天子之元子、众子，以至公、卿、大夫、元士之适子，与凡民之后秀，皆入大学，而教之以穷理、

① 《列宁选集》第3卷，人民出版社2012年版，第153页。
② 谭希培：《马克思主义中国化的20个命题》，中南大学出版社2012年版，第102~117页。
③ 曹清燕：《思想政治教育目的研究》，中国社会科学出版社2011年版，第61~66页。
④ 郑永廷：《思想政治教育方法论》，高等教育出版社2010年版，第183~187页。

正心、修己、治人之道"。① 这里的"教之以洒扫、应对、进退之节,礼乐、射御、书数之文"和"教之以穷理、正心、修己、治人之道"即为制度规训的方式方法。革命战争时期,我们党用《三大纪律八项注意》教育军队官兵正确处理好和人民群众的关系,"不拿群众一针一线",尽量做到不扰民、不侵害人民,并且帮助人民挑水、挖井,即使是睡觉都是取门板睡觉,睡醒把门板上好,做人民群众的贴心的子弟兵。正因为做到了不扰民,而是帮民、便民,所以赢得了人民群众的爱戴。制度规训方法发挥了良好的作用。用"不虐待俘虏"的政策制止了军队中原本存在的虐待俘虏的问题。用"打土豪,分田地"的政策给予干部群众以方法指导,赢得了新民主主义革命的胜利,赢得了农民的拥护,赢得了社会主义制度的确立,解决了农村土地长期垄断在少数人手里,农民劳动生产积极性不高的问题。后来,为了解决农民的生产力弱的问题,采取过成立"互助组""办食堂"等制度、办法,这些制度创新,有的对,有的不对,有的发挥过重要作用,后来发现不适用了,但当时都起到了统一思想、统一行动的作用。历史的实践证明,思想政治教育的制度规训方法对于统一协调人们的思想和行为,使大家心朝一处想、劲朝一处使有着非常重要的意义和作用。

第三,大学生网络文化失范是一种不良行为,能够用制度规训的方法进行有效遏制。制度从根本上规定了学生的行为,告知了学生怎样的人生才是正确的人生。进而,让学生学会选择,知道自己可以接受什么,必须坚决拒绝什么,更不会去贪图享受、贪求一时之利。

在规制大学生网络文化失范问题上建构和运用制度规训方法体系要具体做到如下几点。

首先,通过纸质文稿、网站电子文稿、会议等形式把规范宣讲到位。宣讲好我国有关高等教育的政策、法规,大学校训、校风、学校特色,把学校有关教育管理文件汇编成册,人手一册,组织学生集体学习,教师进行阐释。通过学生课外自主阅读、课内宣讲阐释,使得学生日常行为规范入脑入心,

---

① 朱熹:《大学章句序》,载《四书章句集注》,中华书局2006年版,第1页。

让大学生不敢违反。宣讲制度规范的过程也是一个晓之以理的过程，让大学生明白为什么要这样做。

其次，在日常的管理实践中运用好制度规训。考核奖惩制度能强化学生有益于家庭学校国家社会的行为，弱化其反家庭、反学校、反国家、社会的行为。一张考核表就像一面镜子，可以照出学生离理想状态还有多大的差距。为了不让学生因为短期目标没有达到而灰心丧气，怨天尤人，在制定短期考核表的同时，要把中期、长期考核表拿出来，让学生看到还有时间，还可以朝着目标坚持不懈地努力。发展是硬道理，告诫学生不可因一时的失利而垂头丧气，自暴自弃。

最后，要及时做好制度的更新工作，让制度与时俱进。制度规训是所有方法中最首要的方法。制度规训可以做到"有言在先"，让学生看到不承担义务和责任就享受不到权利，防止学生撂挑子的责任意识淡化现象出现。只要学生对真理的追求永不止步，人性中"善"的因素终会战胜"恶"的因素。

二、价值澄清

思想政治教育的价值澄清方法是指：教育者结合社会主义主导价值观，让学生对其在一定境遇中可能有的行为进行陈述，帮助其澄清该行为所联系的价值观的教育活动。这种方法比灌输式的制度规训方法更贴近学生生活实际，更尊重学生主体地位，更尊重学生求异思维的开发。如果说制度规训方法是基本的必要的方法，那么价值澄清方法则是深入的根本的必需的方法。价值澄清涉及诚信、尊重、自爱、自律、守时等正面价值观念以及与之相反的欺诈、自轻自贱、自弃、自我放纵、违约等一系列道德价值观念。其过程有一个追问、辨析的交互过程，能引起学生的深入思考、全面权衡。说思想政治教育的价值澄清方法是规制大学生网络文化失范的有效方法的原因有如下几点。

第一，思想政治教育的价值澄清方法从根本上解决了学生行为的精神价值根源问题。要让大学生看到中国传统文化资源比低俗、庸俗、媚俗的文化资源不知有价值多少倍。

思想政治教育学原理中的思想政治教育对象的思想品德形成过程规律和思想品德发展规律告诉我们：人自身的行为的形成遵循着"思想—心理—行为—思想"这样一个交互作用循环往复的过程机理。思想以语言为外壳，而语言无论从形式到内容都是社会约定俗成的，受教育者的思想和教育者之间的思想是以语言为媒介实现对接的，受教育者通过接纳教育者的语言思想实质，再编码成自己的内部语言，内化为自己的思想活动、心理过程，外化为自己的行为表现，再从外界反馈的信息形成对自己行为的基本评价，再转化为下次实践的指导思想和心理驱动密匙。因此，思想政治教育的价值澄清方法能从根本上把学生由被迫遵循规范的状态转变为自觉遵循规范的状态，进而促进其行为的自律，从根本上祛除失范行为。

第二，古今中外的教育实践证明，价值澄清方法对于受教育者树立起正确的思想观念，建立受教育者与教育者一致的思想认同有重要的作用。中国古代有孔子的"不愤不启，不悱不发"（《论语·述而》）的教育方法，西方古代有苏格拉底的"催产术"，都是流传千古的经典道德教育方法。近代的马克思本人就是一个善于利用价值澄清方法的人。费多谢耶夫曾说："在欧洲工人面前，马克思不是一个向群众传播预言的先知，而是使科学为被压迫者服务并把科学变为群众自己手中的武器的学者。"[1] 但他绝不仅仅是学者，而且首先是热情的革命家[2]。现当代，价值澄清理论流派成为一种在影响力方面与认知发展理论、社会学习理论、人本主义理论并列的道德教育的理论流派。代表人物为拉思斯（L. Raths）、哈明（M. Harmin）和西蒙（S. Simon），代表作为《价值与教学》（*Values and Teaching*，1966）。拉思斯认为，人们可以通过选择、珍视和行动这一明智的过程来形成价值。其过程由 7 个步骤组成：（1）自由地选择；（2）从各种可能选择中进行选择；（3）对每一种可能选择

---

[1]　［俄］彼·费多谢耶夫：《卡尔·马克思传》，孙家衡等译，生活·读书·新知三联书店1980年版，第16页。

[2]　［俄］彼·费多谢耶夫：《卡尔·马克思传》，孙家衡等译，生活·读书·新知三联书店1980年版，第15页。

的后果进行审慎思考后作出的选择；（4）珍视与珍爱，对选择感到满意；（5）乐于向别人公开自己的选择；（6）根据选择行动；（7）重复这种行动并使之成为个人的生活方式。例如，一个学生向老师请示说自己要去做一件事，一般老师会直接同意，而真正关心学生的老师则会追问学生是自己要去的还是别人要你去的，为什么要去，去了对自己有什么益处，还有没有更好的选择。通过多角度多层次的提问引起学生的思考，进而让学生从自己的实际情况出发作出自己的判断。对于同一篇阅读材料《灰姑娘》，有的老师可能会直接灌输"守时"的观念，而有的教师则会运用启发式提问："假如灰姑娘没在12点之前离开皇宫，会怎么样？"这种让学生自己明辨问题、澄清价值的方法远比直接灌输"守时、自律"来得深刻、有效。

运用价值澄清方法要具体做到以下几点。

首先，给予学生关于选择的方法指导。心理学研究表明，A、B、C 三个目标同时存在，A 目标是当事人的原始目标，B 目标是环境中的诱惑目标，C 目标是环境中出现的比 B 目标低级一些的目标，在没有 C 目标存在的情况下，很多人能拒绝 B 目标，但一旦 C 目标作为差的对比而存在，很多人则会放弃A 目标，直奔 B 目标。只有明智的人早就把 A 目标写在纸上，按其行动，这样，离开特定环境回到原有环境中才不会后悔。在网络文化环境中要让学生从善如流，必须让学生有良好的网络行为文化素养。例如，上网前必须明确目的，可以写在纸上，以便上网中和上网后查对，可以防止出现违背自己本心本意的行为偏差，造成人力、物力、财力的浪费，甚至带来其他不良后果。这也是一种自我规制的方法。

其次，让学生提前看到自己不良选择的后果。选择建立淫秽色情网站的方式解决个人和家庭经济困难问题，后果是五年的牢狱生活。放弃这一选择，自己还是堂堂正正的重点大学在读大学生。是自由更有价值还是金钱更有价值？有没有别的途径解决个人和家庭经济困难问题？是个人的一己之物质利益重要还是国家民族的大义重要？特别是针对大学生网络精神文化失范行为，更需要我们帮助学生澄清价值，在思辨中自觉遵循社会主义价值规范。在网上多刊发思辨性的论文，多举办关于发挥马克思一元价值观引领作用的讲座，有益于启发学生进行思辨，澄清各种错误思潮，重拾崇高的共产主义理想的价值追求。

最后，让学生在选择错误的情况下积极改正错误，回归正轨。如果选择错误，就要学会承担错误抉择的后果，最大限度地减少自己的错误抉择给自己、家人、学校、社会造成的损失。例如，有的大学生错误地选择了浏览网络色情文学作品、影视作品的行为，浪费了时间和精力，让自己的心灵受到了毒害，还浑然不知，以耻为荣。可能一次考试不及格，考核不过关，父母的一顿臭骂促其反思，他就猛醒了。艰深的学科知识比浅显的色情信息有价值。人一辈子的时间有限，应用于做有价值有意义的事情。正所谓"朝闻道，夕死可矣"。不怕不识货，就怕货比货，在对比中，学生更能看到自己行为的价值，是有害还是无害，是有用还是无用，是有效还是无效。

在进行大学生价值澄清教育的过程中，帮教队伍的组建很重要。人的工作还是需要人来做，他律最有效，自律最长久，帮教队伍的作用在于让帮教对象的价值观念短时间内即可得到澄清，由糊涂转向澄明。

三、说理劝诫

思想政治教育的说理劝诫方法是指：通过摆事实讲道理温情劝谕和诚勉受教育对象来达到思想政治教育的目的的方法。它不同于制度规训、究责促改等"硬方法"，和价值澄清一样属于"软方法"，又不同于价值澄清。价值澄清主要用于虚拟的故事或将要发生的事情的分析，说理劝诫则是在不良现象开始出现苗头的时候有针对性地给予劝诫，力求促使其不再重犯。它有灌输的成分在里面，又比灌输多了些条分缕析，多了些情感因素，多了些批评已发生在受教育者身上的不良现象的因素。

说思想政治教育的说理劝诫方法是规制大学生网络文化失范的有效方法是因为该方法有充分的理论、历史和现实依据。

第一，说理劝诫方法的理论依据。语言是思想政治教育的重要载体①。马克思早在1845—1846年就发现："不是意识决定生活，而是生活决定意识""后一种符合现实生活的考察方法则是从现实的、有生命的个人本身出发，把意识仅仅看作是他们的意识""它的前提是人，但不是处在某种虚幻的离群索居和固定不变状态中的人，而是处在现实的、可以通过经验观察到的、在一定条件下进行的发展过程中的人"。② 毛泽东同志也曾从认识和实践两个方面说出了说理劝诫方法的适用范围以及使用的目的和方法。说理劝诫方法也是一种批评的方法，这种批评更多地侧重于私下的批评，而不是公开的批评，因而受教育对象更易接受。劝诫中包含教育者的情感，这种情感具有积极的意义。德国哲学家雅斯贝尔斯说："教育，不能没有虔敬之心，否则最多只是一种劝学的态度，对终极价值和绝对真理的虔敬是一切教育的本质，缺少对'绝对'的热情，人就不能生存，或者人就活得不像一个人，一切就变得没有意义。"③ 劝诫中有对受教育者生命的尊重和敬畏之情："尽管你犯过错误，但我还像对待没犯过错误的人一样平等地尊重你、敬畏你，希望你走上正道，这样，我们的队伍里又多了一位同志。"马克思在《〈黑格尔法哲学批判〉导言》中曾说："批判的武器当然不能代替武器的批判，物质力量只能用物质力量来摧毁；但是理论一经群众掌握，也会变成物质力量。理论只要说服人，就能掌握群众；而理论只要彻底就能说服人。所谓彻底就是抓住事物的根本。"④ 说理劝诫无疑能抓住事物的根本彻底说服人。对外要以理服人、以文服人、以德服人，对大学生也要以理服人、以文服人、以德服人，用中华文化的魅力征服大学生桀骜不驯的心灵。

第二，说理劝诫方法的历史依据。在新民主主义革命时期，我们党成功

① 贺才乐：《思想政治教育载体研究》，湖北人民出版社2004年版，第37～39页。

② 马克思、恩格斯：《德意志意识形态》，载《马克思恩格斯选集》第1卷，中共中央马克思恩格斯列宁斯大林著作编译室编译，人民出版社2012年版，第152～153页。

③ ［德］雅斯贝尔斯：《什么是教育》，邹进译，生活·读书·新知三联书店1991年版，第44页。

④ 卡·马克思：《〈黑格尔法哲学批判〉导言》，载《马克思恩格斯选集》第1卷，中共中央马克思恩格斯列宁斯大林著作编译室编译，人民出版社2012年版，第9～10页。

地运用了说理劝诫方法感化了一大批原本不问国事的知识分子。在日常生活中，我们常听说某人被某人"策反"的事例，所谓"策反"，就是被说服。当然，这是一种含贬义的说法。指正面人物被反面人物劝服到反面派那边去了。例如，明朝大臣被大玉儿所策反，带兵反过来攻打大明的江山。同时也说明了理论的阵地一旦正面的东西不去占领，就会被反面的东西占领。但在正面的东西被反面的东西占领之后，要让重回正面，需要更大的功力进行说理劝诫。

第三，说理劝诫方法的现实依据。大学生网络文化失范问题如果单纯采取制度规训、价值澄清还不足以让学生返回正轨，因为存在着制度监管不到的角落和学生对自我错误选择反思不到、对应有的价值观念领悟不明之处。说理劝诫方法能以温和的旁观者清的姿态让受教育者放弃原有不成熟的思想主张，回归正道。大学生网络文化失范问题，从根本上说是低俗网络文化对人的侮辱和奴役，使人处于一种被遗弃和被蔑视的状态，使人失去人之为人的尊严感。通过说理劝诫，可以让大学生觉醒，进而找回人之为人的尊严。西方学者的研究也表明：要加强家庭、社区和大学学生的道德健康教育，适当检查学生的网上活动，学生、教师和家长就知识、学术和道德问题应该定期联系和互动[1]。这种定期联系与互动中就包含了说理劝诫的方法。

说理劝诫可以分为如下三类。

首先，谈话劝诫。座谈讲话本身就是一种劝诫。领导讲话、辅导员找学生谈话，只要思想导向正确，都有激励和劝诫的功能，能让学生走上正轨。同辈的同学朋友的谈话劝诫也能起到很好的作用，而且同辈同学朋友的谈话劝诫学生更能入耳入心。选好朋辈辅导员，让朋辈辅导员去劝诫有失范行为的学生，也是很好的方法。在谈话式的说理劝诫中可让受教育者感受到来自组织的温情的人文关怀，教育者还可根据受教育者的反应及时调整自己的劝

---

[1] Ahmad Sardar, Ullah Asad, Shafi Bushra, Shah Mussawar. The Role of Internet use in the Adoption of Deviant Behavior among University Students. Pakistan Journal of Criminology；Peshawar Vol. 6，2014（1）：133.

诚方式，使之更切合受教育者的心理需要，以便受到良好的教育效果。

其次，书信劝诫。2007 年 5 月 24 日第 13 版的《人民日报》上刊登了一封因沉迷网络被退学的大学生的母亲写的劝诫信。现将文章摘要如下：

4 月初，武汉科技大学城建学院大二学生薛辉（化名）收到一纸退学通知书。班主任左贞彪给家长打电话，让他们来办退学手续时，父母简直不敢相信儿子到这一步。薛辉大一下学期开始玩网络游戏，后来迷上网络小说，通过手机下载来看，经常看到夜里一两点，手机电池没电了，就接上充电器来看。他很少旷课，但课上多是在看网络小说。大一下学期四五门功课"挂红灯"，大二上学期又有四五门没过关，补考也没过。按照学校规定，累计 26 个学分不及格就要退学，薛辉已经达到 29.5 个学分。

薛辉在退学通知书上签字时，母亲端水杯的手一直微微颤抖，眼泪在打转。她无助地看着儿子签上名字，然后拖着沉重的脚步迈出办公室。

母亲忍痛写信，苦劝儿子担起责任。薛辉家在北方农村，母亲姓潘，每天凌晨 3 点多就起来忙活卖早点，供孩子读书。这次父亲不好意思来，潘妈妈一人来了。

4 月 4 日，全班同学聚到薛辉的宿舍为他送别。这时，潘妈妈红着脸掏出几页练习本纸递给左老师："左老师，我没文化，写了几句心里话，不知对孩子们有没有用？"

征得潘妈妈同意，左老师要念给大家，刚开口就哽咽难语，一个女生接着读：

"孩子们，我是一位母亲，一位被退学学生的母亲。昨天我怀着一颗对未来充满希望的心，把孩子送进武汉科技大学；今天我来这里时，则是一颗被击碎的、浸满泪水、滴着血的心。希望你们从我的孩子身上吸取深刻教训！承担起应该承担的责任！人生的路要走好，不能太放纵自己。

"迷恋网络，遗憾终身！

"孩子们，从幼儿园到大学，十几年的风雨，寒来暑往，多么不容易呐，我的孩子们！你们千万要珍惜这来之不易的机会！因为，人生的机会只有一次。薛辉的母亲，4 月 4 日"

许多同学落泪了，宿舍里一片寂静。还有一封短信是给左老师的，感谢老师的辛勤培养。

潘妈妈拉着儿子走到左老师面前说："给老师鞠个躬，不管怎么说，老师为你花费了很多心血。"薛辉恭恭敬敬给左老师鞠躬，左老师当时心头一热。

4月6日，薛辉和母亲要回家了。同学们帮他拿着行李，潘妈妈一直拉着左老师的手。上公交车前，潘妈妈又拿出一封信给左老师，她还有很多话想说：

"记得当年送孩子进大学时，学校大楼上有两条标语：迎莘莘学子相聚科技殿堂，路漫漫铸就事业辉煌。我是来自农村的初中毕业生，孩子进了大学，我非常高兴、自豪、骄傲。可现在他要退学了，那种痛苦怎能用言语描述。"

母亲在孩子被退学以后再用口头语言和书面语言劝诫孩子，对孩子未来的人生道路有指导作用，但如果这种劝诫来得更早一些就好了，父母和高校的联系更紧一些就好了。实际上，父母和高校的联系是很紧的，只是高校思想政治教育工作者往往漠视、淡忘和荒废了这种联系，没有效利用好这种紧密的联系。书信直接击打心灵，针对性极强，读完全文，我们不禁慨叹父母师长的说理劝诫如果早一点就好了。年年岁岁花相似，岁岁年年人不同。现在的大学校园里，我们还可以经常看到上课看网络小说、网络小说阅读成瘾、网络游戏成瘾等大学生网络文化失范现象。这种现象有一定的普遍性，而且随着手机网络的普及有愈演愈烈之势。在同学说理劝诫、老师说理劝诫无效的情况下，家长不妨直接出面写信劝诫，而且这种劝诫越早越好。作为一种干预手段，在孩子入学前就应该对孩子进行有关正确使用手机、电脑网络的劝诫。书信是一种比较适合亲子交流、师生交流的方式。书信语言一般都饱含深情，学生易于接受。书信内容又直指失范者，直达其心灵，有针对性。再加上书信的私密性，更是易于入脑入心，不啻为良好的教育方式。中南大学团学会微信公众号开设的"师者仁信"栏目也在学生中引起了热烈的良好反响。

最后，书籍劝诫。开卷有益，读一本好书，就是同一个高尚的人谈话。书籍一般都经过了作者自审、专业校对审、编辑审三个关口，比较严谨，只要是内容健康有益，能有针对性地解决大学生网络文化失范问题、指导性强的书籍都可以发给大学生阅读，人手一册，成为大学生的枕边书、桌边书、架上书，偶尔拿出来翻翻，就会触发改进的决心。

四、究责促改

思想政治教育的究责促改方法是指：在思想政治教育过程中，为了让教育对象改变其不良行为习惯而采取的追究责任的方法。这种方法往往很偏激、很极端，提前把受教育者推到绝境，让受教育者看到再不改变自己的行为会有什么样的后果。这种"大悲"的境地，往往让受教育者如遭当头棒喝，猛然醒悟，思想态度行为大为改观，改到符合社会的要求。说究责促改方法是规制大学生网络文化失范的有效方法的原因有如下几点。

第一，究责促改方法有充分的理论依据。中国古代"四书五经"里的《大学》有言："大学之道，在明明德，在亲民，在止于至善。"朱熹作注释曰："亲，当作新。新者，革其旧之谓也，言既自明其明德，又当推以及人，使之亦有去其旧有之污也。止者，必有去于是而不迁之意。至善，则事理当然之极也。"朱熹把"明明德""亲民""止于至善"看作《大学》的纲领，高度评价这一思想"尽乎天地之极，而无一毫人欲之私"[1]。大学生不但自己要明明德，使光明的道德得以发扬光大，而且要使别人的思想也为之一新，去除别人的恶习。《大学》首次彰显了高等学校校园文化的先进性特征。大学生不仅有改正自身缺点错误的义务和责任，而且有帮助他人改正缺点和错误的义务和责任。马克思早就看到了不合理的行为规范的悲剧性："当旧制度还是有史以来就存在的世界权力，自由反而是个人突然产生的想法的时候，简言之，当旧制度本身还相信而且必定相信自己的合理性的时候，它的历史是悲剧性的。当旧制度作为现存的世界制度同新生的世界进行斗争的时候，旧制度犯的是历史性的错误，而不是个人的错误。因而旧制度的灭亡也是悲剧

---

① 朱熹：《大学章句》，载《四书章句集注》，中华书局 2006 年版，第 3 页。

性的。"① 列宁在《论我们报纸的性质》中说："我们没有同干坏事的具体人进行切实的、无情的、真正革命的斗争。我们很少用现实各个方面存在的生动具体的事例和典型来教育群众"；"这里最需要关心、报道和公众的批评，最需要抨击坏人坏事，号召学习好人好事"②。这些言论中就蕴藏了究责促改的思想。西方学者也建议父母适当检查孩子的上网内容，采取一些增强和促进他们的责任感和道德行为的措施。此外，对家庭内部环境及其活动进行适当的检查，尤其是对年轻的家庭成员在选择使用媒体技术时好好检查。西方学者认为适当地检查和控制青少年的资金支出，适当地审计是极为必要的。此外，家校联合互动，关心年轻人的智力、学术和道德进步以控制他们的越轨行为。西方学者认为，"教育机构必须形成适当的规则，对有越轨行为的学生进行鉴定和康复，这是当今的需要"③。这些话语里就包含了究责促改的思想。

第二，究责促改方法有充分的实践依据。在中国新文化运动时期，鲁迅先生就发现了要打破封建铁屋子，封建统治者才会给开一个窗，如果只要求开一个窗，封建统治者则连一条缝都不会给开。在破除旧道德，树立新道德，废除文言，提倡白话，废除封建迷信，提倡民主科学的狂飙激进的运动中，究责促改方法起到了很大的作用。五四运动爆发于当权者签订卖国的"二十一条"，学生罢课，工人罢工，示威游行，包围当权者的住宅，采取的也是究责促改方法。毛泽东同志在新民主主义革命时期主张的"打土豪，分田地"的方法也是一种究责促改方法。当旧的制度和新的制度不相容的时候，当权力所有者还牢牢握住手中的权力不放，我行我素地干着危害他人的勾当时，只有采取严厉手段让其文化失范改正。大学生网络文化失范者正是抱着自己有上网的自由，有父母的宠爱，有老师的纵容，有同学的包容，才无法无天

① 卡·马克思：《〈黑格尔法哲学批判〉导言》，载《马克思恩格斯选集》第1卷，中共中央马克思恩格斯列宁斯大林著作编译室编译，人民出版社2012年版，第5页。
② 《列宁选集》第3卷，人民出版社2012年版，第573页。
③ Ahmad Sardar, Ullah Asad, Shafi Bushra, Shah Mussawar. The Role of Internet use in the Adoption of Deviant Behavior among University Students. *Pakistan Journal of Criminology*；Peshawar Vol. 6, 2014 (1)：140.

的，只有采取严厉手段剥夺其文化失范生存基础的时候，他才知道该收手。实践证明，究责促改方法符合规制大学生网络文化失范的现实需要，大学生管理中不乏依法究责促使大学生网络文化失范现象减少直至消失一段时间的成功事例。对于有网络文化失范行为的大学生来说，他们自己无一不相信给自己定的制度是合理的，沉迷网络色情小说，沉迷网络游戏，沉迷色情暴力动漫视频，甚至创作色情小说，创建色情网站，在他们自己看来都是合法的，是天理其然的，因而，他们自己不知道改正。只有当有一天外界有一个人告诉他，如果再这样下去，他就要被退学，他就要失去他赖以生存的生活基础的时候，他才猛然醒悟，给自己建立起一种新的行为规范，努力去达到家庭、学校、社会的要求。如果不提前把不良后果演示给他看，他还会沉迷网络，不会给自己建立起一种新的行为规范，还把网络对自己的束缚当作理所当然的状态。当事物发展到一定的度，毁灭其原有的生活基础的时候，历史的悲剧性的一刻就到了，正如上例中的那位沉迷网络导致多门功课不及格而被退学的学生一样。思想政治教育中的究责促改方法的功能就是惩前毖后，治病救人。

运用究责促改方法要具体做到如下几点。

首先，家庭爱而有节，严而有度。上例中沉迷网络小说阅读而导致多门功课不及格的学生家庭给了自己孩子太多的宠爱，父母吃了很多苦，没让孩子吃苦，所以孩子不懂得珍惜学校和父母给予的优良的学习条件。家庭应该爱而有节，严而有度。假期让孩子多干些家务活，假期一定要让孩子回家看看、住住，体会父母生活的艰辛，体会自己学习条件的来之不易。父母对自己已进入大学的孩子也不能不管不问，要尽量通过多种方式了解孩子在校的表现，不能误以为孩子在校什么都好，放得下心，对孩子的实际表现一点都不了解，结果留给自己的是一个突然的晴天霹雳——孩子被退学。学校也应该在规制大学生网络文化失范方面及早和父母联系，调动父母的力量以情感动孩子，让实际的悲剧少一些。从维护学生和学生家庭权益角度来看，在学生考试有不及格科目，上课有看小说的不良行为时，任课老师、辅导员、学校管理层没和家长联系，没提前预警，也是做得不好的，对学生、对学生家庭是不负责任的。究责促改的重要功能就在于提前预警。母亲的劝诫信早一点写出来、发出来，孩子早一点改正沉迷色情小说的坏毛病，悲剧就或许不会真的发生。当然，如果家庭对孩子过分严苛，也不利于孩子的心理健康，可能导致逆反心理，出现行为背反现象，最后也可能导致大学生网络行为失范。所以，家庭一方面要爱而有节，另一方面还要严而有度。限制孩子零花钱，发现成绩不合格及时追究责任，都能防患于未然。

其次，学校持续关怀，持续跟进。有时候大学生认识到自己的错误以后，仍旧没有多大的改进，不是他不想改，而是"江山易改，本性难移"，多年的生活习惯、心理定式已经养成，网络小说阅读这样的行为文化带给他的舒适感让他欲罢不能，这时候就需要学校的老师和同学对其持续关怀、持续跟进。任课老师、辅导员、班干部、寝室长、党员同学都有关心其学习生活心理需要，帮助其融入集体学习活动，督促其积极完成各科作业的义务和责任。按照制度对其课堂表现如实记录，给予扣分；对其不完成作业如实记录，给予扣分，让其看到自己极低的成绩，对其也有警示作用。在有力的他律推动下，大学生才能实现自律。

最后，社会恒久支持，助其成才。光有大学生家庭、大学生所在学校对其究责促改还不行，有时还需要社会力量支持。例如，对于家庭经济特别困难的大学生，国家有奖助学金，社会有捐资助学的义举，学校还可为其提供正当合法的勤工助学的途径和机会，大学生完全不用去靠建淫秽色情网站赚钱维持学习生活。当然，不排除大学生为了追求高档的物质生活享受，或为了尝试一种新的赢利模式而铤而走险，那是他自己的贪欲、猎奇心、虚荣心害了他自己。对于大学生来说，最重要的是自律，即使再没有钱，也要充分认识到色情网站的危害，不可策划和执行那样的创业的歪主意。大学生要淡泊明志，不为物欲所诱惑。但是，一般情况下，如果社会有足够的勤工助学岗位，高校的产学研对接得好，可以组织和引导大学生通过建光明正大的网站赚取合理的劳动报酬，则可大大减少大学生网络物质文化失范。

第二节　网上方法

网上方法即虚拟方法，是我们党的思想政治教育的现代方法，具有信息集成度高、主客体交互性强、交流成本低、传播效率高等优势，是规制大学生网络文化失范的主干方法。

一、网上沟通

思想政治教育的网上沟通方法是指：思想政治教育的教育者为了让受教育者接受自己的文化思想、观点，为了及时帮助有网络文化失范行为的大学生改正错误的思想、调整不良的心态、改变不良的行为而采取的在网上进行真诚的思想交流和信息沟通的方法。

说网上沟通方法是规制大学生网络文化失范的有效方法的原因如下。

第一，网上沟通方法有充分的理论依据。赫尔巴特的权威教育方法理论认为，人具有粗野狂暴的一面，必须严加管束（restraint）才能服从，要培养绝对服从国家、具有铁的纪律的人，对人的行为要加以检查与监督、批评与警告。这种现实教育的方法对于大学生网络文化失范现象的治理仍旧有效，可以作为教育者和受教育者在网上进行沟通的依据——大学生的网络文化行为是需要人管理的，是需要有权威引导的。辅导员、党团干部、学校网络德育线的老师，都可以担负起检查和监督、批评与警告大学生不良网络文化行为的义务和责任。正如国防科技大学马永富教授等所说："要改变传统的教育模式，通过分析官兵的'数据痕迹'，为他们提供个性化教育方案，不断增强基层思想政治教育的针对性。"① 这种对官兵数据痕迹的分析，就是网上沟通的基础。

第二，网上沟通方法有充分的实践依据。网络自 1995 年开始在高校运用至今已有 20 多年的历史。经过 20 多年的发展，网络已由新鲜事物发展为人人都能懂、人人都能用的普通事物。但是，兴一利必生一弊，网络文化在给人们带来便利的同时也给人们带来了精神、物质、制度、行为方面的失范，而且这种失范之害借助网络平台传播得特别快、特别广，因而对大学生及其利益相关者的危害特别烈、特别久。没有完美的个人，只有完美的团队。实践证明，通过网上沟通可以及时发现大学生网络文化失范现象，及时制止失范行为，及时删除失范的文化信息，不让不良影响扩散。例如，学生在百度贴吧、微博发布对学校后勤、学校老师不满的言论，可以通过网上沟通的方法及时了解其不满产生的原因，及时引导其思维朝着积极的方向发展，及时指导其通过正当的途径有效解决其问题。实践证明，网上沟通方法符合规制大学生网络文化失范的现实需要。

运用网上沟通方法要具体做到如下几点。

首先，组建高素质、高技能的网上沟通队伍。大学扩招以后，辅导员带的学生人数多。我们在调查中了解到，有的专业的辅导员一个人带 560 人，严重超过教育部规定的 1∶200 的辅导员配备比例标准，不管是临时这样分工还是长期这样分工，辅导员带的学生人数多这种现状的确存在。学生工作事物繁忙，方方面面都需要辅导员协调到位，而且辅导员对每位学生的家庭情况、学习情况、住宿情况、奖惩情况都要了如指掌，能够对答如流，的确不易，需要辅导员自身有较高的信息处理和分类的技能。同时，辅导员要善于组建高素质高技能的网上沟通队伍，通过团队的力量来实现学生的安全管理，辅导员就可以做到带少不带多、抓大放小了。为了规制大学生网络文化失范，及时发现和解决大学生在网络平台上暴露出来的思想、行为方面的问题，形

---

① 魏雷雷、马永富：《用大数据技术创新基层思想政治教育的思考》，《政工学刊》2019 年第 7 期，第 23 页。

成良好的网络舆论文化氛围，辅导员要搞好队伍建设，通过带动队伍开展网上沟通工作来确保辅导员自身工作负荷不过大，确保学生个个平安健康。

其次，做好队伍的思想建设和制度建设。就像部队带兵一样，辅导员所带的队伍的思想建设和制度建设是首要的。网络思想政治教育队伍可以由大学生班导师（可以由一专业的学姐学长担任）、学生党员、共青团干部、寝室长、班干部、热心网络思想政治教育的任课教师、学生管理工作人员组成。大家要统一思想认识，认识到对学生实行网上常规检查、沟通的重要性，每位队员都要树立起自己和普通同学是"一荣俱荣、一损俱损"的荣辱与共的集体观念，意识到关心同学、帮扶同学的重要性。这是在思想上做好网上沟通的前期准备工作。接下来，要在制度上保障队伍能安全有序开展网上沟通常规活动，具体包括：班导查课查寝和同学课后交流制度；学生党员、共青团干部、寝室长、班干部分工负责重点管理有网络文化失范惯性行为的同学，和其进行网上交流的制度。日常查看大学生经常观看的百度贴吧、新浪微博、腾讯微博信息，有异常情况正确认清异常情况，妥善处理出现异常情况的原因，控制异常情况发展的制度。正如国防科技大学马永富教授等指导的那样，可以"创新教育方法手段，积极拓展网上学习、网上教育、网上服务等基层思想政治教育阵地，依托微博、微信、慕课、抖音等新媒体，及时发布、更新教育内容，扩大教育传播范围"，"要善用网络推送技术，契合官兵需求，将蕴含主流价值思想的微视频、微电影、微故事，适时推送给广大官兵，在提升主流价值思想覆盖面和精准度的同时，实现'课上'与'课下'的无缝衔接"。① 网上沟通交流时一个微视频、微电影、微故事，也许马上可以让一个有网络文化失范心理行为的大学生回心转意，痛改前非。

最后，网上网下结合，安全有序开展网上沟通常规活动。网下沟通是网上沟通的基础，平时只有深入学生宿舍，积极参加学生活动，和学生群众打成一片，才能赢得学生的信赖。中南大学的班导在这方面做得比较好。比如，

---

① 魏雷雷、马永富：《用大数据技术创新基层思想政治教育的思考》，《政工学刊》2019 年第 7 期，第 23 页。

被评为第四届"中南大学杰出学子"的土木 1109 班班导吕慧宝同学，每周五组织学弟学妹们去自习，并且一有时间就去大家的寝室串门，和大家聊天，分享好书，看到还在打游戏的男生，也会以一个大姐姐的姿态，劝他们玩心不要太重，大学还是应该多学点东西。大二学生担任大一学生的班导师，短期内影响到学习成绩，但她把心态放平和，照样做学生工作，聪明地把课内知识的学习融入课外和同学的讨论中，劳逸结合，通过运动来增强脑力，结果成绩出奇地上升。一个好的班导师能够通过自己的言传身教影响学弟学妹，告诉他们取得好成绩的秘诀在于上课认真听讲，课后及时梳理知识，按时写作业。[①] 这样，把班风带好了，大家的时间都用于讨论学习、运动以及读健康有益的课外书去了，大学生网络文化失范问题自然得到了有效控制和解决。网下的基础打好了，网上发现有"@市新闻电视台"的埋怨学校网速的行为时，自然能及时通过网上沟通制止，引导学生通过正确途径向学校后勤反映问题、解决问题，不扩大事态影响，尤其是不因一时的局部的问题给学校制造负面新闻。

二、角色互换

思想政治教育的角色互换方法是指，思想政治教育者站在受教育者的立场，把自己假想为受教育者，体验受教育者的心理活动、思想感情，把自己的角色语言转换为受教育者的角色语言，从而实现自己的思维和受教育者的思维同步，师生产生高度契合和共鸣，引导受教育者的思想往教育者的思想这边靠拢，进而达到思想政治教育目的的一种方法。

说角色互换方法是规制大学生网络文化失范的有效方法的原因如下。

第一，角色互换方法有充分的理论依据。角色互换方法的理论依据是共情理论和生态理论。共情理论是一种心理治疗理论。共情的英文表达是"Em-

---

① 李帅、吕慧宝：《追赶太阳，享受青春》，《我的大学，我的精彩——第四届"中南大学十大杰出学子风采"展》，《中南大学报》2014 年 6 月 21 日，第 3 版。

pathy"，来源于德语单词"Einfuhlung"，一译作"移情"。共情有三个指征：一是治疗者必须进入来访者的私人概念世界，二是必须站在来访者的角度，三是必须从来访者的"知觉观点"来看待和感知世界。角色互换方法正是站在受教育者的立场，把自己假想为受教育者，体验受教育者的心理活动、思想感情，把自己的角色语言转换为受教育者的角色语言，从而实现思想政治教育目的的方法。因此，共情理论可以作为角色互换方法的理论基础。强化角色意识，师生之间多进行换位思考是建设网络生态文明的必然选择，角色互换则是一种创新性矫治与规制。

第二，角色互换方法有充分的实践依据。在网络沟通和日常实际学习生活的师生交往中我们观察体验到：运用角色互换方法，能最大限度地拉近教育者与受教育者的情感，同化受教育者。例如，教育者以受教育者称呼自己的方法称呼自己，等于帮受教育者说话，受教育者会非常感动，不知不觉地，思维就跟着教育者走了。又如，教育者对教育对象说："来，和老师一起分析一下你面临的情况和问题，看看该怎么办。"学生一下子就被吸引过来了，感受到老师是设身处地为自己着想的，自己想些什么，自己需要些什么，自己希望老师怎样帮助和指导自己，老师全都知道。这就是共情在起作用。共情，就是这样一种推己及人，又推人及己的方法。共情的关键是角色互换，而角色互换又经常被大学生运用于 COSPLAY 游戏中，是青年学生乐于参与的一种心理置换和角色扮演的虚拟活动。对于辅导大学生解决其个人生活遇到的与网络文化有关的难题，角色互换方法帮助很大。例如，对待网恋有不正确认识的大学生，辅导员可以加她为 QQ 好友，在 QQ 私聊中对她说："某某同学，依老师看，网恋虚假信息多，风险大，还是不要轻易尝试。自己也不可在网络上发布征婚的虚假信息，因为田土婚姻不可戏弄。你现在专心学习，打好事业基础，无论走到哪里都不会吃亏。再说，学校研究生会专门为研究生安排了'知音快车'相亲活动，你可以通过参加这样的活动认识本校的男生，本校的男生都是经过层层考试和考核才被录取的，绝大多数都是品学兼优的。你有看中的，可以进一步了解一下。老师还可帮你参谋参谋。"这样的角色语言，让学生感到好温暖，觉得辅导员好贴心、好知心，不知不觉就被辅导员引导到远离网恋、到现实生活中去把握真爱的道路上来了。实践证明，角色互换方法符合规制大学生网络文化失范的现实需要，是规制大学生网络文化失范的有效方法。

运用角色互换方法要具体做到如下几点。

首先，热爱学生，爱岗敬业。著名教育家苏霍姆林斯基说过："没有情感，从来就不会有对真理的追求。"根据心理学原理，情是建立在知的基础上，行是建立在信的基础上，信是建立在意的基础上，意又是建立在情的基础上，"知—情—意—信—行"是主体行为产生的心理过程机理。要让学生由行为悖逆到行为归依，遵循正确的网络文化轨道前进，必须先让教育对象对教育者产生信服感，相信教育者所指的道路是正确的。要让教育对象信服自己，教育者必须拥有丰富的知识经验，对教育对象的情况了解得非常全面透彻，而这些没有对教育对象的热爱、没有对辅导员工作岗位的热爱是做不到的。一个主持人为了和嘉宾一起做好谈话节目，一位记者为了采访好政界要人，事先要读一米多厚的关于谈话对象的资料，这样才能知人论世，才有共同话题。对待我们的教育对象——学生也是如此。也许有的学生成绩平平甚至不及格，给辅导员带来的不是光荣而是麻烦，不是喜悦而是负担，但辅导员始终以平和之心理性看待学生成长过程中出现的问题，包括网络文化失范的问题，站在学生的角度设身处地为学生分析情况，指引方向，挽救的不仅是学生的一段大学生活，而且可能是学生今后的整个人生发展，还可能是国家民族的整个未来。

其次，设身处地，提前规划。法国作家罗曼·罗兰在小说《约翰·克利斯朵夫》的结尾写道：音乐家约翰·克利斯朵夫梦见自己背着一个小男孩过河，孩子非常重。他就问孩子："孩子，你怎么这么重啊？"孩子回答说："因为我是未来的全部希望。"的确，对于一个家庭来说，大学生就是未来的全部希望。因此，高校的育人责任就特别重。没有哪一个孩子生下来父母就认为他会变坏的，也没有哪一个大学生在入学前不暗暗下定决心要干出骄人的业绩来的，只是后来发生了行为偏差，在各种因素的影响下偏离了正确的轨道。辅导员要做的就是提前打好预防针，指导大学生做好专科三年、本科四年、硕士三年、博士四年的时间规划，定期检查，明确每一阶段要达到的目标，达到了的奖励以及没达到的处罚，让大学生心生敬畏，进而不敢背着老师做出包括网络文化失范在内的旁逸斜出的举动。

最后，超越情感，理性激励。万一大学生有网络文化失范行为，而且有愈演愈烈之势，几乎要病入膏肓了，该怎么办呢？这时候有网络文化失范行为的大学生，误以为自己没有力量重返正道，因此会有些自暴自弃，但还有求生的本能和欲望，还有残存的做人的良知。这是辅导员开展施救工作的基础。在大学生已面临绝境的时候，辅导员就不能再表露仁慈，而要拿出"凶狠"的一面来，让其迷路知返，拼命奋力自救。有一个小男孩落水后向一位军官求救，军官端着枪对小男孩说："假如你不自己奋力游上来，我就开枪打死你。"小男孩听了以后，求生的本能被激发，奋力游到了岸上。另一个小男孩被猴子引诱爬上船的桅杆的最顶端取帽子，面临摔到甲板上摔得粉身碎骨的危机情境也是这样得到改变的。小男孩的爸爸（船长）端着枪对小男孩说："往海里跳，否则我就开枪了。"小男孩只好往海里跳，水手们把小男孩解救了上来。大学生网络文化失范中的网络成瘾也是这样，要靠教育者把受教育者的潜能逼出来，让其把生的希望（可能性）展现出来转变为现实性。中南大学的一位网络成瘾导致多门功课不及格的学生也是在辅导员告知他面临将要被退学的危险的情况下，毅然戒掉了网瘾，全力以赴把各门功课全部考过，并且取得了考研第一名的好成绩。这些方法运用的成功，都得益于教育者平时说话算数，制度执行能力强。定了规矩以后，自己从不破坏规矩。谁破坏规矩，必定按规矩规定的办法进行处罚。在非常的情境下，能够迅速开展角色互换心理体验想象活动，想到假如自己表露"仁慈"对方会有什么反应，会带来什么后果；假如自己表露"凶狠"对方会有什么反应，会带来什么后果。

三、寓教于乐

思想政治教育的寓教于乐方法是指：运用美育的方法潜移默化地感化学生，用礼乐、文学作品、影视作品等建构起其防止失范的心理防线，自动抑制越轨的冲动，进而内心获得和谐，达到与他人、与社会、与自然和谐的思想政治教育目的的方法。

说寓教于乐方法是规制大学生网络文化失范的有效方法的原因如下。

第一，寓教于乐方法有充分的理论依据。思想政治教育载体理论与隐性教育方法理论认为，可以用活动载体做到寓教于行，用文化载体做到寓教于境，用传媒载体做到寓教于情①，而"行""境""情"中都有乐，乐既是一种情感又是一种载体、情境的总称。当然，规制大学生网络文化失范的"乐"应该有自己的新特质。孔子提倡"里仁为美"，主张真正的君子应该达到"文质彬彬"的境界。《论语·雍也》有云："质胜文则野，文胜质则史，文质彬彬，然后君子。"他主张用尽善尽美的文化产品陶冶人。在《论语·八佾》里他这样评价音乐作品："子谓韶，尽美矣，又尽善矣；谓武，尽美矣，未尽善也。"在《礼记·乐记》里他这样评价诗书、礼乐、史书的育人作用："诗书序其志，礼乐纯其美，易春秋明其志。"思想政治教育的目的正是培养有理想、有道德、有文化、有纪律的中国特色社会主义事业建设者和接班人，非常需要诗书、礼乐、史书这些思想政治教育载体。寓教于乐方法对塑造完美人格有重要作用，而人格完备的人，失范行为自然少。孔子曰："三十而立，四十而不惑，五十而知天命，六十而耳顺，七十随心所欲不欲矩。"这里说人到七十岁就随心所欲不会再有越轨行为，是指随着年龄的增长，思想日趋成熟，人的品德修养达到了和社会要求高度契合的程度。

马克思、恩格斯非常重视文学作品的功用。马克思称赞巴尔扎克的《人间喜剧》"用诗情画意的镜子反映了整整一个时代"②，恩格斯病中以巴尔扎克的作品为唯一慰藉，他评价巴尔扎克的作品："他汇集了法国社会的全部历史，我从这里，甚至在经济细节方面所学到的东西，也要比当时所有职业的历史学家、经济学家和统计学家那里学到的全部东西还要多。"③ 他认为在巴

① 郑永廷：《思想政治教育方法论》，高等教育出版社2010年版，第168～182页。
② 梅林：《马克思传》，人民出版社1965年版，第70页。
③ 《恩格斯致玛格丽特·哈克奈斯》，载《马克思恩格斯选集》第4卷，人民出版社2012年版，第591页。

尔扎克的"富有诗意的裁判中有多么了不起的革命辩证法"①。形象大于思想，形象的语言比抽象说教的语言更有说服力、教育力和感染力。

第二，寓教于乐方法有充分的历史实践依据。"制礼作乐"在我国周代就成为治理国家的重要手段。周公通过注重"区别"的"礼"，让人们养成"尊尊"的行为文化，通过注重"和"的"乐"，让人们养成"亲亲"的行为文化。

在新文化运动时期，李大钊通过译介马列著作向国人传播马克思主义思想的同时，鲁迅通过写白话小说唤醒沉睡的国民。随后，鲁迅通过自己创作小说、译介苏联小说、在报纸上发表战斗的小品文、把古代有进步意义的故事编成现代白话文供人们阅读，进一步让人们看到封建专制主义的吃人本质和民主主义革命的不易。他讴歌治水的大禹、想办法防止大国攻占小国的墨翟，讴歌他们拼命苦干、团结御敌的精神，称赞他们是中国的脊梁。这些可读性强的文艺作品，哺育了一代又一代进步青年。饱受资本家剥削和压迫的工人，看到鲁迅送的《毁灭》《铁流》等书籍，咬紧了牙关，坚信"鲁迅先生是和我们在一起"的。可见，鲁迅的文艺作品给了青年非常大的精神动力和智力支持。

第三，寓教于乐方法符合规制大学生网络文化失范的现实需要。大学生不是不想把自己的学习、生活、工作打理好，而是出于恐惧而拖延。这时候，辅导员或者同宿舍的同学传递的一首五月天演唱的励志歌曲《有些事现在不做　一辈子都不会做了》，又唤起了某些沉迷网络的大学生拼搏奋斗的激情。还有的大学生不是不想把事情做好，而是体力不支，精神不济，乃至今天要做完的事拖到了明天，答应别人的事老是没有做好。这时，他在网络 QQ 空间里看到了一个好友转载的故事《每人只错一点点》，促其猛醒了。故事讲的是一艘海上航行的船，由于一个水手上岸买台灯给妻子写信，没有拔掉电源插头，船颠簸引起火灾把整条船都烧掉了，船上的人无一能跳海生还。当时门

---

① 恩格斯：《致劳拉·拉法格》（1883 年 12 月 13 日），载《马克思恩格斯全集》第 36 卷，人民出版社 1975 年版，第 77 页。

闩坏了，发现门闩坏了的人没有及时换上新的门闩，只是用铁丝把门闩牢，结果发生火灾的时候，大家都出不去；还有，救生船也被随意地绑死，想要跳海都解不下来；再就是医生没有去巡诊，没有发现问题；再有就是船长没有看航海日志，没有看当天的安全检查记录；再有就是检查安全的人员不认真负责，让水手自己检查自己的房间；再有就是厨师把大家都叫去为聚餐帮忙，闻到烟火味大家也误以为是正常的，结果演变为熊熊大火以后，大家想要施救都来不及了，只能随着船一起被烧死了。辅导员、一些班干部在QQ空间转载了这个故事，在班级QQ群也分享了这个故事，这样一个警示故事对很多同学触动很大，每个人开始认真反思自己每天是不是沟通到位、行动到位、认真履职、遵守纪律、绝不离岗了。还有的同学在QQ空间看了好友日志里转载的"一个蜀国国王贪图钱财，就命令人民开凿蜀道，迎接装有金银财宝的大牛，结果蜀道开通，敌兵一举打进来消灭了蜀国"故事，醒悟到不可为了钱财而接受非法兼职，浪费自己宝贵的学习时间和精力，毁损自己的声誉。有的同学在QQ群里看到辅导员转发的一个皮筏艇队员因为困倦，就在没到达终点时倒下，结果全队半年训练的辛苦全泡汤了，冠军被别的队夺走了，还惹来观众耻笑的故事，深深地感到不能再以自己体力不支为理由不按时完成团队交给自己的任务，因为能进入团队就证明自己体力非常好，没有理由自己打败自己，误以为自己体力不好。哪怕感觉再不佳，也要坚持，也要让团队胜利，因为我们是同一条船上的人。有了这样的精神理念，在以后的项目中，他都能抓紧时间夜以继日地把工作完成得很出色，谁都愿意和他合作。正如湖南师范大学刘先江教授等指出的："我国思想政治教育主要采取理论灌输的方式，是直接显性的教育；而美国思想政治教育则具有隐蔽性、渗透性、具象化等鲜明特征。""我国思想政治教育是以直接显性的教育为主，比较注重系统化的理论灌输。这种直接的显性教育相对于隐性教育来说，有其自身的优势，但也缺乏灵活性和实效性。因此，把显性教育和隐性教育有机结合起来运用是当前创新我国思想政治教育教学的有效路径。"[①] 而寓教于乐方法

---

① 　严圆圆、刘先江：《辨析与镜鉴：中美思想政治教育特征刍议》，《高教学刊》2019年第8期，第16、17页。

正是这样一种隐性教育方法。

运用寓教于乐方法要具体做到如下几点。

首先，大力开发和利用网络信息传播媒介。担任辅导员注定了不能闭目塞听，所以，辅导员要大力开发和利用网络信息传播媒介——微信、微博、QQ 群、固定的安全的信息发布网络平台，引导同学们养成每天至少上一次网查看班级 QQ 群信息和学校的大学生教育管理平台信息的习惯，让同学们自觉学习学校的制度、文件，了解学校的新闻、通知。辅导员要不遗余力地带动班干部、寝室长、党团干部做好先进网络文化建设工作，在一定的范围内，让物质和信息流动起来，让整个团队形成生气勃勃、充满创造力和凝聚力的局面。增强班级 QQ 群、QQ 空间的文化吸引力和感染力，让每个团队成员在网络文化的愉悦氛围中爱上班级 QQ 群、班级网络文化空间，因为每次上网班级 QQ 群都能给自己一些新东西、一些与自己密切相关的新信息、一些新的精神食粮。

其次，大力收集和输送有教育意义的网络文化作品。分享一段有教育意义的音乐、一幅有教育意义的图片、一个有教育意义的视频网址链接、一个有教育意义的故事、一段有教育意义的讲话，都能起到净化思想、激发干劲的作用。辅导员、班干部以及普通同学都可通过 QQ 群这样一个载体把有趣的网络文化作品分享给团队成员，满足团队成员求真向善的心理需求。

最后，大力征求学生读后的收获和感想，创造条件助其思想和行为的转变。在有意识地在班级 QQ 群聊天空间、文件共享空间转发有教育意义的故事、歌曲、小品、视频、图片之后，有意识地征询学生的观后感，了解其阅读网络文化作品以后所受到的内心触动，乘机帮助其分析客观环境条件，指导其创造条件去除不良网络文化行为习惯，养成新的符合社会规范要求的习惯。例如，看完网络故事《沉船的倾诉》以后，有意识地征询因身兼数职而把功课落下了的大学生有何感想，大学生马上就会告诉辅导员，自己要合理分配好时间，一件事要么不做，要做就要负责做到底，做得非常稳妥，要为别人考虑周到，不让自己和别人受到一丝一毫的损失，要防患于未然，要不让自己分内的工作出差错。同时，要学会关心、学会生存，要关心其他的伙伴，要养成常性，坚持几十年如一日地把一件事做好，履行好岗位职责。他还会联想到要根据自己的实际生产力水平设定自己的工作任务和范围，让每个人的职责分工都十分明确，不出现串岗的现象，不出现自己做别人的事的现象，不出现自己工作量严重超标、负荷严重过多的现象。让自己一天负责做完很多事情，不但不切合实际，不太可能实现，还会因负荷过重把自己累垮，给自己和团队带来混乱。这时，辅导员可因势利导，表扬其心得体会深刻，讲得很有道理，勉励其今后按当下所想的去做。这样，就达到了规制大学生网络文化失范的目的，网络成瘾等问题能够得到比较妥善的解决。

四、模拟训练

思想政治教育的模拟训练方法是指：通过模拟未来职业场景，让受教育者看到自己思想政治素养和实践能力方面的缺陷，进而产生学习需求和愿望，积极主动完成教育者安排的角色动作，培养起足以应对未来职业岗位需求的思想政治素养和实践能力，达到社会培养目标要求的方法。说模拟训练方法是规制大学生网络文化失范的有效方法的原因如下。

第一，网络礼仪模拟训练对于造就礼仪之邦，培养儒雅国民有重要作用。中国古代的孔子主张以"六艺"为教学内容，通过"六艺"的训练来达到培养德才兼备的君子的目的。"六艺"是《诗》《书》《礼》《乐》《易》《春秋》，对这些经典典籍，孔子要求弟子不仅记诵，而且要求在社会生活中加以应用。特别是其中的《礼》的学习，是通过礼仪、礼节、仪式进行教化，在治国安民的高度上学习礼教，"以凶礼哀邦国之忧""以宾礼亲邦国""以嘉礼亲万民"（《周礼·春官·大宗伯》）。在行礼之时，遵照一定的要求：按照不同的场合的礼仪规则进行训练，有祭祀、宾客、朝廷、丧纪、军旅、车马的不同阵容和衣着举止，实学实习，观摩经常举行的典礼，反复演练，内化为个人的思想、感情和行为。古代由于教学条件的限制，学生只能通过老师的讲解和实地观摩习得礼仪，而现在有了互联网，则可通过网络视频播放学习礼仪，进行未来社会生活所需礼仪的仿真模拟训练。

第二，各个岗位、各个生产流程的仿真模拟训练对于每一个人的全面发展有重要作用。马克思看到了由于机器大生产和社会分工的细化，造成了人和自身的异化、人和人的异化、人和自己的劳动产品的异化、人和劳动工具的异化，因而呼吁人的全面发展。恩格斯也看到了分工给人的全面发展带来的危害："由于劳动被分割，人也被分割了。为了训练某种单一的活动，其他一切肉体的和精神的能力都成了牺牲品。人的这种畸形发展和分工齐头并进，分工在工场手工业中得到了最高的发展。"① 马克思这样描述机器大生产时代人的主体性的丧失和人被异化为机器的一部分的悲剧："过去是终身使用一种局部工具，现在是终生专门服侍一台局部机器。滥用机器的目的是要使工人从小就转化为局部机器的一部分。这样，不仅工人自身再生产的费用大大减少，而且工人终于毫无办法，只有依赖整个工厂，从而依赖资本家。"② 大学生网络文化失范中的行为文化失范——网络成瘾，与大学生成了"局部机器的一部分"的状况何其相似，但大学生落到了"竟然乐于自身被奴役和片面发展的地步"，也就是鲁迅先生说的"暂时做稳了奴隶的时代"。恩格斯在《反杜林论》中称赞了欧文、傅立叶主张的"每个人尽可能多地调换工种，并且要求相应地训练青年从事尽可能全面的技术活动"，认为"他们两人都远远地超出了杜林先生所承袭的剥削阶级的思维方式"③。马克思、恩格斯在《共产党宣言》的第二部分"无产者和共产党人"的结尾说："代替那存在着阶级和阶级对立的资产阶级旧社会的，将是这样一个联合体，在那里，每个人

① 弗·恩格斯：《反杜林论》，载马克思、恩格斯：《马克思恩格斯选集》第3卷，人民出版社2012年版，第679页。

② 卡·马克思：《资本论》，载马克思、恩格斯：《马克思恩格斯选集》第2卷，人民出版社2012年版，第226～227页。

③ 弗·恩格斯：《反杜林论》，载马克思、恩格斯：《马克思恩格斯选集》第3卷，人民出版社2012年版，第680～681页。

的自由发展是一切人的自由发展的条件。"① 为了每个人的自由发展，社会就要给个人提供自由发展的条件，例如，可以到各个岗位去练兵，培养起整个现代企业制度流程的熟悉，而不是只在一个岗位上重复日复一日、年复一年地机械劳动。这种训练，都可以通过计算机网络仿真模拟得到实现。而且，计算机网络的最大好处是有比较丰富的文化内容，克服了马克思、恩格斯所描述的那种"机器劳动极度地损害了神经系统，同时它又压抑肌肉的多方面运动，夺去身体上和精神上的一切自由活动。甚至减轻劳动也成了折磨人的手段，因为机器不是使工人摆脱劳动，而是使工人的劳动毫无内容"②。

　　第三，通过未来工作场景的仿真模拟实训，企业精神文化中的"忠""恕""勤""恭""俭"等文化内容随之进入学生脑海，成为大学生处理网络人际伦理关系的准则，可以从根源上有效规制大学生网络精神文化失范。精神文化是文化层次中最内核的文化，对物质文化、制度文化、行为文化起着根本性的决定作用。企业文化中的"用工作培养人，而不是用人去工作"的人本管理精神理念，能够启迪大学生增强自主性，进而慎重选择要查看的网络文化内容，自觉远离不良网络文化的侵蚀和控制。制度文化直接制约人的行为。企业制度文化中的"日清日结，日清日高"的行为准则和自我管理技巧，能够给渴望成才的大学生以启迪，进而在日常的学习中养成高效学习的习惯，有意识地克服网络文化失范给自己带来的困扰。模拟训练方法符合规制大学生网络文化失范的现实需要。

　　模拟训练方法对规制大学生网络精神文化失范、物质文化失范、制度文化失范、行为文化失范都有极其重要的意义，所以我们说，模拟训练方法是规制大学生网络文化失范的有效方法。

　　运用模拟训练方法要具体做到如下几点。

　　首先，训练大学生对不良网络文化信息和行为的识别能力。规制大学生

---

① 卡·马克思、弗·恩格斯：《共产党宣言》，载马克思、恩格斯：《马克思恩格斯选集》第 1卷，人民出版社 2012 年版，第 422 页。

② 卡·马克思：《资本论》，载马克思、恩格斯：《马克思恩格斯选集》第 2 卷，人民出版社2012 年版，第 227 页。

网络文化失范，首先要让大学生在思想认识上受到震撼。因此，可以通过制作和播放仿真模拟视频，让大学生识别网络文化失范现象及其对自身的危害。在视频中讲述正负两方面的榜样，用事实教育学生何种行为可为、何种行为不可为，应该有怎样的思想意识、不应该有怎样的思想念头，进而让大学生明辨是非，自觉规范自身的行为。一位大学生在看了辅导员发送给他的一个关于沉迷网络游戏的危害的视频之后，在微博上发表了"文章体"的感言，表达了自己对前段时间沉迷网络游戏的忏悔以及对剩余的学习时间的珍惜，"愿今后不再负人"，要让自己安全毕业。

其次，训练大学生讲究网络礼仪，运用网络文明语言的能力。根据巴甫洛夫经典性条件作用理论①，可以训练大学生在网络情境下条件反射一样发出应有的规范的声音。利用世界大学城空间、新浪微博、腾讯 QQ、教育管理系统等师生交互、生生交互的网络文化平台，由教师首先作出示范来，应该采用怎样的文明用语，怎样实现网络空间的文明交往、安全交往。教师的节制、不多言往往能给学生一种良好的示范——要把有限的时间和精力用于学术作品的锤炼和创新，而不是过多地通过微博、微信乱发状态，让自己身心不宁。网络空间的交往要用语文明、简洁，要于人于己有益，不能浪费别人的时间。当学生网络用语不规范时，教师能够及时发现及时给予指正。

最后，训练大学生适应未来网络文化职业生活的能力。自 2010 年以来，很多高等职业院校找到了职教新干线——世界大学城空间这样一个大学生网络文化建设的平台并投入运用，取得了良好的规范大学生网络文化行为的效果。优秀的学生个人空间、教师个人空间、机构空间层出不穷。湖南民政职业学院实现了所有的教育资料、教育过程、教学资料、教学过程、管理资料、管理过程（涉密的除外）全部在网上通过世界大学城空间进行流转的网络文化规范训练模式。课程作业发到任课教师邮箱，经老师批阅后再自己作出修改，发表在世界大学城空间，再由教师在世界大学城空间给出评语。经过这样的程序，发到网络空间的资料就不再是多而滥的低质量的文化资料，而是

---

① 陈琦、刘儒德：《当代教育心理学》，北京师范大学出版社 2007 年版，第 131 页。

体现学生专业课程成长的、经得起审阅的精品文化资料。学生的出勤情况也公布在世界大学城空间教师空间的任教课程"出勤情况"登记栏目中，让学生因有网络的公开监督与记载而不敢随意缺课或在课堂上玩手机网络游戏、读手机网络小说、看手机网络视频。规范意识、文明交往、舆论监督意识就这样逐步培养起来了。大学生将来进入职场生活，网络文化规范意识也必不可少。建设网络文化，既要有一定的效率，又要遵循规范，提供精品，不泄密，这些都依靠大学进行训练。适应多种职业需要、良好的交际能力、严谨自律的精神也要依靠大学提前进行训练和培养，有一个模拟训练的网络机构平台，对大学生网络文化规范养成无疑是有益处的。

　　规制大学生网络文化失范的方法很多，主要分为现实方法和虚拟方法两大类，两大类方法的逻辑结构体系如图6－1、图6－2所示。

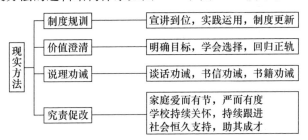

图6－1　规制大学生网络文化失范的现实方法逻辑结构

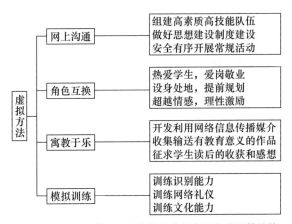

图6－2　规制大学生网络文化失范的虚拟方法逻辑结构

第七章

结　语

　　本书以大学生网络文化失范现象及其规制为研究对象，通过失范与规范的哲学思辨、失范现象的现状调研和成因分析，制定出了相应的规制策略和方法体系。经实践检验，规制策略的运用、方法体系的运行成效显著。

第一节　观点小结

经过研究，对于大学生网络文化失范现象及其规制，本文形成了以下观点。

第一，大学生网络文化失范是指大学生在网络平台上所存在的文化规范的缺失或背反现象。也就是说，大学生网络文化失范是大学生在网络平台上表现出来的规范意识缺失、与大学生应有素质相悖的现象。大学生网络文化失范的本质是对社会主义核心价值观的偏离，对大学生使命和初心的背离。大学生网络文化的规范性特征是无害、公正、先进、合法、科学等。规范与失范的辩证关系在于：失范破坏规范，规范矫治失范，两者统一于文化的发展。

第二，大学生网络文化失范现象在专科生、本科生、硕士研究生、博士研究生中都有一定程度的存在，且危害较大，首先是对大学生自身造成不良影响，导致其健康损害、学业荒废、心灵伤害；其次是对学校、家庭和社会造成不良影响，西方资产阶级政治观、价值观对学子们自身的成长成才带来极大危害，导致其精神伤害、学业荒废、健康受损；最后是对社会主义根本利益、核心利益造成了极大的威胁。

第三，大学生网络文化失范的内因是思想上盲目崇尚西方，道德上责任意识淡化，文化上人文底蕴较弱，心理上从众趋新求异。大学生网络文化失范的外因是国际反动文化的侵蚀，社会低俗文化的污染，学校教育管理的疏漏，家庭教育思想的滞后。

第四，大学生网络精神文化失范的过程机理是：萌芽阶段，大学生网络精神文化从文化思想异化到文化精神演化再到文化价值涣散；形成阶段，大学生网络物质文化从"文化"载体的观看到文化"时尚"的模仿再到文化"景观"的创建；发展阶段，大学生网络制度文化从文化法纪的漠视到文化规范的弃置再到文化自律的废弃；深化阶段，大学生网络行为文化失范从文化行为的悖逆到文化行为的放纵再到文化行为的偏离。

第五，规范大学生网络文化失范的策略主要有三个：加强思想引领、注重制度规范和强化实践养成。其中，加强思想引领包含四个方面的内容：以中国化马克思主义理论统领大学生文化精神，以中国特色社会主义理想凝聚大学生网络文化意志，以民族精神、时代精神持续激励大学生网络文化创新，以社会主义荣辱观导引大学生网络文化行为正能量。注重制度规范包含四个方面的内容：加强法纪教育防止自由主义泛滥，提高规制水平防止文化管理弱化，做好制度阐释增进制度文化自信，创设考核机制促进行为规范强化。强化实践养成包含四个方面的内容：优化网络文化学习提升网络文化底蕴，激活网络文化交流增强网络文化效应，参与网络文化管理体验网络文化风纪，创造网络文化精品养成网络文化自觉。

第六，规制大学生网络文化失范的方法可分为现实方法和虚拟方法两大类。现实方法主要有四种：制度规训、价值澄清、说理劝诫和究责促改。虚拟方法主要有四种：网上沟通、角色互换、寓教于乐、模拟训练。

第二节　研究展望

学海无涯，学术研究无止境。本课题还可进行以下方面的拓展研究。

第一，大学生网络文化思想政治教育功能的拓展研究。如何让大学生接触到的、为大学生创造的、大学生自己创造的网络文化发挥育人作用，全面提升大学生思想素质、心理素质、行为能力，进而为实现中国梦作出更大贡献？中南大学的"大学生网络文化工作室"作出了良好示范，值得学习，还有其他高校的实践经验也值得学习、研讨、借鉴。

第二，大学生网络文化失范成因的补充探索和揭示。大学生网络文化失范的成因，在内因方面和外因方面，除了本文中列出的以外，还有没有更多的原因？例如，大学生过去的成长史，乡土文化观念，父母教养方式，亲人朋友的影响，就业的压力，竞争，社会保障覆盖面不够广、力度不够大。

第三，大学生网络文化风范重塑的策略、方法体系拓展研究。策略体系除了按思想导引、制度规范、实践养成分类以外，还有没有更科学、更合理的分类方法？方法体系除了按现实方法和虚拟方法分类以外，还有没有更科学、更合理的分类方法？根据导致大学生网络文化失范的更多的没有发现和纳入考察视野的成因，还有没有更多的规制策略和方法？规制的主体除了学校行政以外，应该还有大学生自我规制、来自父母的规制、来自任课教师的规制、来自政府的规制、来自网络文化行业的规制。

第四，如何将大学生网络文化失范外在的管控规制变为大学生内在的、自觉的自我管控机制，应是本文研究的续篇。此外，根据大学生网络文化失范的原因及过程机理，需要高校思想政治教育工作者采取"双规制"：首先，在过程中规制。掌握大学生网络文化失范的四个阶段——萌发阶段、形成阶段、成熟阶段、深化阶段，预见大学生可能有的文化行为失范及其不良后果，防患于未然；其次，对结果进行规制。灵活运用"堵""惩""破""抓"等手段，把结果扭向大学生网络文化安全、规范。

总之，本课题是一个开放式的课题，其结论不是事先预设好的，面对大学生网络文化失范现象，需要我们运用多学科知识尤其是马克思主义理论、思想政治教育学科知识去进行持之以恒地分析，摸索出更加行之有效的规制策略和方法。

参考文献

一、马克思主义经典著作

[1] 邓小平文选（第1卷）. 北京：人民出版社，1994.

[2] 邓小平文选（第2卷）. 北京：人民出版社，1994.

[3] 邓小平文选（第3卷）. 北京：人民出版社，1993.

[4] 列宁全集（第33卷）. 北京：人民出版社，1985.

[5] 列宁选集（第1卷）. 北京：人民出版社，2012.

[6] 列宁选集（第3卷）. 北京：人民出版社，2012.

[7] 列宁选集（第4卷）. 北京：人民出版社，2012.

[8] 列宁专题文集. 北京：人民出版社，2009.

[9] 马克思恩格斯选集（第1卷）. 中共中央马克思恩格斯列宁斯大林著作编译室，编译. 北京：人民出版社，2012.

[10] 马克思恩格斯选集（第2卷）. 北京：人民出版社，2012.

[11] 马克思恩格斯选集（第3卷）. 北京：人民出版社，2012.

[12] 马克思恩格斯选集（第4卷）. 北京：人民出版社，2012.

[13] 马克思恩格斯文集（第10卷）. 北京：人民出版社，2009.

[14] 马克思恩格斯全集（第36卷）. 北京：人民出版社，1975.

[15] 毛泽东选集（第2卷）. 北京：人民出版社，1991.

[16] 毛泽东选集（第3卷）. 北京：人民出版社，1991.

[17] 毛泽东选集（第4卷）. 北京：人民出版社，1991.

[18] 毛泽东文集（第7卷）. 北京：人民出版社，1999.

[19] 毛泽东文集（第8卷）. 北京：人民出版社，1999.

[20] 毛泽东哲学批注集. 北京：中央文献出版社，1988.

[21] 党的十九大报告辅导读本编写组. 党的十九大报告辅导读本. 北京：人民出版社，2017.

[22] 习近平谈治国理政（第一卷）. 北京：外文出版社，2018.

[23] 习近平谈治国理政（第二卷）. 北京：外文出版社，2017.

[24] 习近平谈治国理政（第三卷）. 北京：外文出版社，2020.

[25] 中共中央宣传部. 习近平新时代中国特色社会主义思想学习纲要. 北京：学习出版社、人民出版社，2019.

[26] 中共中央宣传部. 习近平总书记系列重要讲话读本. 北京：学习出版社、人民出版社，2016.

二、思想政治教育专著

[1] 曹清燕. 思想政治教育目的研究. 北京：中国社会科学出版社，2011.
[2] 陈万柏，张耀灿. 思想政治教育学原理. 北京：高等教育出版社，2015.
[3] 高鸣，等. 网络文化与大学生思想政治教育新论. 镇江：江苏大学出版社，2007.
[4] 顾海良. 高校思想政治教育导论. 武汉：武汉大学出版社，2006.
[5] 贺才乐. 思想政治教育载体研究. 武汉：湖北人民出版社，2004.
[6] 侯惠勤. 马克思主义意识形态论. 南京：南京大学出版社，2011.
[7] 胡凯. 大学生网络心理健康素质提升研究. 北京：中国古籍出版社，2013.
[8] 黄皓. 网络时代的群众路线. 高文兵. 党的群众路线教育实践活动思考录. 长沙：中南大学出版社，2014.
[9] 刘强，主编. 思想政治学科教学新论. 北京：高等教育出版社，2009.
[10] 刘新庚. 思想政治教育新论. 长沙：中南大学出版社，2000.
[11] 刘新庚. 现代思想政治教育方法论. 北京：人民出版社，2008.
[12] 邱柏生. 高校思想政治教育的生态分析. 上海：上海人民出版社，2009.
[13] 宋元林，陈春萍. 网络文化与大学生思想政治教育. 长沙：湖南人民出版社，2006.
[14] 谭希培. 马克思主义中国化的20个命题. 长沙：中南大学出版社，2012.
[15] 夏智伦，徐建军. 大学生思想政治教育百佳案例. 长沙：湖南人民出版社，2010.
[16] 肖地楚. 网络文化背景下的大学生核心价值观教育. 北京：北京邮电大学出版社，2012.
[17] 徐建军. 大学生网络思想政治教育理论与方法，北京：人民出版社，2010.
[18] 曾长秋，万雪飞：青少年上网与网络文明建设. 长沙：湖南人民出版社，2009.
[19] 张耀灿，郑永廷，吴潜涛等. 现代思想政治教育学. 北京：人民出版社，2006.
[20] 张耀灿. 中国共产党思想政治教育史论. 北京：高等教育出版社，2014.
[21] 郑永廷. 思想政治教育方法论. 北京：高等教育出版社，2020.
[22] 中共中央组织部党员教育中心. 兴国之魂：社会主义核心价值观五讲. 北京：人民出版社，2013.
[23] 周宗奎. 网络文化安全与大学生网络行为. 广州：世界图书出版广东有限公司，2012.

三、网络文化专著

[1] 阿拉伯·希伊，曼纽尔·卡斯特. 从媒体政治到网络政治：因特网与政治进程. [美]卡斯特. 网络社会：跨文化的视角. 周凯，译. 北京：社会科学文献出版社，2009.
[2] 毕耕. 网络传播学新论. 武汉：武汉大学出版社，2007.
[3] 陈龙. 媒介素养通论. 长沙：中南大学出版社，2007.
[4] 宫承波，刘姝，李文贤. 新媒体失范与规制论. 北京：中国广播电视出版社，2010.
[5] 何威. 网众传播：一种关于数字媒体、网络化用户和中国社会的新范式. 北京：清华大学出版社，2011.
[6] 李文明，季爱娟. 网络文化教程. 北京：北京大学出版社，2016.
[7] 李一. 网络行为失范. 北京：社会科学文献出版社，2007.
[8] 龙其林. 大众狂欢：新媒体时代网络文化透析. 杭州：浙江古籍出版社，2014.
[9] 唐守廉. 互联网及其治理. 北京：北京邮电大学出版社，2008.

［10］杨鹏．网络文化与青年．北京：清华大学出版社，2006．

［11］殷晓蓉．网络传播文化：历史与未来．北京：清华大学出版社，2005．

［12］钟瑛．网络传播伦理．北京：清华大学出版社，2005．

四、文化管理及其他专著

［1］［德］黑格尔．小逻辑．贺麟，译．北京：商务印书馆，1980．

［2］［德］齐奥尔格·西美尔．时尚的哲学．费勇，译．北京：文化艺术出版社，2001．

［3］［德］雅斯贝尔斯．什么是教育．邹进，译．北京：生活·读书·新知三联书店，1991．

［4］［俄］彼·费多谢耶夫．卡尔·马克思传．孙家衡，等，译．北京：生活·读书·新知三联书店，1980．

［5］［法］埃米尔·涂尔干．社会分工论．渠敬东，译．北京：生活·读书·新知三联出版社，2000．

［6］［法］迪尔凯姆．自杀论．冯韵文，译．北京：商务印书馆，2009．

［7］［法］若斯·吉莱姆·梅吉奥．列维－斯特劳斯的美学观．怀宇，译．天津：天津人民出版社，2003．

［8］［美］理查德·A.斯皮内洛．世纪道德：信息技术的伦理方面．刘钢，译．北京：中央编译出版社，1999．

［9］［美］尹恩·罗伯逊．现代西方社会学．赵明华，等，译．郑州：河南人民出版社，1988．

［10］［英］阿兰·德波顿．哲学的慰藉．资中筠，译．上海：上海译文出版社，2012．

［11］［英］爱德华·泰勒．原始文化．连树生，译．上海：上海译文出版社，1992．

［12］［英］马林诺夫斯基．文化论．费孝通，译．北京：中国民间文艺出版社，2005．

［13］［英］斯托克斯．媒介与文化研究方法．黄红宇，曾妮，译．上海：复旦大学出版社，2006．

［14］［英］特里·伊格尔顿．致中国读者．后现代主义的幻像．华明，译．北京：商务出版社，2000．

［15］《马克思主义基本原理概论》编写组．马克思主义基本原理概论．北京：高等教育出版社，2013．

［16］《中国马克思主义与当代》编写组．中国马克思主义与当代．北京：高等教育出版社，2012．

［17］别林斯基．别林斯基选集（第1卷）．满涛，译．上海：上海译文出版社，1979．

［18］陈波．与大师一起思考．北京：北京大学出版社，2012．

［19］陈琦，刘儒德：当代教育心理学．北京：北京师范大学出版社，2007．

［20］董海军，编．社会调查与统计．武汉：武汉大学出版社，2012．

［21］费孝通．乡土重建．台北：绿洲出版社，1967．

［22］郭庆光．传播学教程．北京：中国人民大学出版社，1999．

［23］何怀宏．译者前言．［美］罗尔斯．正义论．何怀宏，等，译．北京：中国社会科学出版社，2011．

［24］贺雄飞．中国为什么不高兴：中华复兴时代知识分子的文化主张．北京：世界知识出版社，2009．

［25］姜华．大众文化理论的后现代转向．北京：人民出版社，2006．

［26］黎民．公共关系学．北京：高等教育出版社，2010．

［27］李巨澜．失范与重构——一九二七年至一九三七年苏北地方政权秩序化研究．北京：中国社会科学出版社，2009．

［28］吕思勉．中国文化史．北京：北京大学出版社，2010.

［29］梅林．马克思传．北京：人民出版社，1965.

［30］钱理群，温儒敏，吴福辉．中国现代文学三十年．北京：北京大学出版社，2002.

［31］塞缪尔·P. 亨廷顿．变动社会的政治秩序．张岱云，等，译．上海：上海译文出版社，1989.

［32］孙萍，主编．文化管理学．北京：中国人民大学出版社，2005.

［33］田川流，何群．文化管理学概论．昆明：云南大学出版社，2006.

［34］汪信砚．全球化、现代化与现代社会发展．汪信砚．全球化、现代化与马克思主义哲学中国化．武汉：武汉大学出版社，2010.

［35］韦政通．中国文化与现代生活．北京：中国人民大学出版社，2005.

［36］吴超．安全科学方法学．北京：中国劳动社会保障出版社，2011.

［37］吴祖谋，李双元．法学概论．北京：法律出版社，2007.

［38］杨春时．中国文化转型．哈尔滨：黑龙江教育出版社，1994.

［39］衣俊卿．历史与乌托邦．哈尔滨：黑龙江教育出版社，1995.

［40］张文显．法理学．北京：高等教育出版社，2012.

［41］张远新．江泽民文化思想研究．北京：人民出版社，2006.

［42］郑杭生．社会学概论新修．北京：中国人民大学出版社，2003.

［43］朱熹．四书章句集注．北京：中华书局，2006.

五、期刊论文

［1］曹景文，田秭援．论大学生文化的特点、功能及合理构建．黑龙江高教研究，1995（4）.

［2］曹清燕，刘志．新时代高校价值观教育的着力点．湖南工业大学学报（社会科学版），2019（3）.

［3］常晋芳．网络文化的十大悖论．天津社会科学，2003（2）. 人大复印资料全文转载.

［4］陈程．当前我国社会失范的类型分析．社会，2002（12）.

［5］陈春萍．网络文化的道德维度．湖南科技大学学报（社会科学版），2005（2）. 人大复印资料全文转载.

［6］陈进华．网络文化对高校德育模式的挑战及其应对策略．道德与文明，2004（6）. 人大复印资料全文转载.

［7］陈联俊．虚拟社会中的制度失范与治理路径——基于社会管理的视角．首都师范大学学报（社会科学版），2013（1）.

［8］陈学明．资本逻辑与生态危机．中国社会科学，2012（11）.

［9］邓辉．青少年网络"道德失范"问题略论．伦理学研究，2010（4）.

［10］丁尔纲．坚持文化消费的社会主义规范 反对"文化失范"论．济南大学学报（社会科学版），2001（5）.

［11］杜春华．从文化的开放形态看大学生文化的变迁轨迹．中国青年政治学院学报，1998（1）.

［12］冯云翔．文化失范与青年越轨——青年文化的法社会学思考．青年研究，1990（6）.

［13］付立宏．试析网络信息活动失范的根源．情报资料工作，2001（6）.

［14］傅才武，陈庚．文化产业视角下我国文化遗产保护与开发的实践进展与理论模型．中国文化产业评论，2010（1）.

［15］傅铿．从"认同扩散"到"志业危机"——析部分青年知识分子文化失范．当代青年研究，1992（5）．

［16］傅显捷．解读校园文化发展的关键——大学生文化与校园文化的互动．河南社会科学，2005（5）．

［17］高兆明．简论"道德失范"范畴．道德与文明，1999（6）．

［18］宫源海，高峰，路恩春．探寻与应对：网络文化背景下的高校德育工作．淄博学院学报（社会科学版），2001（3）．人大复印资料全文转载．

［19］何茜．西方文化渗透下我国网络意识形态安全发展态势与对策研究．中国社会科学院研究生院学报，2019（3）．

［20］贺才乐，张华．论中华优秀传统文化与高校思想政治理论课的融合．广西教育学院学报，2019（1）．

［21］吉兆麟．学校管理文化的消极失范及其对策．江苏教育学院学报（社会科学版），1999（1）．

［22］李百玲．大学生网络言语道德失范与规范．学理论．2013（31）．

［23］李超民．建设网络文化安全综合治理体系．晋阳学刊，2019（1）．

［24］李刚．美国对付中国的《十条诫令》．领导文萃，2002（1）．

［25］李力．网络文化对青少年的影响之分析．攀登，2009（4）．人大复印资料全文转载．

［26］李燕菲，刘媛媛．转型期大学生文化失范现象探析．青年文学家，2009（21）．

［27］李一．网络行为失范的生成机制与应对策略．浙江社会科学，2007（3）．

［28］梁茜．基于积极受众理论的大学生网络造谣行为分析．学校党建与思想教育，2014（2）．

［29］刘建华．美国对华意识形态输出的新变化及我们的应对．马克思主义研究，2019（1）．

［30］刘新庚，徐钰婷．论新时代思想环境演进发展新趋势．人民论坛·学术前沿，2019（6）．

［31］刘友田．苏联解体的西方和平演变原因及启示．山东农业大学学报（社会科学版），2012（3）．

［32］刘媛媛，丁雪，王晓婷，史光远．用社会主义核心价值体系引导高职学生文化失范现象．青春岁月，2013（19）．

［33］芦艳梅．论大学生在线信息素养状况与提升．中小企业管理与科技，2014（1）．

［34］罗会钧，许名健．习近平生态观的四个基本维度及当代意蕴．中南林业科技大学学报（社会科学版），2018（2）．

［35］彭兰．网络文化发展的动力要素．新闻与写作，2007（4）．人大复印资料全文转载．

［36］沈小风．从成人电影到网络热词——一种大学生亚文化现象解析．青年探索，2013（2）．

［37］石书臣，张杰．当代大学生思想文化素养状况的调查及对策．学校党建与思想教育，2013（7）．

［38］时会永．大学生现代性之培育——基于网络文化生态的思考．长春理工大学学报，2013（4）．

［39］宋欢．大学生网络政治参与的现状分析与对策研究——基于广东五所高校的调查．人民论坛，2013（5）．

［40］孙晓楠，马永富．基于社交媒体的高校德育工作研究．教育文化论坛，2018（6）．

［41］陶鹤山，张德琴．近代中国文化失范与市民文化关系略论．南京社会科学，2000（10）．

［42］田佑中．失范：因特网时代传统的社会控制面临的挑战——一种社会哲学的探讨．国际论坛，2001（4）．

［43］王敏．加强网络文化建设的着力点——基于对网络文化精神特征的分析与思考．信息技术与信息化，2013（6）．

[44] 王翔，陈芝娜．浅析我国大学生微博政治参与的问题及其对策．法制与社会，2017（8）．

[45] 王艳艳．当前大学生网络道德现状调查研究．大学教育，2014（1）．

[46] 王志伟，李强，王智宇．浅析大学生文化冲突的原因、过程及对策．青年文学家，2011（22）．

[47] 魏雷雷，马永富．用大数据技术创新基层思想政治教育的思考．政工学刊，2019（7）．

[48] 吴迪，鲍荣娟．网络视域下的大学生精神文化生活研究．黑龙江科学，2013（10）．

[49] 吴克明．网络文化视角下党的执政能力建设．当代世界与社会主义，2009（1）．人大复印资料全文转载．

[50] 吴小龙，张芝海．文化失范．中外管理导报，1998（3）．

[51] 吴学政．浅析大学生网络行为法律规范及安全教育对策．法制与经济，2014（1）．

[52] 肖立新，陈新亮，张晓星．大学生网络素养现状及其培育途径．教育与职业，2014（3）．

[53] 徐建军，管秀雪．论网络空间舆论生态系统的动力机制与优化策略．云南民族大学学报（哲学社会科学版），2018（5）．

[54] 严圆圆，刘先江．辨析与镜鉴：中美思想政治教育特征刍议．高教学刊，2019（8）．

[55] 杨振福．失范行为社会学的基本框架．社会科学辑刊，1995（4）．

[56] 张革华．加强网络文化建设　改进高校德育工作．思想理论教育导刊，2002（5）．人大复印资料全文转载．

[57] 张军，吴宗友．大型网络事件中的政府角色失范与重构——以温州动车事件为例．人文杂志，2013（3）．

[58] 张茂聪．网络文化对我国青少年道德发展的影响．山东社会科学，2012（1）．人大复印资料全文转载．

[59] 张鹏．试论当代青少年的失范现象．中国青年政治学院学报，1994（4）．

[60] 张汝伦．经济全球化和文化认同．哲学研究，2001（2）．

[61] 张卫良，张平．大学生对学校微信公众号的信息接受、认同差异及成因探讨——基于对91个高校共青团微信公众号推文的分析．现代传播，2017（12）．

[62] 张学文．大学理性失范：概念、表现及其根源．北京师范大学学报（社会科学版），2010（6）．

[63] 张娅菲．论网际不对称关系与青少年网络道德失范行为及对策．青年探索，2005（5）．

[64] 张玉峰．大学生网络语言的特点和规范．才智，2013（28）．

[65] 张元．新时代高校"规训"式网络文化育人困境与协同教化机制研究．当代青年研究，2019（4）．

[66] 章若龙，刘少荣．行为失范及其法律调控．法商研究（中南政法学院学报），1995（4）．

[67] 赵其庄．网络文化与网络教育中的高校思想政治工作．理论学习，2002（10）．人大复印资料全文转载．

[68] 赵云梅．网络文化对我国高校思想政治教育的影响及对策——以网络游戏对高校思想政治教育的影响为例．改革与开放，2012（10）．

[69] 周德清．社会转型时期文化失范的效应分析——以马克思的道德尺度和历史尺度相结合的原则为评价标准．云南社会科学，2011（4）．

[70] 周湘莲，邹秉虹．大学新生学习适应性问题与"三全育人"对策研究．中国多媒体与网络教学学报，2018（12）．

[71] 朱力．失范的三维分析模型．江苏社会科学，2006（4）．

[72] 邹广文，丁荣余．当代中国的文化失范现象及其价值建构．社会科学辑刊，1993．

六、会议论文

［1］汪勇．网络舆情对思想政治教育实效性的影响及对策．载杨振斌，吴潜涛，艾四林，等．思想政治教育新探索．全国思想政治教育高端论坛会议（2012 年 12 月，福建厦门）论文集．北京：中国社会科学出版社，2013.

［2］杨峻岭．全国思想政治教育高端论坛会议综述（2012 年 12 月，福建厦门）．载杨振斌，吴潜涛，艾四林，等．思想政治教育新探索．北京：中国社会科学出版社，2013.

［3］郑永廷．大学生思想政治教育前沿难题探究——兼谈高校德育理论创新．载杨振斌，吴潜涛，艾四林，等．思想政治教育新探索．全国思想政治教育高端论坛会议（2012 年 12 月，福建厦门）论文集．北京：中国社会科学出版社，2013.

七、辞书词典

［1］A S Hornby. *Oxford Advanced Learner's English-Chinese Dictionary*. seventh edition. Oxford：Oxford University Press，Peking：The Commercial Press. 2009.

［2］Jón Gunnar Bernburg. Anomie and Crime. Jay S. Albanese. *Encyclopedia of Criminology and Criminal Justice*，MA and Oxford：Wiley-Blackwell. Wiley Series. 2014. http：//onlinelibrary. wiley. com/book/10. 1002/9781118517383.

［3］辞海编辑委员会．辞海（缩印本）．上海：上海辞书出版社，1980.

［4］广东、广西、湖南、河南辞源修订组，商务印书馆编辑部编．辞源（修订本）．北京：商务印书馆，2012.

［5］李鹏程．当代西方文化研究新词典．长春：吉林人民出版社，2003.

［6］李行健．现代汉语规范词典．北京：外语教学与研究出版社，语文出版社，2004.

［7］美国不列颠百科全书出版社．不列颠简明百科全书（修订版）．北京：中国大百科全书出版社，2011.

八、报纸公报

［1］李帅．吕慧宝：追赶太阳，享受青春．我的大学，我的精彩——第四届"中南大学十大杰出学子风采"展．中南大学报．2014 – 06 – 21（3）.

［2］刘新庚，刘邦捷．思政教育现代化应着力"全过程""常态化"．湖南日报（理论版），2019 – 03 – 21（8）.

［3］沈壮海．网络文化：迎纳·引领·涵育．中国教育报．2007 – 04 – 17（003）．人大复印资料全文转载.

［4］唐亚阳，梁媛．高校网络文化的特征与功能．光明日报，2007 – 08 – 08（13）.

［5］习近平．决胜全面建成小康社会　夺取新时代中国特色社会主义伟大胜利——习近平同志代表第十八届中央委员会向大会作的报告摘登．人民日报，2017 – 10 – 19：（2）.

［6］习近平．在同各界优秀青年代表座谈时的讲话（2013 年 5 月 4 日，上午）．光明日报，2013 – 05 – 05（2）.

［7］习近平．在哲学社会科学工作座谈会上的讲话（2016 年 5 月 17 日）．中国理论网，2019 – 01 – 10. http：//www. ccpph. com. cn/sxllrdyd/qggbxxpxjc/qggbxxpxjc/201901/t20190110_ 256778. htm.

［8］杨学为. 考试蓝皮书：中国高考报告（2019）. 北京：社会科学文献出版社，2019. https：//www. ssap. com. cn/c/2019 – 01 – 18/1075240. html.

［9］张尧学. 在一起——在2014年毕业典礼暨学位授予仪式上的讲话. 中南大学报. 2014 – 06 – 21（1）.

［10］张志峰. 大学生，别让母亲再流泪. 人民日报，2007 – 05 – 24（13）.

［11］中共十九届四中全会在京举行. 人民网，2019 – 11 – 01. http：//politics. people. com. cn/GB/n1/2019/1101/c1001 – 31431736. html.

［12］中共中央，国务院. 关于进一步加强和改进大学生思想政治教育的意见. 人民日报，2004 – 10 – 15：（1）.

［13］中国互联网络信息中心. 第44次中国互联网络发展状况统计报告（2019年8月）. 2019 – 08 – 30，http：//www. cnnic. net. cn/hlwfzyj/hlwxzbg/：15 – 18.

［14］中华人民共和国工业和信息化部. 2019年1 – 10月互联网和相关服务业运行情况. 中华人民共和国工业和信息化部，2019 – 12 – 02. http：//www. miit. gov. cn/n1146312/n1146904/n1648355/c7552916/content. html.

［15］中华人民共和国中央人民政府. 中华人民共和国宪法（2018年3月11日第十三届全国人民代表大会第一次会议通过的《中华人民共和国宪法修正案》修正）. 中国政府网，2018 – 03 – 22. http：//www. gov. cn/guoqing/2018 –03/22/content_ 5276318. htm.

九、外文文献

［1］Abrutyn, Seth. Toward a General Theory of Anomie The Social Psychology of Disintegration. *Archives Européennes de Sociologie*：*European Journal of Sociology*, Cambridge Vol. 60, 2019（1）.

［2］Ahmad Sardar, Ullah Asad, Shafi Bushra, Shah Mussawar. The Role of Internet use in the Adoption of Deviant Behavior among University Students. *Pakistan Journal of Criminology*, Peshawar Vol. 6, 2014（1）.

［3］Alfred Kobsa. Privacy-Enhanced Web Personalization. *The Adaptive Web Lecture Notes in Computer Science*. Volume 4321. 2007.

［4］Binik, Yitzchak M; Mah, Kenneth; Kiesler, Sara. Ethical issues in conducting sex research on the Internet. *The Journal of Sex Research*, 36. 1（Feb 1999）.

［5］Birgy Lorenz, Kaido Kikkas, Mart Laanpere. Exploring the Impact of School Culture on School's Internet Safety Policy Development. HCI International 2013. *Communications in Computer and Information Science*. Volume 374. 2013.

［6］Colleluori, Anthony J. Defending the Internet Sec Sting Case. GP Solo27. 1（Jan/Feb 2010）.

［7］Donald J. Shoemaker. Conduct Problems in Youth：Sociological Perspectives. *Clinical Handbook of Assessing and Treating Conduct Problems in Youth*, 2011.

［8］Downing, Martin J; Schrimshaw, Eric W; Antebi, Nadav. Sexually Explicit Media on the Internet：A Content Analysis of Sexual Behaviors, Risk, and Media Characteristics in Gay Male Adult Videos. *Archives of Sexual Behavior*, 43. 4（May 2014）.

［9］Goode, Sigi; Cruise, Sam. What Motivates Software Crackers?. *Journal of Business Ethics*. 2006, 65（2）.

［10］Goodson Patricia, McCormick Deborah, Evans Alexandra. Searching for Sexually Explicit Materials on the Internet: An Exploratory Study of College Students' Behavior and Attitudes. *Archives of Sexual Behavior*, 2001 (2).

[11] Hay, Carter. Bullying Victimization and Adolescent Self-Harm: Testing Hypotheses from General Strain Theory. Meldrum, Ryan. *Journal of Youth and Adolescence*, 2010, 39 (5).

[12] Heydari, Arash; Teymoori, Ali; Mohamadi, Behrang. The Effect of Socioeconomic Status and Anomie on Illegal Behavior. *Asian Social Science*, 2013, 9 (2).

[13] Hill, Richard. The internet, Its Governance, and the Multi-stakeholder Mode. *The Journal of Policy, Regulation and Strategy for Telecommunications, Information and Media.* 16. 2014 (2).

[14] Jaeyong Choi, Nathan E. Kruis, Jonggil Kim. Examining the Links Between General Strain and Control Theories: an Investigation of Delinquency in Korea. *Asian Journal of Criminology*, 2019 (14).

[15] Klein, Jennifer L; Danielle Tolson Cooper. Deviant Cyber-Sexual Activities in Young Adults: Exploring Prevalence and Predictions Using In-Person Sexual Activities and Social Learning Theory. *Archives of Sexual Behavior*, New York Vol. 48, 2019 (2).

[16] Konty, Mark. Microanomie: The Cognitive Foundations of the Relationship between Anomie and Deviance. *Criminology*, 2005, 43 (1).

[17] Kwon, Jung-hye; Chung, Chung-suk; Lee, Jung. The Effects of Escape from Self and Interpersonal Relationship on the Pathological Use of Internet Games. *Community Mental Health Journal*, 47. 1 (Feb 2011).

[18] Lazarinis, Fotis. Online Risks Obstructing Safe Internet Access for Students. The Electronic Library, 2010 (1).

[19] Lee, Byoungkwan; Tamborini, Ron. Third-Person Effect and Internet Pornography: The Influence of Collectivism and Internet Self-Efficacy. *Journal of Communication*, 2005, 55 (2).

[20] Liah Greenfeld, Eric Malczewski. Politics as a Cultural Phenomenon. K. T. Leicht and J. C. Jenkins (eds.), *Handbook of Politics: State and Society in Global Perspective*, *Handbooks of Sociology and Social Research*, Springer Science + Business Media, LLC, 2010.

[21] Manuel Barrera Jr. Handbook of Community Psychology. *Social Support Research in Community Psychology.* 2000.

[22] Marcus K. Rogers. Cybercrimes: A Multidisciplinary Analysis. *The Psyche of Cybercriminals: A Psycho-Social Perspective.* Springer Berlin Heidelberg. 2011.

[23] Marcus K. Rogers. Cybercrimes: A Multidisciplinary Analysis. *The Psyche of Cybercriminals: A Psycho-Social Perspective.* Springer Berlin Heidelberg. 2011.

[24] Maume, Michael O; Lee, Matthew R. Social Institutions and Violence: A Sub-National Test of Institutional Anomie. *Criminology*, 2003, 41 (4).

[25] Mayer-Schönberger, Viktor; Crowley, John. Napster's Second Life? The Regulatory Challenges of Virtual Worlds. *Northwestern University Law Review*, 2006 (4).

[26] McLeod, Scott. Social Support Research in Community Psychology. *Tech & Learning*, 2012, 33 (4).

[27] Mitchell, Kimberly J; Finkelhor, David; Wolak, Janis. The exposure of youth to unwanted sexual material on the Internet: A national survey of risk, impact, and prevention. *Youth and Society*, 34. 3 (Mar 2003).

[28] Mitman, Tyson. Virtually Criminal: Crime, Deviance, and Regulation Online. *Security Journal*, 2009, 22 (2).

[29] Mohammad, Dilshat. Study on the Interaction between the Modern Change of the National Traditional Sports Culture and the Reconstruction of Ethnic College Students' Value Consciousness. *Asian Culture and History*, 2011 (1).

[30] Nadel, Mark S. The First Amendment's limitations on the use of Internet filtering in public and school libraries: What content can librarians exclude? . *Texas Law Review*, 78.5 (Apr 2000).

[31] Ng, Rilene A Chew, MPH; Samuel, Michael C, Dr PH; Lo, Terrence, MPH. Sex, Drugs (Methamphetamines), and the Internet: Increasing Syphilis Among Men Who Have Sex With Men in California, 2004 – 2008. *American Journal of Public Health*, 103.8 (Aug 2013).

[32] Perrin, Paul C.; Madanat, Hala N.; Barnes, Michael; etc. Health education's role in framing pornography as a public health issue: local and national strategies with international implications. *Promotion & Education*, 2008, 15 (1).

[33] Ralph W. Larkin. Masculinity, School Shooters, and the Control of Violence. *Control of Violence*. Springer New York. 2011.

[34] Richard Flacks, Scott L. Thomas. "Outsiders", Student Subcultures, and the Massification of Higher Education. *Higher Education: Handbook of Theory and Research*. 2007.

[35] Rogers, C. R. Empathic: An Unappreciated Way of Being. *The Counseling Psychologist*. 1975 (5) 2: 4. Centre for Studies of the Person, California, CA, available at: http://elementsuk.com/pdf/empathic.pdf.

[36] Ronald L. Akers, Wesley G. Jennings. The Social Learning Theory of Crime and Deviance. Handbook on Crime and Deviance, *Handbooks of Sociology and Social Research*, 2009.

[37] Simkin, Mark G; Mcleod, Alexander. Why Do College Students Cheat? . *Journal of Business Ethics*, 2010, 94 (3).

[38] Steven F. Messner, Richard Rosenfeld. Institutional Anomie Theory: A Macro-Handbook on Crime and Deviance. *Handbooks of Sociology and Social Research*, DOI10.1007/978 – 1 – 4419 – 0245 – 0_ 11, Springer Science + Business Media, LLC2009.

[39] Thomas, Adele; De Bruin, Gideon. Student academic dishonesty: What do academics think and do, and what are the barriers to action? . *African Journal of Business Ethics*, 2012, 6 (1).

附录1

大学生网络文化行为调查问卷（大学生）

亲爱的同学：

　　您好！

　　我们是中南大学马克思主义学院的科研人员，感谢您支持大学生网络文化行为调研活动。为了了解我们日常的网络文化行为有哪些，是否有失范的网络文化行为，特设如下调查问卷，请您根据您的实际情况作答。答案没有对错，我们对您回答的内容完全保密。再次感谢您的支持与合作。

中南大学马克思主义学院大学生网络文化失范

及其规制研究课题组

2019 年 10 月

　　您的学历层次：_____　　　　您的年级：_____

1. 对网络暴力色情游戏、视频、图片、文字，您的态度和行为是（　　）。

　　A. 退出、屏蔽、清除、杀毒、举报

　　B. 不予理睬

　　C. 欣赏、传播、分享、仿制、上瘾

　　D. 其他

2. 当您遇到愤恨不平的事情时，您会不会到微博上吐槽？（　　）

　　A. 会　　　　　　　　　　B. 不会

    C. 看情况而定   D. 其他

3. 您如何看待网络恶搞行为？（   ）

    A. 喜爱   B. 讨厌

    C. 觉得没什么   D. 仿制

4. 您发布过网络虚假信息吗？（   ）

    A. 发布过，是有意的   B. 没有

    C. 发布过，但不是故意的   D. 其他

5. 您发送过网络垃圾邮件、网络重复信息或其他网络冗余信息吗？（   ）

    A. 没有   B. 发送过，但不是故意的

    C. 发送过，是有意的   D. 其他

6. 您有没有在网上骂过人？（   ）

    A. 骂过，但那人确实该骂 B. 没有

    C. 骂过，是误会那人了   D. 其他

7. 您有过出售自己生产的网络文化产品（课件、小说、论文）的行为吗？（   ）

    A. 有，是实在逼得没办法了才这样做的

    B. 没有

    C. 有，是为了好玩和证明自己的能力才这样做的

    D. 其他

8. 您上课读手机小说或者看手机网络视频或者玩手机网络游戏吗？（   ）

    A. 看   B. 不看

    C. 视情况而定   D. 其他

9. 您有过充当网络黑客的行为吗？（   ）

    A. 有，偶尔   B. 有，经常

    C. 没有   D. 其他

10. 您有过网恋经历吗？（   ）

    A. 没有   B. 有，时间短

    C. 有，时间长   D. 其他

11. 您参与过网络赌博吗?（　　　）

    A. 没有　　　　　　　　　　B. 有，时间短

    C. 有，时间长　　　　　　　D. 其他

12. 您上网的最长时间和事项是?（　　　）

    A. 2 ~ 4 小时课程学习　　　　B. 4 ~ 8 小时读小说看视频

    C. 12 ~ 16 小时打电游　　　　D. 更长时间，其他事项

13. 在未经作者许可或未注明出处的情况下，您转载过他人的文章、视频、音频、图片吗?（　　　）

    A. 没有　　　　　　　　　　B. 有，只偶尔为之

    C. 有，经常这样做　　　　　D. 其他

14. 您发布过不符合事实、过分乐观或过分悲观的言论吗?（　　　）

    A. 没有　　　　　　　　　　B. 有，只偶尔为之

    C. 有，经常这样做　　　　　D. 其他

15. 您有过未经许可非法代他人进行网络操作的行为吗?（　　　）

    A. 没有

    B. 有，但是是在合法授权的情况下

    C. 有，未经当事人同意也没考虑是否合法

    D. 其他

16. 在您的求学经历中，印象最深的大学生网络文化失范事件是什么?

17. 您身边有哪些大学生网络文化失范现象? 学校是怎样进行规制的? 效果怎么样?

感谢您的理解、支持、配合与贡献!

附录2

大学生网络文化行为调查问卷（辅导员）

尊敬的辅导员：

您好！

大学生网络文化失范现象及其规制是我们工作中面临的共同课题。为了深入了解大学生网络文化失范的各种表现、危害及成因，找出有针对性的规制策略、方法，特制定此调查问卷，希望您能从百忙之中抽出宝贵的时间作答。谢谢！

中南大学马克思主义学院大学生网络文化失范

及其规制研究课题组

2019 年 10 月

您所带的学生人数：_____ 您所带学生的专业：_____

1. 当您去查课的时候，您发现上课使用手机观看视频的学生人数一般占总人数的百分之多少？（   ）

    A. 0%   B. 1%～20%

    C. 21%～50%   D. 50%以上

2. 当您去查寝时，您发现学生在宿舍从事最多的网络文化活动是？（   ）

    A. 打电游   B. 看视频

    C. 查找学习资料   D. 上网聊天

3. 您所带的学生中存在着观看网络暴力色情视频、玩网络暴力游戏、阅读和创作网络低俗小说的现象吗？（　　）

    A. 有，但占的比例小，1%~5%

    B. 有，占的比例比较大，6%以上

    C. 没有

    D. 不太清楚

4. 您的学生有牢骚、有怨言时会到百度贴吧、腾讯微博、新浪微博上发布吗？（　　）

    A. 会   B. 不会

    C. 不确定   D. 其他

5. 当国家出现外交事件之类的大事时，您的学生会在班级QQ群、虚拟社区倡导游行示威活动吗？（　　）

    A. 会   B. 不会

    C. 不确定   D. 其他

6. 您的学生平时有没有网络恶搞行为？（　　）

    A. 没有   B. 有

    C. 不太清楚   D. 其他

7. 您的学生有在班级QQ群里发布虚假网络兼职信息或者非法兼职信息的行为吗？（　　）

    A. 有   B. 没有

    C. 不太清楚   D. 其他

8. 您的学生中有没有网络抄袭现象？（　　）

    A. 有   B. 没有

    C. 不太清楚   D. 其他

9. 您的辅导员工作经历中，是否看到过下列大学生网络文化失范行为？如有，请填序号；如没有，则填"没有"。（多选题）（　　）

    A. 充当网络黑客

    B. 发布过分乐观或悲观的估计

    C. 实施网络诈骗

    D. 参与网络赌博

    E. 非法转载信息

    F. 泄露有关机密信息

    G. 网络成瘾

    H. 充当网络推手

    I. 充当网络文化枪手

    J. 私自从事网络文化经营活动

10. 您的学生在网络空间（贴吧、QQ 群）出现过粗俗语言吗？（   ）

    A. 有   B. 没有

    C. 不太清楚   D. 其他

11. 在您的辅导员生涯中，您印象最深的大学生网络文化失范事件是什么？

12. 您身边有哪些大学生网络文化失范现象？学校是怎样进行规制的？效果怎么样？

感谢您的理解、支持、配合与贡献！

附录 3

网络文化失范个案访谈

亲爱的同学：

　　大学生网络文化是大学生在网络平台上接受文化教育、参与文化创新、传播文化内容的总和。大学生网络文化失范却是对大学生应有网络文化精神的违背，是大学生背离了自己的使命与初心。为了了解大学生网络文化失范现象，制定出行之有效的规制办法，特请您在百忙之中抽出宝贵时间作答。

中南大学马克思主义学院大学生网络文化失范

及其规制研究课题组

2019 年 10 月

1. 您的学历层次：（　　　　）

　　A. 博士研究生　　　　　　B. 硕士研究生

　　C. 本科生　　　　　　　　D. 专科生

2. 您的身份是：（　　　　）

　　A. 大学生　　　　　　　　B. 辅导员

　　C. 任课教师　　　　　　　D. 学生工作处工作人员

　　E. 大学生的家长

3. 您认为大学生网络文化失范现象有哪些？

4. 您知道哪些大学生网络文化失范案例？能详细说说吗？

5. 您认为应该怎样规制大学生网络文化失范？

感谢您的理解、支持、配合与贡献！

后　记

此书是在我博士毕业论文基础上改编的书，是我从事五年学生管理工作、七年思想政治教育专业博士学习、三年大学专任教师工作的结晶。

几年的博士读书生涯，使我对古语所说"书山有路勤为径，学海无涯苦作舟""宝剑锋从磨砺出，梅花香自苦寒来"有了更深刻的理解。写作中的艰辛乃至痛苦，局外人难以知晓。只有在长达30余万字的书稿完稿的刹那间，我悬着的心才渐渐归于平静。

《大学生怎样戒网瘾》是我读研时就萌生了的研究课题，但由于当年学术功底不深，自己深知难以拿下，一直拖到读博时才有机会着手开始研究，最终竟梦想成真。大学生网络文化失范是市场经济时代的产物，但并不是社会主义市场经济的必然结果。这是因为，中国完全可以在中国共产党的领导下，以种种"规制"对失范的消极现象进行有效控制，即俗语所称之"堵"。这是抑恶扬善的有效手段，中国共产党所制定的各种党内法规的实施，已证明了"堵"的作用和威力。"规制"发生作用之后，再辅之以思政教育，启发当事人的内心自觉，最终达到既利用网络学习先进的思想、文化和技术，又使其不受文化垃圾影响，最终实现将大学生培养成社会主义可靠接班人和合格建设者之目标。

我要特别感谢我的导师刘新庚教授。自从2008年12月导师给我们辅导员做关于学风建设的讲座以来，导师的专著《现代思想政治教育方法论》以及导师的日常教导就伴随我成长。2009年5月，我有幸在湖南师范大学参加湖南省"党建"专题辅导员骨干培训，又一次聆听到了导师的讲授，对思想政治教育学科的兴趣进一步增强。在导师的鼓励下，我在2010年、2011年、

2012年边工作边利用业余时间自学，终于在2012年6月收到了中南大学马克思主义学院的博士研究生录取通知书，成为一名光荣的博士研究生。2012年9月至2013年6月，我在导师指导下修完了博士研究生要修完的课程，通过了中期考核。2013年10月，我在导师指导下通过了学位论文开题。2014年7月底，我在导师指导下完成了学位论文初稿。2014年8月至今，我在导师指导下修改完善毕业论文以及三篇析出论文。我的每一点滴的成长进步，都离不开导师的指导。导师对我的关怀和教导，我永远铭记在心，深深感恩。毕业论文选题、拟写文章框架、推敲文中各部分内容之间的逻辑关系，导师带着我反复修改、讨论、斟酌，花费了很多时间和心血。导师崇高的政治站位、诲人不倦的精神、雄厚的学术功底及精益求精的治学态度，深深地感动着我。从导师那儿学到的专业知识、高尚品德、科学精神、顽强毅力，是我受用一生的宝贵财富。我要将导师的高尚思想、伟大精神铭记在心，发扬光大，并世代传承。还要特别感谢我的师母余丽辉女士对我学习上的支持和生活上的关照。

接下来，我要感谢中南大学所有教导过我、帮助过我的老师。我会永远记得在读博期间，中南大学马克思主义学院的许多专家、教授、学者在学术上给我的帮助，工作上给我的支持和生活上给我的关照。感谢徐建军教授、张卫良教授、曾长秋教授、彭平一教授、胡凯教授、王翔教授、周湘莲教授、谭希培教授、彭升教授、颜峰教授、肖铁肩教授、冯周卓教授、罗会钧教授、黄永鹏教授、贺才乐教授、曹清燕教授、彭欣副教授的传道授业解惑，感谢黎明老师、秘金雷老师、刘伟教授、洪兴文副教授、唐海波教授、杨雪宾老师、郭鹏飞老师在学生教育、管理与服务方面给我提供的良好示范。

再接下来，我要感谢所有帮助过我给过我激励的师兄师姐师弟师妹。韩慧莉师姐、高超杰师兄、朱新洲师兄、曹关平师兄、刘韧师兄、张博文师兄、李望平师兄、聂建晖师姐、陈微微师妹、庹芙蓉师妹、苏雅拉师妹、唐励师兄、刘邦捷师兄、傅建平师兄、罗剑师兄、骆清师兄、谷利民师兄、管桂翠师姐、孙菲师姐、徐玉明师兄、胡文根师兄、童卡娜师姐、蒋建国师兄、曹玲师姐、滕晓雯师姐……感谢你们给予我的指导、帮助、激励与启迪。还有很多给予过我关心和帮助的同学，在此我不一一列举他们的姓名，但我一定会在某个时候想起他们，深深感恩。

最后，我特别要感谢我的工作单位湖南应用技术学院的领导和同事们对我学习和研究给予的支持和帮助，如李旋旗校长给予宝贵支持，文化传媒学院江新军院长给予工作上的大力支持，等等。感谢中国发展出版社钟紫君编辑为本书出版所做的辛苦工作。千言万语，道不尽我心中的感激之情。值得我感恩的人和事很多，限于篇幅我就不多说了。让我们共同期许国家网络文化进一步繁荣昌盛、安全有序，社会进一步文明和谐，大学生个个平安、成才，每一个家庭都幸福安康！

张赛男

癸卯年春节于柳城柳叶湖